建筑给水排水设计统一技术措施

2021

Unified Technical Measures for Water Supply and Drainage Design of Buildings

2021

中国建筑设计研究院有限公司　编著

中国建筑工业出版社

图书在版编目（CIP）数据

建筑给水排水设计统一技术措施. 2021 = Unified Technical Measures for Water Supply and Drainage Design of Buildings 2021 / 中国建筑设计研究院有限公司编著. —北京：中国建筑工业出版社，2021.3（2022.1重印）
ISBN 978-7-112-25911-3

Ⅰ.①建… Ⅱ.①中… Ⅲ.①建筑工程-给水工程-建筑设计②建筑工程-排水工程-建筑设计 Ⅳ.①TU82

中国版本图书馆CIP数据核字（2021）第032687号

责任编辑：于　莉　张文胜
责任校对：芦欣甜

建筑给水排水设计统一技术措施　2021
Unified Technical Measures for Water Supply and Drainage Design of Buildings 2021
中国建筑设计研究院有限公司　编著

*

中国建筑工业出版社出版、发行（北京海淀三里河路9号）
各地新华书店、建筑书店经销
北京鸿文瀚海文化传媒有限公司制版
北京建筑工业印刷厂印刷

*

开本：787毫米×1092毫米　1/16　印张：19¼　字数：418千字
2021年4月第一版　2022年1月第四次印刷
定价：**78.00**元
ISBN 978-7-112-25911-3
（37182）

前　言

1989年中国建筑设计研究院有限公司（以下简称“院公司”）的前身——建设部建设设计院的给水排水专业时任副总工程师张国柱主笔、老一辈专家杨世兴、郭文等参编，编制了第一本《给水排水统一技术措施》，在“院公司”内部实施；1997年由时任给水排水专业副总工程师刘振印、所长傅文华主编、院内技术骨干参编的《民用建筑给水排水设计技术措施》由中国建筑工业出版社出版发行（俗称“小蓝本”），在“院公司”乃至全国建筑给水排水设计行业中发挥着重要的作用，为“院公司”给水排水设计人员的成长和行业技术进步起到了指引作用。24年来国内外与建筑给水排水相关的技术、规范均有了发展，包括新老规范的制定、修编，导致“小蓝本”的使用受到冲击，实用性下降，逐渐淡出设计市场。“院公司”给水排水技术骨干在工程设计中不断积累、创新和提高，主编了大量国家和行业规范，形成了一套独特的给水排水设计实用方法，“院公司”科技委给水排水专业分委会全体委员组成编委会，部分年轻设计人员参编，将其归纳总结和提炼，编写成一本全新的《建筑给水排水设计统一技术措施2021》（以下简称本措施），以期对建筑给水排水设计工作给予帮助和促进。

本措施是针对国家和行业规范、技术标准在执行层面编制的企业标准。以实际工程为基本出发点，以实际工程问题为导向，总结实际工程中的经验与教训，是对实际工程问题的提炼与深化。写的是我们所研究的，我们在实际工程中实践和思考的，也是全国建筑给水排水设计行业所关注的问题。

本措施的体系内容是开放性的，随着工程经验的积累和充实，规范的修订、新标准的推出和新问题的出现，本措施的相关规定也将不断修订、补充和完善。

对本措施的适用范围、编制依据、编制特点及编审分工做如下说明：

一、适用范围

本措施主要适用于“院公司”承担的建筑给水排水设计项目，也可供本行业给水排水设计人员参考。

二、编制依据

本措施以国家和行业现行规范标准为依据，结合“院公司”设计项目的工程经验，参考地方标准做法和有关规定编制。

三、编制特点

1.以现行规范为基础，但不照抄规范原条文，不写规范中明确可操作的内容。

2.本措施的特点是注重实用性和更强的可操作性，重在解决实际工程设计中急需的、相关规范尚未明确细化的问题；对规范不明确或不易理解而导致做法五花八门的内容，给出有效解决方法和统一做法。

3. 本措施对规范中不甚明确或有争议的条文，落实在具体措施、做法上，并适当配图，实例计算和要点说明；对设计参数范围给出具体推荐取值；简化设计计算、提高设计效率的实用图表等。

4. 全书目录后附细化到3级主条文（条文主题语）的对应页码表，可方便查找本措施的条文内容及相关说明。

四、编写体例说明

1. 本措施分为3个大篇共15章和4个附录，涵盖建筑给水排水、建筑消防、特殊场所给水排水设计技术措施，给水排水专业与其他专业配合的技术资料在附录中列出。

2. 主条文是具体实施的结论性内容；在【要点说明】中对编写条文做出解释，涉及编制依据、背景资料等。引入一些参考性依据，进一步说明为什么规定此条，是规范没有规定、有规定但不清晰（造成理解和设计时有偏差），还是设计中存在错误等；【措施要求】中体现的是结论，就是告诉设计师如何设计，尽量配图，直观、便于理解和执行。如主条文内容很明确或已有结论，则无此项；【计算实例】为延伸项，进一步用实例告诉设计师对设计的把握。

五、编审成员和分工

1. 总负责人：**郭汝艳、杨澎**

2. 主审人（按主审篇章序号）：**刘振印**（第1篇）、**赵世明**（第2篇）、**赵锂**（第3篇）

3. 总统稿人：**郭汝艳**

4. 各章节分工：

<table>
<tr><th>篇章节</th><th>章节负责人、主笔人</th><th>参编人</th><th>统稿负责人</th></tr>
<tr><td>前言</td><td>郭汝艳</td><td></td><td rowspan="2">郭汝艳</td></tr>
<tr><td>1　总则</td><td>赵锂</td><td>郭汝艳、赵伊</td></tr>
<tr><td>第1篇　建筑给水排水</td><td></td><td></td><td rowspan="9">杨澎</td></tr>
<tr><td>2　小区给水排水和雨水控制及利用</td><td>宋国清、刘鹏</td><td>朱跃云</td></tr>
<tr><td>3　建筑给水和管道直饮水</td><td>杨澎、匡杰</td><td>车爱晶、陈静、张晋童、范改娜、赵伟薇、安明阳、张源远</td></tr>
<tr><td>4　建筑中水</td><td>吴连荣</td><td></td></tr>
<tr><td>5　建筑热水</td><td>王耀堂、王鸿莲</td><td>李伟、刘志军</td></tr>
<tr><td>6　建筑污废水</td><td>夏树威</td><td>刘海、杜江、刘洞阳、刘洋、周丽娜、崔雅倩</td></tr>
<tr><td>7　建筑雨水</td><td>朱跃云、赵世明</td><td>石小飞</td></tr>
<tr><td>8　循环冷却水</td><td>杨澎</td><td>王松、尹腾文</td></tr>
</table>

续表

篇章节	章节负责人、主笔人	参编人	统稿负责人
第2篇　建筑消防			郭汝艳
9　消防设计总述	郭汝艳		
10　消火栓系统	郭汝艳		
11　自动喷水灭火系统	申静	李茂林	
12　其他消防系统			
12.1　水喷雾和细水雾灭火系统	汤慧		
12.2　自动消防炮和大空间智能型主动喷水灭火系统	杨东辉		
12.3　泡沫灭火系统	黎松		
12.4　气体灭火系统	李万华	王存风	
12.5　灭火器设置	石小飞	陈超	
第3篇　特殊场所给水排水			郭汝艳
13　人防给水排水	安岩		
14　游泳池及休闲设施	赵昕	李建业、李茂林	
15　水景、厨房、洗衣房			
15.1　水景	吴连荣	曹雷	
15.2　厨房	杨东辉		
15.3　洗衣房	黎松		
附录	郭汝艳		

六、致谢

感谢“院公司”老一辈专家刘振印、杨世兴对本书的技术指导，感谢赵锂副总经理从院领导层面给予的关注和支持，感谢“院公司”前任总工程师赵世明参与编写和审稿，感谢本措施编写组全体成员的努力，使得本措施历经2年的编写，终于与“院公司”和本行业给水排水设计人员见面了。

由于对规范的理解尺度问题，书中纰漏和偏差在所难免，在图文表达等方面，如有不足之处，敬请读者不吝赐教，以便今后不断修订完善。意见反馈敬请与中国建筑设计研究院有限公司科技委给水排水分委会联系（电话：010-88327570，88327958；邮箱：guory@cadg.cn，2014205@cadg.cn）。

编者于　中国建筑设计研究院有限公司

2020年12月

目　　录

1　总则 …… 1
　1.1　基本规定 …… 1
　1.2　设计规范、标准的应用 …… 2

第1篇　建筑给水排水

2　小区给水排水和雨水控制及利用 …… 4
　2.1　小区给水 …… 4
　2.2　小区排水 …… 6
　2.3　建筑与小区雨水控制及利用 …… 8
3　建筑给水和管道直饮水 …… 16
　3.1　建筑给水 …… 16
　3.2　管道直饮水 …… 29
4　建筑中水 …… 33
　4.1　原水及回用 …… 33
　4.2　中水处理 …… 37
　4.3　防污染和水位控制 …… 39
　4.4　专项设计配合 …… 41
5　建筑热水 …… 43
　5.1　用水定额、水温和水质 …… 43
　5.2　热水供应系统选择 …… 47
　5.3　水的加热和贮存 …… 49
　5.4　太阳能、热泵热水供应系统 …… 53
　5.5　管网设计 …… 58
　5.6　管材、附件和管道敷设 …… 59
6　建筑污废水 …… 63
　6.1　建筑排水系统 …… 63
　6.2　卫生间、卫生器具及存水弯 …… 64
　6.3　建筑排水系统水力计算 …… 66
　6.4　建筑排水管道布置及敷设 …… 67

6.5 污水泵和集水池设计及计算…… 69
6.6 数据机房凝结水排水、事故排水设计…… 76
7 建筑雨水…… 78
7.1 雨水计算…… 78
7.2 屋面雨水系统设计…… 80
8 循环冷却水…… 88
8.1 建筑空调冷却水…… 88
8.2 24h租户冷却水系统…… 91

第2篇 建筑消防

9 消防设计总述…… 96
9.1 一般规定…… 96
9.2 消防系统设置…… 98
9.3 消防水源…… 106
9.4 消防水池和消防水箱…… 109
9.5 稳压装置…… 124
9.6 消防水泵接合器…… 127
9.7 消防水泵及消防泵房…… 132
9.8 消防排水…… 136
10 消火栓系统…… 139
10.1 水量和水压…… 139
10.2 室外消火栓给水系统…… 146
10.3 室内消火栓给水系统…… 150
11 自动喷水灭火系统…… 157
11.1 设置场所和火灾危险等级…… 157
11.2 系统选择…… 158
11.3 系统设计参数及计算…… 161
11.4 系统组件…… 166
11.5 喷头布置…… 168
11.6 系统控制与信号…… 171
12 其他消防系统…… 172
12.1 水喷雾和细水雾灭火系统…… 172
12.2 自动消防炮和大空间智能型主动喷水灭火系统…… 187

12.3 泡沫灭火系统 …… 192
12.4 气体灭火系统 …… 202
12.5 灭火器设置 …… 209

第3篇 特殊场所给水排水

13 人防给水排水 …… 218
13.1 基本要求 …… 218
13.2 给水 …… 220
13.3 排水 …… 222
13.4 洗消 …… 225
13.5 柴油发电站给水排水及供油 …… 228
13.6 平战转换 …… 232
14 游泳池及休闲设施 …… 235
14.1 设计总述 …… 235
14.2 施工图一次设计深度 …… 239
14.3 施工图二次深化设计要求 …… 242
14.4 计算实例 …… 244
15 水景、厨房、洗衣房 …… 248
15.1 水景 …… 248
15.2 厨房 …… 249
15.3 洗衣房 …… 252

附 录

附录A 给水排水专业互提资料统一规定 …… 260
附录B 给水排水专业向建筑专业提要求统一内容 …… 267
附录C 给水排水专业向电气专业提要求统一内容 …… 269
附录D 给水排水专业向暖通专业提要求统一内容 …… 279
参考文献 …… 281

本措施条文主题语

条文号	条文主题语	页码
	第1篇　建筑给水排水	
	2　小区给水排水和雨水控制及利用	
2.1　小区给水		
2.1.1	(给水自设水源)	4
2.1.2	(给水管道敷设基础)	4
2.1.3	(热水管道管沟敷设)	5
2.1.4	(直埋热水管道防热胀冷缩措施)	6
2.1.5	(埋地给水管道防腐蚀)	6
2.2　小区排水		
2.2.1	(小区排水压力排入市政管道)	6
2.2.2	(严寒、寒冷地区小区排水干管埋设深度)	7
2.2.3	(小区排水不设置化粪池的条件)	7
2.2.4	(不同地区化粪池污泥清掏周期)	7
2.3　建筑与小区雨水控制及利用		
2.3.1	(雨水控制及利用设计目标)	8
2.3.2	(雨水控制及利用和海绵化城市相关规定)	9
2.3.3	(调蓄池与初期雨水弃流池的设置)	12
2.3.4	(雨水控制及利用计算实例)	13
	3　建筑给水和管道直饮水	
3.1　建筑给水		
(Ⅰ)用水定额和用水量计算		
3.1.1	(用水定额取值)	16
3.1.2	(年用水量和用水天数取值)	17
(Ⅱ)水质和防水质污染		
3.1.3	(倒流防止器和止回阀)	18
3.1.4	(真空破坏器)	18
3.1.5	(空调补水防回流污染措施)	19
3.1.6	(空气间隙)	20

续表

条文号	条文主题语	页码
3.1.7	(机房设置)	20
(Ⅲ)系统分区		
3.1.8	(设有集中热水系统时的竖向分区)	21
3.1.9	(高层建筑分区注意事项)	21
(Ⅳ)附件和水表		
3.1.10	(减压阀的选用原则)	21
3.1.11	(水表的设置部位)	22
3.1.12	(水表的选用原则)	23
3.1.13	(水表的安装位置)	24
3.1.14	(水表的规格选择)	24
(Ⅴ)设计计算:设计流量、增压设备及泵房		
3.1.15	(给水系统设计流量及水箱容积计算)	25
3.1.16	(综合楼生活给水干管设计秒流量的计算)	27
3.1.17	(变频调速泵组配置)	27
3.1.18	(生活水箱进出水管、通气管设计)	28
3.1.19	(消毒装置选择)	29
3.1.20	(给水处理规模确定)	29
3.2 管道直饮水		
3.2.1	(直饮水设计需求的明确)	29
3.2.2	(直饮水专用水嘴)	30
3.2.3	(老年人照料设施管道直饮水系统的设置)	30
3.2.4	(影剧院直饮水定额选取)	30
3.2.5	(不同类型建筑瞬时高峰用水量的计算)	30
3.2.6	(深度净化处理工艺)	31
3.2.7	(浓水回收利用)	31
3.2.8	(管材选择)	31
3.2.9	(净水机房)	31
3.2.10	(阀门安装位置)	32
4 建筑中水		
4.1 原水及回用		
4.1.1	(中水回用范围)	33
4.1.2	(原水量计算)	33

续表

条文号	条文主题语	页码
4.1.3	(水量平衡)	34
4.2　中水处理		
4.2.1	(中水处理站运行时间)	37
4.2.2	(建筑中水常用的主处理工艺)	37
4.2.3	(中水处理机房建筑面积和用电负荷)	38
4.3　防污染和水位控制		
4.3.1	(防止误饮误用的取水接口)	39
4.3.2	(中水贮水池(箱)的水位设置)	39
4.4　专项设计配合		
4.4.1	(各专业与工艺配合的要点)	41
	5　建筑热水	
5.1　用水定额、水温和水质		
5.1.1	(可再生能源热水用水定额)	43
5.1.2	(卫生器具用水定额及水温)	43
5.1.3	(制热机组出水温度要求)	43
5.1.4	(软化处理水质分量混合)	44
5.1.5	(水质稳定药剂法处理)	44
5.1.6	(水质稳定的物理处理法)	45
5.1.7	(热水系统消毒灭菌措施)	45
5.2　热水供应系统选择		
5.2.1	(综合体建筑居住部分与配套设施宜分开供应生活热水)	47
5.2.2	(不同功能建筑的热水供应方式)	47
5.2.3	(生活给水与热水系统分区应一致且压力源相同)	48
5.2.4	(温泉水循环及补热)	49
5.2.5	(热水机房设置原则)	49
5.3　水的加热和贮存		
5.3.1	(水加热器的选型)	49
5.3.2	(严禁设计、选用带永久滞水区的水加热设施)	50
5.3.3	(与供暖空调共用常规热源设备的选择原则)	50
5.3.4	(燃油(燃气)热水机组选择)	51
5.3.5	(电制热设备的选择)	51
5.3.6	(家用燃气热水器选型)	52

续表

条文号	条文主题语	页码
5.3.7	（商用燃气容积式热水器选型）	53
5.4　太阳能、热泵热水供应系统		
5.4.1	（空气源热泵制热机组选型）	53
5.4.2	（空气源热泵机组安装位置）	54
5.4.3	（地源热泵宜结合空调冷热源系统）	54
5.4.4	（空调余热回收系统）	55
5.4.5	（太阳能热水系统的选择）	56
5.4.6	（太阳能集中热水系统）	56
5.5　管网设计		
5.5.1	（循环系统的设置及效果保证措施）	58
5.5.2	（有分户计量的居住类建筑管网能耗指标）	58
5.5.3	（体育建筑工艺用热水应与其他生活热水系统分开设置）	58
5.6　管材、附件和管道敷设		
5.6.1	（管材的选用）	59
5.6.2	（微泡排气装置）	59
5.6.3	（热水系统计量装置设置原则）	59
5.6.4	（特殊建筑洗浴设施热水系统防烫伤措施）	60
5.6.5	（可调式恒温混水阀设置原则）	60
5.6.6	（太阳能防烫恒温混水阀或其他控制温度的组件）	61
5.6.7	（管道敷设要求）	62
	6　建筑污废水	
6.1　建筑排水系统		
6.1.1	（排水形式）	63
6.1.2	（排水场所）	63
6.1.3	（冷却塔排水）	63
6.2　卫生间、卫生器具及存水弯		
6.2.1	（绿色建筑内卫生器具存水弯设置）	64
6.2.2	（沉箱式卫生间改造）	64
6.2.3	（下排水卫生间改造）	64
6.2.4	（新增卫生间改造）	64
6.2.5	（卫生器具安装）	65
6.2.6	（地漏选用及设置）	65

续表

条文号	条文主题语	页码
6.2.7	(水封选用及设置)	66
6.3 建筑排水系统水力计算		
6.3.1	(排水管道管径的计算)	66
6.4 建筑排水管道布置及敷设		
6.4.1	(住宅排水管道的设置)	67
6.4.2	(排水管道首层单排水的设置)	68
6.4.3	(间接排水设置)	68
6.4.4	(底层排水单独排放且不设通气的要求)	69
6.5 污水泵和集水池设计及计算		
6.5.1	(重力排水、压力排水、真空排水适用条件)	69
6.5.2	(污水泵设计流量的确定)	69
6.5.3	(污水泵设计扬程和设计流速的确定)	70
6.5.4	(污水泵数量的确定)	70
6.5.5	(污水泵合并排水的设计)	70
6.5.6	(污水泵安装形式的设计)	71
6.5.7	(集水池的通气要求)	71
6.5.8	(集水池和成品污水提升装置的位置)	72
6.5.9	(成品污水提升装置的设计)	72
6.5.10	(真空排水系统的设置)	73
6.6 数据机房凝结水排水、事故排水设计		
6.6.1	(空调间冷凝水排水)	76
6.6.2	(消防事故排水)	76
6.6.3	(冷凝水和消防排水合并设计)	76
7 建筑雨水		
7.1 雨水计算		
7.1.1	(设计暴雨强度与各地降雨量数据的应用)	78
7.1.2	(溢流设施设置规定)	79
7.2 屋面雨水系统设计		
7.2.1	(室外场地雨水严禁引入室内)	80
7.2.2	(建筑屋面雨水排水设计专业配合要点)	81
7.2.3	(屋面雨水断接排放)	82
7.2.4	(重力流和半有压流排水系统)	82

续表

条文号	条文主题语	页码
7.2.5	（内排水悬吊管的设置）	83
7.2.6	（种植屋面雨水排水系统设计要点）	83
7.2.7	（防止下凹区域以外客地雨水流入）	84
7.2.8	（虹吸式屋面雨水系统设计要点）	85
7.2.9	（阳台雨水设计要点）	86
8　循环冷却水		
8.1　建筑空调冷却水		
8.1.1	（横流式冷却塔与逆流式冷却塔的选用）	88
8.1.2	（高层建筑冷却塔的设置位置）	88
8.1.3	（下沉式冷却塔设计要求）	88
8.1.4	（冷却水补水贮水量）	89
8.1.5	（冬季运行冷却塔的防冻要求）	90
8.1.6	（冷却塔连通管的设计要求）	90
8.1.7	（成品冷却塔的选用）	90
8.2　24h租户冷却水系统		
8.2.1	（冷却塔的选用）	91
8.2.2	（负荷的选取）	92
8.2.3	（系统的分区原则）	92
第2篇　建筑消防		
9　消防设计总述		
9.1　一般规定		
9.1.1	（消防设计执行的依据）	96
9.1.2	（规范条文的执行力度顺序）	96
9.1.3	（消火栓规范的适用范围）	96
9.1.4	（建筑性质的防火标准判别）	97
9.2　消防系统设置		
（Ⅰ）消火栓系统设置场所		
9.2.1	（建筑高度21m以下住宅建筑的底层商业网点）	98
9.2.2	（建筑高度21m以上住宅建筑的底层商店）	98
9.2.3	（住宅建筑底部的车库或车位）	98
9.2.4	（设备层、管道层、架空层）	99
9.2.5	（老年人照料设施）	99

续表

条文号	条文主题语	页码
9.2.6	（托儿所、幼儿园）	100
（Ⅱ）自动灭火系统设置场所		
9.2.7	（一类高层公共建筑）	100
9.2.8	（二类高层公共建筑）	101
9.2.9	（多层公共建筑）	102
9.2.10	（多层办公楼、教学楼等同类建筑）	103
9.2.11	（建筑高度不大于100m的住宅地下库房）	103
9.2.12	（住宅建筑底部商店部分）	104
9.2.13	（民用建筑内净空高度18m以下的场所）	104
9.2.14	（剧院、会堂舞台葡萄架下部和演播室、摄影棚）	104
9.2.15	（锅炉、柴油发电机等）	105
9.2.16	（排烟机房和排风机房）	105
9.2.17	（特殊重要设备间、消防控制室）	106
9.3　消防水源		
9.3.1	（市政两路供水和一路供水）	106
9.3.2	（天然水源和其他水源）	108
9.4　消防水池和消防水箱		
（Ⅰ）消防水池容积和设置		
9.4.1	（火灾用水时间内的补水折减量要求）	109
9.4.2	（利用承重结构作为池体的要求）	110
9.4.3	（室外埋地消防水池的就地水位显示仪表和配管设计要求）	110
9.4.4	（池内底标高及水位设计要求）	111
9.4.5	（两座（格）消防水池的设计要求）	112
9.4.6	（各种配管设计要求）	113
9.4.7	（贮存室外消防用水量时的设计要求）	114
9.4.8	（集中临时高压消防给水系统消防水池设置要求）	115
（Ⅱ）消防水箱容积和设置		
9.4.9	（必须设置高位消防水箱的建筑及条件）	116
9.4.10	（可不设置高位消防水箱的建筑及条件）	117
9.4.11	（高位消防水箱最小有效容积和最小静压）	118
9.4.12	（含有商业功能的高层综合楼高位消防水箱）	118
9.4.13	（超高层建筑群转输水箱和转输管系设计要求）	119

续表

条文号	条文主题语	页码
9.4.14	（高位消防水箱最低有效水位标高要求）	120
9.4.15	（高位消防水箱最小配管管径设计要求）	121
9.4.16	（高位消防水箱、转输水箱、减压水箱配管及相关要求）	122
9.5 稳压装置		
9.5.1	（稳压装置参数）	124
9.5.2	（稳压装置位置）	127
9.6 消防水泵接合器		
9.6.1	（设置场所）	127
9.6.2	（设置数量）	128
9.6.3	（竖向分区系统消防水泵接合器设置原则）	128
9.6.4	（室内、外消火栓合用管网系统消防水泵接合器的设置）	129
9.6.5	（超高层建筑的手抬泵吸水和压水接口的设置）	129
9.7 消防水泵及消防泵房		
9.7.1	（可不设备用泵的情况）	132
9.7.2	（消防水泵防过热技术措施）	133
9.7.3	（消防水泵选泵参数的合理优化配置）	134
9.7.4	（消防泵房的地面标高）	135
9.8 消防排水		
9.8.1	（消防泵房排水泵及排水流量）	136
9.8.2	（报警阀部位排水）	137
9.8.3	（消防电梯的井底排水）	137
9.8.4	（仓库、地下室（含人防区域）消防排水）	138
	10 消火栓系统	
10.1 水量和水压		
（Ⅰ）室内、外消火栓设计流量取值		
10.1.1	（单座总建筑面积大于 50 万 m^2 的建筑）	139
10.1.2	（成组布置的建筑）	140
10.1.3	（住宅和公共建筑合建的高层建筑）	140
10.1.4	（建筑高度小于 50m 的高层商业楼、图书馆、档案馆等）	141
10.1.5	（特殊功能的多层建筑）	141
（Ⅱ）火灾延续时间		
10.1.6	（医疗建筑、老年人照料设施）	142

续表

条文号	条文主题语	页码
10.1.7	（裙房为商业或商业与办公组合，上部为住宅的高层建筑）	142
10.1.8	（宾馆、酒店类建筑）	143
10.1.9	（邮政楼和机动车停车库、修车库）	143
（Ⅲ）消火栓栓口压力和充实水柱长度		
10.1.10	（几种栓口压力的统一及计算）	144
10.1.11	（充实水柱长度用于计算消火栓的保护半径）	146
10.1.12	（设置减压装置的栓口动压）	146
10.2 室外消火栓给水系统		
10.2.1	（与生活给水合用管道系统）	146
10.2.2	（独立管道系统）	147
10.2.3	（与室内消火栓合用系统）	148
10.2.4	（稳压措施和控制）	149
10.2.5	（山地建筑室外消火栓系统）	150
10.3 室内消火栓给水系统		
（Ⅰ）系统分区和消火栓布置		
10.3.1	（分区压力）	150
10.3.2	（消火栓布置）	151
（Ⅱ）管网设计和阀门设置		
10.3.3	（横管和立管相关要求）	152
10.3.4	（环状管道的设置要求和条件）	152
10.3.5	（人防内、外环管的关系）	154
10.3.6	（横干管上阀门的设置）	154
（Ⅲ）系统控制与信号		
10.3.7	（临时高压系统自动启动消防水泵的触发信号）	154
10.3.8	（转输泵自动启动触发信号）	156
10.3.9	（消火栓按钮的报警和联动触发信号）	156
	11 自动喷水灭火系统	
11.1 设置场所和火灾危险等级		
11.1.1	（超级市场的火灾危险等级）	157
11.1.2	（储存不同危险物品的仓库及有不同使用功能的民用建筑火灾危险等级）	157
11.1.3	（常见高大空间的参数选择）	158
11.1.4	（修车库的火灾危险等级）	158

续表

条文号	条文主题语	页码
11.2　系统选择		
11.2.1	(预作用系统的选择)	158
11.2.2	(水幕系统及防护冷却系统的设置)	159
11.2.3	(雨淋系统的设置)	160
11.3　系统设计参数及计算		
11.3.1	(净空高度大于8m的雨淋系统的设计参数)	161
11.3.2	(舞台葡萄架上下自动灭火用水量)	162
11.3.3	(室内机械停车位内置喷头动作数量)	162
11.3.4	(边墙型扩大覆盖面积洒水喷头设计原则)	163
11.3.5	(直立型、下垂型扩大覆盖面积洒水喷头设计要点)	163
11.3.6	(仓库场所设计参数选取参考因素)	164
11.3.7	(民用建筑和厂房最不利点处洒水喷头的工作压力)	165
11.3.8	(预作用系统报警阀后管道的最大允许容积)	165
11.3.9	(净空高度超过8m的预作用系统设计喷水强度)	166
11.3.10	(无高位消防水箱的自动喷水灭火系统气压水罐有效容积)	166
11.4　系统组件		
11.4.1	(末端试水装置的设置)	166
11.4.2	(泄水阀的设置位置)	167
11.5　喷头布置		168
11.5.1	(通透性吊顶的喷头设置)	168
11.5.2	(仅在走廊设置喷头的场所的设置要求)	169
11.5.3	(仅单排布置的喷头间距)	169
11.5.4	(净空高度大于8m的高大空间场所的喷头布置)	170
11.6　系统控制与信号		
11.6.1	(流量开关的设置)	171
11.6.2	(自动喷水灭火系统加压泵出水管上压力开关的启泵压力计算)	171
11.6.3	(控制要求)	171
12　其他消防系统		
12.1　水喷雾和细水雾灭火系统		
12.1.1	(适用场所)	172
12.1.2	(设计参数)	174
12.1.3	(系统设置)	175

续表

条文号	条文主题语	页码
12.1.4	（一次设计图纸内容）	176
12.1.5	（深化设计复核内容）	180
12.2 自动消防炮和大空间智能型主动喷水灭火系统		
12.2.1	（适用场所）	187
12.2.2	（消防炮布置）	188
12.2.3	（消防炮灭火系统应单独设由消防自动控制的独立加压泵）	189
12.2.4	（临时高压消防炮灭火系统的稳压装置）	189
12.2.5	（临时高压消防炮灭火系统的稳压措施）	190
12.2.6	（消防炮给水系统应布置成环状管网）	190
12.2.7	（消防炮灭火系统消防水泵接合器的设置）	190
12.2.8	（大空间智能型主动喷水灭火系统）	191
12.3 泡沫灭火系统		
（Ⅰ）一般规定		
12.3.1	（根据设置场所采用不同发泡倍数的泡沫灭火系统）	192
12.3.2	（根据设置场所采用不同安装形式的泡沫灭火系统）	193
12.3.3	（泡沫-水喷淋系统或泡沫喷雾系统的选用）	193
12.3.4	（泡沫灭火系统设计应执行的规范依据）	193
12.3.5	（合理确定泡沫液混合比）	194
（Ⅱ）泡沫-水喷淋系统		
12.3.6	（闭式泡沫-水喷淋系统的主要设计参数）	194
12.3.7	（系统供水压力应满足泡沫比例混合器进水口的工作压力）	195
12.3.8	（闭式泡沫-水喷淋系统喷头选用及布置要求）	196
12.3.9	（泡沫-水预作用系统和泡沫-水干式系统设置场所净空高度要求）	196
12.3.10	（闭式泡沫-水喷淋系统的泡沫液贮存罐和泡沫比例混合器设置位置要求）	196
12.3.11	（泡沫-水喷淋系统、泡沫喷雾系统的泡沫液用量计算）	197
12.3.12	（民用建筑内泡沫-水喷淋系统典型系统示意图）	198
（Ⅲ）屋顶停机坪泡沫-消防枪灭火系统		
12.3.13	（设计依据和计算）	199
12.3.14	（系统示意图）	201
12.4 气体灭火系统		
12.4.1	（气体灭火系统和灭火剂的选择）	202
12.4.2	（气体灭火系统灭火剂的备用量）	202

续表

条文号	条文主题语	页码
12.4.3	（防护区容积的计算）	202
12.4.4	（防护区面积、容积或净高超过规范时气体灭火系统设置方式）	204
12.4.5	（采用七氟丙烷管网组合分配式灭火系统时注意问题）	204
12.4.6	（泄压口的设置）	205
12.4.7	（气体灭火系统向各专业提资内容）	207
12.4.8	（一次设计需表达的内容）	207
12.4.9	（对深化设计图纸的审核内容）	209
12.5　灭火器设置		
12.5.1	（屋面凸出场所、人防出入口设置灭火器）	209
12.5.2	（灭火器使用温度）	210
12.5.3	（面积较大的 E 类火灾场所灭火器布置）	210
12.5.4	（灭火器按保护面积计算实际所需数量和选择规格）	211
12.5.5	（同一建筑的不同场所尽量选用同类型同规格的灭火器）	211
12.5.6	（妇老病幼为主体的场所配置轻便规格灭火器）	212
12.5.7	（优先选用重量轻、灭火速度快的灭火器）	212
12.5.8	（推车式灭火器不得设置在台阶等不平坦地方）	213
12.5.9	（常见场所灭火器选用表）	213
12.5.10	（灭火器配置场所的火灾危险等级补充举例）	216
第 3 篇　特殊场所给水排水		
13　人防给水排水		
13.1　基本要求		
13.1.1	（防空地下室周边管道处理方式）	218
13.1.2	（穿越防空地下室的管道防护密闭措施）	219
13.2　给水		
13.2.1	（水源）	220
13.2.2	（水量）	221
13.2.3	（贮存要求）	221
13.2.4	（管道敷设）	222
13.3　排水		
13.3.1	（排水方式）	222
13.3.2	（集水坑要求）	223
13.3.3	（通气管设置）	224

续表

条文号	条文主题语	页码
13.3.4	（排水附件）	225
13.4 洗消		
13.4.1	（洗消用水量）	225
13.4.2	（洗消排水）	228
13.5 柴油发电站给水排水及供油		
13.5.1	（柴油发电站冷却系统设置要求）	228
13.5.2	（柴油发电站排水）	231
13.5.3	（柴油发电站供油）	231
13.6 平战转换		
13.6.1	（平战转换的总体要求）	232
13.6.2	（平战转换的时间要求）	233
13.6.3	（允许战时相关设施二次施工的相关要求）	233
	14 游泳池及休闲设施	
14.1 设计总述		
（Ⅰ）池水循环		
14.1.1	（水疗按摩池池水循环周期）	235
14.1.2	（池水循环管道材质）	235
14.1.3	（均衡水池的设置）	236
（Ⅱ）池水过滤		
14.1.4	（毛发聚集器的设置）	236
14.1.5	（过滤设备选用）	237
（Ⅲ）池水消毒		
14.1.6	（消毒剂的选用）	237
（Ⅳ）池水加热		
14.1.7	（池水的热耗组成和计算）	238
14.1.8	（换热设备的配置）	239
14.1.9	（池水初次加热时间）	239
14.2 施工图一次设计深度		
14.2.1	（设备机房）	239
14.2.2	（泳池管道平面）	240
14.2.3	（专业配合要求）	240
14.3 施工图二次深化设计要求		

续表

条文号	条文主题语	页码
(Ⅰ)水质监测和系统控制		
14.3.1	(水质监测与控制装置)	242
(Ⅱ)特殊设备和特殊设施		
14.3.2	(有机物尿素降解器)	242
14.3.3	(可移动池岸和可升降池底板)	243
14.3.4	(防负压吸附措施)	244
	15　水景、厨房、洗衣房	
15.1　水景		
15.1.1	(水景工程的补水和充水)	248
15.1.2	(亲水性水景池循环泵设置要求)	248
15.1.3	(人工造雾系统设计注意事项)	249
15.1.4	(水景喷泉工程深化设计图复核要点)	249
15.2　厨房		
15.2.1	(厨房用水量)	249
15.2.2	(厨房排水设计)	250
15.2.3	(厨房隔油设施)	250
15.2.4	(隔油设备间的设置)	251
15.2.5	(厨房设备灭火装置)	251
15.3　洗衣房		
15.3.1	(水质要求)	252
15.3.2	(水压要求)	253
15.3.3	(用水量计算)	253
15.3.4	(耗热量计算)	255
15.3.5	(给水管防污染要求)	256
15.3.6	(排水设计要求)	256
15.3.7	(一、二次设计界面)	256

1 总 则

1.1 基 本 规 定

1.1.1 为更好地掌握和执行现行国家规范、标准的规定，统一中国建筑设计研究院有限公司（简称“院公司”）给水排水设计标准，提高给水排水设计质量和设计效率，特制定本措施。

【要点说明】

编制本措施的目的在于总结“院公司”近二十几年的给水排水设计实践，对在执行规范过程中的经验做法予以总结，对规范未涉及和未明确的且在实际工程中无法避免的问题，提出我们的理解和设计规定，有的做法和数据可能在理论上还不尽完善，设计中也有待不断改进，但确是现阶段有效的做法，可以拿来就用，有益于提高给水排水设计质量和设计效率。对现行规范已经明确的规定本措施不再重复。

1.1.2 给水排水设计应与建筑设计充分协调，在满足建筑空间和功能需要的前提下，进行多方案比较，并进行系统设计方案技术评审。

【要点说明】

给水排水设计是在保证本专业技术合理性的同时，更好地满足建筑空间和功能要求，这就需要给水排水工程师与建筑师及相关专业相互配合协作，贯彻适用安全、技术先进、经济合理、操作简单和维修方便的原则。设计方案技术评审可以最大限度减少系统和做法的不合理性，有益于把握并提高设计质量，提高“院公司”给水排水设计人员的技术水平。

1.1.3 本措施适用于“院公司”所有给水排水设计项目，设计人应结合院级评审结论编制设计文件。

【要点说明】

“院公司”设计的所有民用建筑应执行本措施的规定，工业建筑和其他特殊建筑可参照使用。院级设计方案评审结论是对具体问题的解决，设计中应照此办理。

1.1.4 给水排水设计除应符合现行国家规范、标准和项目所在地现行规范、标准、法规

性文件的规定外，尚应符合本措施的规定。

【要点说明】

本措施作为执行国家和地方现行规范、标准的补充细化和延伸。提供有计算方法、参数取值、措施及技术要求供设计人员使用，并对执行规范、标准过程中的具体问题做出统一规定。

1.1.5 **给水排水设计必须符合工程建设的总体规划，并充分考虑分期建设的可能。对扩建、改建的工程，应从实际出发，充分发挥原设施的效能。**

【要点说明】

对于有特殊要求和规定者，设计还应执行当地有关部门的规定。

考虑工程预留发展，应按主管部门的规定执行；无明确规定者设计只考虑有发展、扩建的可能性，工程设计中不得提前加大安全或备用系数。

1.1.6 **给水排水设计前期应认真收集设计基础资料，并进行深入分析和研究，从而确定设计中采用的数据。**

【要点说明】

工程项目周边的市政管线（现状或规划）资料是给水排水设计的条件，如：市政给水管网是环状还是枝状，为工程地块预留的接管根数、管径和供水压力，对系统方案影响很大，一定要认真分析和研究，并取得书面资料。

1.2 设计规范、标准的应用

1.2.1 **给水排水工程设计必须遵守国家颁布的现行设计规范和标准。**

【要点说明】

如遇特殊情况不能按规范条文规定执行时，应经“院公司”技术评审及有关单位批准。国外的设计标准、规范，只能作为设计参考资料使用，不受其条文的约束。

1.2.2 **本措施中的条文，如与现行国家规范、标准不完全一致时，应按国家规范、标准的条文执行。**

【要点说明】

本措施是针对国家和行业规范、技术标准在执行层面的企业标准，在执行中如与国家规范、标准主旨一致，而严于国家规范、标准的措施条文，按本措施执行。

第 1 篇　建筑给水排水

2 小区给水排水和雨水控制及利用

2.1 小 区 给 水

2.1.1 远离城市的小区不能由市政给水管网提供时，经当地水源管理部门同意可自设水源。

【要点说明】

自设水源不属于给水排水专业的设计范围，应由业主委托当地有资质的设计部门设计。设计应配合专业设计部门提供项目需要的最高日用水量和最大小时用水量及所需水压。

当小区周边设有（或规划有）市政再生水时，应优先利用市政再生水冲厕、浇洒道路和绿地，应注意市政再生水水质是否满足现行国家标准《建筑中水设计标准》GB 50336的规定，如不满足，应进行相应处理。

2.1.2 给水管道敷设在回填土、淤泥等承载力达不到要求的地基上时，应进行基础处理。

【要点说明】

在土壤耐压力较高和地下水位较低处，给水管道可埋在管沟内的天然地基上，即未经扰动的原土上。如遇回填土和淤泥、流砂等其他承载力达不到要求的地基时，应进行基础处理。

【措施要求】

1. 回填土地基处理：一般处理方法为换土填砂、填石、打桩、强夯等，可根据回填土的厚度，分别采用以下两种处理方法：

1）回填土厚度在1.5m以内时，可采用局部挖深，砌筑砖或片石支墩支撑管道。当采用这种方法时，为了保证管道的稳定，每根管宜设两个支墩，弯头、三通等管件在其中部设一个支墩。这种方法比换土填砂法速度快，造价低；与打桩等方法相比，造价也较低，支墩的寿命长。

2）回填土太深时，可采用人工打桩的方法，每根水管宜打桩两组，每组不宜少于3根。每组桩打好以后，用圆钢连接起来，浇筑15～20cm厚的混凝土，然后将水管敷设在桩墩上。桩用圆管或角钢制成，人工打桩角钢采用∟50×5或∟60×6，圆管采用DN40～

$DN80$，每根桩长2m左右。这种方法的优点是：施工简单、速度快、不受地形限制。如能利用回收的旧水管则能节省造价。

2. 含淤泥层地基处理：

1）管底淤泥层不厚时，可将淤泥层挖除而换以砂砾石、砂垫层。

2）管底淤泥层较厚（超过1m）时，可采用人工抛填片石，然后用人工打夯将片石打入淤泥中。片石应铺满整个沟底，打下去后先铺再夯，直至夯不下去为止。同时在沟槽边上挖一个集水坑，把因片石挤出的泥浆水用人工或泵排走。最后在片石上浇筑一层10～15cm厚的混凝土，凝固后即可铺管，不过承插口处的操作坑应低于管底30cm以上。

3. 膨胀土地区的地基处理：膨胀土系由强亲水黏土矿物所组成的一种具有吸水膨胀、失水收缩、反复胀缩变形且变形量大的黏性土。

1）膨胀土地区的埋管设计中一般采用球墨铸铁管，管道应采用柔性接口。

2）在膨胀土地区埋管尽量采取快速施工法，以减少土壤水分的变化。

3）可采用砂垫法，铺砂厚度视土壤胀缩情况而定，一般为30～50cm。

4）回填土应充分夯实，最好选用非膨胀土或掺有10%石灰的膨胀土，回填后地面应有散水坡，以排除地表积水。在表面最好有混凝土面层。

2.1.3 室外热水管道宜采用管沟敷设。

【要点说明】

本条是对国家标准《建筑给水排水设计标准》GB 50015—2019（简称“建水标”）第6.8.15条“室外热水供、回水管道宜采用管沟敷设”的具体做法的进一步明确和补充。

【措施要求】

1. 室外热水管道优先采用管沟敷设，为节省投资，宜采用不通行管沟敷设。

2. 不通行管沟在管道维修时需要打开沟盖，因此设计时应注意敷设位置，尽量将不通行管沟敷设在绿地、人行道等打开沟盖影响较小的地段。

3. 如热水管道需穿越不允许开挖检修的地段时，考虑到管道检修，应采用通行管沟敷设。半通行管沟可以准确判定故障地点、故障性质，可起到缩小开挖范围的作用，可酌情采用。

4. 管沟敷设具体做法可参照国标图集《室外热力管道安装（地沟敷设）》03R411-1设计。

5. 受场地条件所限，热水管道必须采用直埋敷设时，应采用憎水性保温材料保温，保温层外应做密封的防潮防水层，其外再做硬质保护层。为保证保温质量，宜采用工厂定制的保温成型制品作为保温层。管道直埋敷设应符合现行国家标准《城镇供热直埋热水管道技术规程》CJJ/T 81、《建筑给水排水及采暖工程施工质量验收规范》GB 50242、《设备及管道绝热设计导则》GB/T 8175的规定。

2.1.4 室外直埋热水管道应有补偿管道热胀冷缩的措施。

【要点说明】

热水管道的热胀冷缩比冷水管道大，产生的内应力容易导致管道弯曲甚至破裂。对于室外直埋的热水管道，同样受此影响，如设计处理不当，会给用户带来很大麻烦。

【措施要求】

直埋热水管道直线管段补偿伸缩的做法有两种，一种是做U形伸缩节，U形伸缩节的保温、防水、防潮、防护做法与直埋管段一样，施工安装较简单。如采用金属波纹管伸缩器需做专用检修井。另一种做法是不采用补偿器，而是在直埋管道上下埋砂，用砂层与管外壁的摩擦力来抵消膨胀力。优先采用第一种做法。

2.1.5 小区室外埋地给水管道管材，应具有耐腐蚀和能承受相应地面荷载的能力。

【要点说明】

埋地的给水管道，既要承受管内的水压力，又要承受地面荷载的压力。管内壁要耐水的腐蚀，管外壁要耐地下水及土壤的腐蚀。可采用离心球墨给水铸铁管、涂（衬）塑钢管、钢丝网骨架聚乙烯复合管、外覆塑薄壁不锈钢管，管材和管件应符合现行的国家有关卫生标准和产品标准的要求。管材和管件的工作压力不得大于产品标准公称压力或标称的允许工作压力。

对于自来水管，应注意采用符合当地自来水公司规定的管道，例如北京良乡区要求$\geqslant DN80$的室外给水管采用球墨铸铁给水管；武汉$<DN100$的室外埋地给水管推荐采用不锈钢给水管和PSP钢塑复合给水管，$\geqslant DN100$的室外埋地给水管推荐采用球墨铸铁给水管。对于中水给水管，宜采用防腐性能好的涂塑钢管、钢塑复合压力管、钢丝网骨架聚乙烯复合管等。

2.2 小区排水

2.2.1 当建设用地平均场地高程低于场地外部周边地区平均高程时，即便市政管道标高允许重力自流排水接入，也应采用压力排水，防止市政排水向小区倒灌。

【要点说明】

重力自流是小区排水系统设计的基本原则之一，小区排水管的布置应重力自流排至市政排水管道。排水系统采用重力流方式最为常用且优势明显。在建设项目的方案设计阶段，设计人应进行现场踏勘，摸清项目建设场地总体高程情况，及时向建设单位了解生活排水、雨水的市政接口高程信息，获取资料。对于有可能发生市政排水倒灌的建设场地，应采用压力排水。

2.2.2 小区排水干管应设置在道路下。对于严寒、寒冷地区，排水干管不宜采用PVC-U材质，最小覆土深度不宜小于0.70m，且管道埋设深度不得高于土壤冰冻线以上0.15m。

【要点说明】

本条措施适用于严寒、寒冷地区污水、雨水干管。与“建水标”相比，本条取消了当采用塑料管时，埋设深度可提高至冰冻线以上0.5m的规定，原因是考虑冻土层的反复冻融可能造成管道和基础变形，虽然塑料管的连接较其他连接方式的排水管更不容易漏水，但变形仍然易造成管道水利条件发生变化，引发淤积。排水干管采用PVC-U管材时，有发生冻裂的风险。

2.2.3 排水管网、污水处理设施完善的城市，当小区污水符合现行国家标准《污水排入城镇下水道水质标准》GB/T 31962和《污水综合排放标准》GB 8978规定的指标时，可不设置化粪池。

【要点说明】

对于化粪池设置与否，近年来不少文献提供了思考或研究成果，分析了化粪池设置的各类优缺点以及取消化粪池的好处。当项目所在地的城市已有城市相关规划或当地有所规定时，可考虑不设置化粪池。就目前了解，上海、昆山、重庆、南京等城市的部分地区具有相关规定。

2.2.4 化粪池污泥清掏周期应根据污水温度和当地气候条件确定，宜采用3～12个月。

【要点说明】

化粪池污泥清掏周期是由污泥腐化周期决定的，而污泥腐化周期又与环境平均温度有关。因此，不同气候条件的地区，污泥腐化周期不同，其化粪池污泥清掏周期也不同。为确保污水处理效果，合理设计化粪池有效容积，有必要针对不同气候地区化粪池污泥清掏周期作出更详细的规定。

【措施要求】

各地区化粪池设计清掏周期建议按表2.2.4取值。

各地区化粪池设计清掏周期取值建议 表2.2.4

气候区	范围	清掏周期
严寒地区	主要指东北、内蒙古和新疆北部（乌鲁木齐、克拉玛依、阿勒泰、塔城等）、西藏北部、山西大同及河曲、青海等地区	12个月
寒冷地区	主要指北京、天津、河北、山东、山西、宁夏、陕西大部、辽宁南部、甘肃中东部、新疆南部、河南北部（郑州、安阳、孟津、西华）、安徽亳州、江苏北部（徐州、赣榆、射阳）以及西藏南部（拉萨、昌都、林芝）等地区	6个月

续表

气候区	范围	清掏周期
夏热冬冷地区	主要指长江中下游及其周围地区，大致为陇海线以南，南岭以北，四川盆地以东，包括上海、重庆，湖北、湖南、江西、浙江全部，安徽大部，四川、贵州两省东半部，江苏、河南两省南半部，福建北半部，陕西、甘肃两省南端，广东、广西北端	3～6个月
夏热冬暖地区	主要指我国南部，在北纬27°以南，东经97°以东，包括海南全境、广东大部、广西大部、福建南部、云南小部以及我国香港、澳门、台湾地区	3个月
温和地区	主要指云南和贵州两省区	3个月

2.3 建筑与小区雨水控制及利用

2.3.1 雨水控制及利用设计的目标：径流总量控制、径流峰值控制、径流污染控制、雨水资源化利用。

【要点说明】

径流总量控制方法包括雨水的下渗减排和直接集蓄利用，雨水资源化利用按照功能也归为径流总量控制的一种措施，可以根据工程项目所在地的实际情况，同时结合设计中“绿建”要求一并统筹考虑。通过低影响开发雨水系统的构建，对中、小降雨削峰效果较好。雨水水质污染也是目前面临的一大难题，雨水污染物可采用悬浮物（SS）、化学需氧量（COD）、总氮（TN）和总磷（TP）等主要指标控制，其中SS往往与其他污染物指标具有一定相关性，因此一般可采用SS作为径流污染物控制指标。在实际工程中，如果调蓄排放有污染物控制措施，也属于径流总量控制措施。

年SS总量去除率=年径流总量控制率×低影响开发设施对SS的平均去除率

【措施要求】

根据住房和城乡建设部2014年10月发布的《海绵城市建设技术指南——低影响开发雨水系统构建（试行）》以及现行各地相关雨水控制及利用的标准要求和规定，低影响开发设施主要有透水铺装、绿色屋顶、下沉式绿地、生物滞留设施、渗透塘、渗井、湿塘、雨水湿地、蓄水池、雨水罐、调节塘、调节池、植草沟、渗管/渠、植被缓冲带、初期雨水弃流设施、人工土壤渗滤等。上述单项设施往往具有多个功能，如生物滞留设施的功能除渗透补充地下水外，还可削减峰值流量、净化雨水，实现径流总量、径流峰值和径流污染控制等多重目标。因此要求设计师根据项目不同需求灵活选用并进行相关组合。

各种低影响开发设施的功能及作用可结合项目实际需求按表2.3.1选用。

低影响开发设施比选一览表 表 2.3.1

单项设施	功能					控制目标			处置方式		经济性		污染物去除率（以SS计，%）	景观效果
	集蓄利用雨水	补充地下水	削减峰值流量	净化雨水	转输	径流总量	径流峰值	径流污染	分散	相对集中	建造费用	维护费用		
透水砖铺装	○	●	◎	◎	○	●	◎	◎	√	—	低	低	80～90	—
透水水泥混凝土	○	○	◎	◎	○	◎	◎	◎	√	—	高	中	80～90	—
透水沥青混凝土	○	○	◎	◎	○	◎	◎	◎	√	—	高	中	80～90	—
绿色屋顶	○	○	◎	◎	○	●	◎	◎	√	—	高	中	70～80	好
下沉式绿地	○	●	◎	◎	○	●	◎	◎	√	—	低	低	—	一般
简易型生物滞留设施	○	●	◎	◎	○	●	◎	◎	√	—	低	低	—	好
复杂型生物滞留设施	○	●	◎	●	○	●	◎	●	√	—	中	低	70～95	好
渗透塘	○	●	◎	◎	○	●	◎	◎	—	√	中	中	70～80	一般
渗井	○	●	◎	◎	○	●	◎	◎	√	√	低	低	—	—
湿塘	●	○	●	◎	○	●	●	◎	—	√	高	中	50～80	好
雨水湿地	●	○	●	●	○	●	●	●	√	√	高	中	50～80	好
蓄水池	●	○	◎	◎	○	●	◎	◎	—	√	高	中	80～90	—
雨水罐	●	○	◎	◎	○	●	◎	◎	√	—	低	低	80～90	—
调节塘	○	○	●	◎	○	○	●	◎	—	√	高	中	—	一般
调节池	○	○	●	○	○	○	●	○	—	√	高	中	—	—
转输型植草沟	◎	○	○	◎	●	◎	○	◎	√	—	低	低	35～90	一般
干式植草沟	○	●	○	◎	●	●	○	◎	√	—	低	低	35～90	好
湿式植草沟	○	○	○	●	●	○	○	●	√	—	中	低	—	好
渗管/渠	○	◎	○	○	●	◎	○	◎	√	—	中	中	35～70	—
植被缓冲带	○	○	○	●	—	○	○	●	√	—	低	低	50～75	一般
初期雨水弃流设施	◎	○	○	●	—	○	○	●	√	—	低	中	40～60	—
人工土壤渗滤	●	○	○	●	—	○	○	◎	—	√	高	中	75～95	好

注：1. ●——强，◎——较强，○——弱或很小；

2. SS去除率数据来自美国流域保护中心（Center For Watershed Protection，CWP）的研究数据。

2.3.2 雨水控制及利用设计应符合各地的相关规定。当小区内有海绵化要求时，应按照各地海绵城市规划的相关要求进行全专业的协同设计。

【要点说明】

各地现行雨水控制及利用相关规范，经收集整理，见表2.3.2-1，供设计人参考。雨水控制及利用是低影响开发雨水系统的具体措施，设计中主要是根据项目情况通过设置一系列低影响开发设施（可参考2014年11月住房和城乡建设部发布的《海绵城市建设技术指南——低影响开发雨水系统构建（试行）》），以实现径流总量控制、径流峰值控制、径流污染控制、雨水资源化利用，各地具体要求由设计人查阅当地相关规范要求。在实施过程中，请注意上述规范版本的有效性。

全国部分省市区雨水控制及利用目标相关规定汇总表 **表 2.3.2-1**

序号	省市区名称	地标名称及编号
1	北京	《雨水控制与利用工程设计规范》DB11/685—2013 地方图集《雨水控制与利用工程(建筑与小区)》15BS14
2	深圳	《低影响开发雨水综合利用技术规范》SZDB/Z 145—2015 《海绵城市设计图集》DB4403/T 24—2019
3	上海	《海绵城市建设技术标准》DG/TJ08-2298—2019
4	天津	《天津市海绵城市建设技术导则》
5	重庆	《重庆市海绵城市建设管理办法(试行)》渝府办发〔2018〕135 号
6	河北	《雨水控制与利用工程技术规范》DB13(J)175—2015 《海绵城市建设工程技术规程》DB13(J)/T210—2016
7	山东	《海绵城市设计规程》DB37/T 5060—2016 地方图集《雨水源头控制与利用工程》L16M201
8	江苏	《雨水利用工程技术规范》DGJ32/TJ 113—2011 《南京市海绵城市规划建设管理规定》宁政传〔2019〕9 号
9	浙江	《民用建筑雨水控制与利用设计规程》DB33/T 1167—2019
10	黑龙江	《黑龙江省海绵城市专项规划编制技术指引(试行)》黑建规〔2017〕6 号 《哈尔滨市海绵城市建设技术导则(试行)》哈建发〔2017〕32 号
11	辽宁	《低影响开发城镇雨水收集利用工程技术规程》DB21/T 2977—2018
12	吉林	《低影响开发雨水控制与利用工程技术规程》DB22/JT 168—2017
13	广西	《低影响开发雨水控制及利用工程设计规范》DBJ/T45-013—2019 地方图集《广西低影响开发雨水控制及利用工程》桂 19TJ004 《海绵城市规划设计导则》(广西壮族自治区住房和城乡建设厅批准 2017 年 12 月)
14	广东	《广东省人民政府办公厅关于推进海绵城市建设的实施意见》粤府办〔2016〕53 号 《广州市海绵城市规划设计导则(试行)》2017.11
15	河南	《河南省海绵城市建设系统技术标准》DBJ41/T 209—2019 《郑州市海绵城市规划建设管理办法》郑政办〔2018〕59 号 《郑州市海绵城市规划建设管理的指导意见》郑政办〔2018〕60 号
16	山西	《山西省人民政府办公厅关于推进海绵城市建设管理的实施意见》晋政办发〔2016〕27 号 《太原市海绵城市建设管理暂行办法》并政办发〔2017〕66 号 太原市《海绵城市规划管理暂行规定》并规字〔2018〕64 号

续表

序号	省市区名称	地标名称及编号
17	湖南	《湖南省人民政府办公厅关于推进海绵城市建设的实施意见》湘政办发〔2016〕20号 地方图集《海绵城市建设技术-渗透技术设施》湘 2015SZ103-1 地方图集《海绵城市建设技术-储存与调节技术设施》湘 2015SZ103-2 地方图集《海绵城市建设技术-传输与截污净化技术设施》湘 2015SZ103-3
18	湖北	《湖北省海绵城市设计标准》 《湖北省人民政府办公厅关于推进海绵城市建设的实施意见》鄂政办发〔2017〕33号 《武汉市海绵城市规划设计导则(试行)》2015.08 《武汉市海绵城市建设技术指南(试行)》2016.08
19	福建	《福建省海绵城市建设技术导则》2017.11
20	安徽	《安徽省海绵城市规划技术导则——低影响开发雨水系统构建》DB34/T 5031—2015 地方图集《海绵城市建设技术——雨水控制与利用工程》皖 2015Z102
21	江西	《江西省海绵城市建设技术导则(试行)》赣建城〔2017〕149号
22	四川	《四川省人民政府办公厅关于推进海绵城市建设的实施意见》川办发〔2016〕6号 《成都市海绵城市规划建设管理技术规定(试行)》2016.05 《成都市建设项目海绵城市专项设计编制规定及审查要点(试行)》2017.08
23	贵州	《贵州省海绵城市建设技术导则(试行)》2015.12
24	云南	《云南省海绵城市规划设计导则》2016.01 《昆明市海绵城市建设技术导则(试行)》2016.11 《昆明市海绵城市建设工程设计指南(试行)》2016.11
25	陕西	《建筑与小区雨水利用技术规程》DBJ61/T 84—2014 《陕西省海绵城市规划设计导则》DBJ61/T 126—2017
26	宁夏	《海绵城市建设工程技术规程》DB64/T 1587—2019
27	甘肃	《甘肃省人民政府办公厅关于推进海绵城市建设的实施意见》甘政办发〔2015〕180号
28	海南	《海南省人民政府办公厅关于推进海绵城市建设的实施意见》琼府办〔2016〕58号 《海南省海绵型建筑与小区设计导则(试行)》2017.11 《海南省海绵城市规划设计技术导则(试行)》2017.12 《三亚市海绵城市规划设计导则(试行修改版)》2016.06

海绵城市是指城市能够像海绵一样，在适应环境变化和应对自然灾害等方面具有良好的“弹性”，下雨时吸水、蓄水、渗水、净水，需要时将蓄存的雨水“释放”并加以利用。海绵城市建设应统筹低影响开发雨水系统、城市雨水管渠系统及超标雨水径流排放系统，三者相互补充、相互依存。而建筑与小区是海绵城市建设中雨水系统的源头，是低影响开发雨水系统的重点控制部位，雨水控制及利用包括雨水滞蓄、收集回用和调节等，是实现

雨水资源化管理、减轻城市内涝的根本措施。

海绵城市建设中的雨水系统，需要多个专业密切配合、分工合作，才能建设完成。比如：室外传统的雨水排水，雨水口、排水沟的布置需要给水排水和总图两个专业密切配合；屋面超标雨水排除，需要给水排水和建筑两个专业密切配合。雨水控制及利用或称低影响开发雨水系统，需要给水排水、总图、建筑、景观园林等专业密切配合、分工合作。一般情况下，各专业在雨水控制及利用工程设计中的分工建议见表2.3.2-2。

海绵城市设计专业分工建议 **表2.3.2-2**

专业	工作内容
总图	项目场地设计，包括建筑布局、场地竖向与排水设计等
建筑	建筑屋面设计（坡度、材料做法、屋面类型与建筑方案的协调）、地下空间开发等
景观园林	根据园林方案布置的绿地、透水铺装、雨水湿地及生物滞留设施的选择等
给水排水	根据场地实际情况，按照当地多年平均降雨量资料，复核相关控制指标

当项目设有雨水控制及利用设施时，建筑屋面雨水推荐采用“断接”方式，将屋面雨水引至散水，散水排入地面或绿地、透水铺装、坑塘，多余雨水经雨水口溢流排入雨水检查井，最终接入市政雨水管道系统。在项目实际设计过程中，如遇到建筑退线少、实土区域少等限制条件，导致出现个别与市政雨水接驳口无法设置雨水调蓄的情况，在满足项目总体控制指标的情况下，可以直接接入市政雨水管网。

2.3.3 各地雨水控制及利用设计当以调蓄为主要目的时，调蓄池与初期雨水弃流池宜一并考虑。

【要点说明】

近年来，随着城市化进程的不断加快和城市人口的不断增加，大气和建筑屋面、路面等下垫面遭受到日益严重的污染。降雨时，地表累积的大量污染物被雨水径流冲刷和裹挟到受纳水体中，造成了严重的水体污染和生态破坏。考虑到建筑与小区为人员主要活动场所，下垫面相较其他区域更容易受到污染，因此建议在建筑与小区范围设置雨水调蓄池时，一并考虑初期雨水弃流，以控制面源污染。

【措施要求】

根据本措施表2.3.1，初期雨水弃流能够去除40%～60%的SS，对雨水水质具有较强的净化能力和较强的径流污染控制效果，同时弃流池容积也可计入削峰容积，不会额外增加雨水池土建投资，对环境保护起到积极作用。初期雨水弃流池的排水，应单独设置提升泵，加压排至室外污水管网。初期雨水弃流量应按照国家标准《建筑与小区雨水控制及利用工程技术规范》GB 50400—2016第5.3.4条要求取值（屋面2～3mm，地面3～5mm）。

2.3.4 **某项目雨水控制及利用主要计算实例。**

1. 项目概况

1）本项目位于北京延庆，为公建项目。项目为山地建筑，用地东西高差 30m，南北高差 42m。按照《北京市水务局关于＊＊及配套基础设施规划水资源论证报告的批复》要求，场地雨水排除标准为 10 年一遇（如果没有特殊要求，设计中应按照现行国家相关标准进行取值）。

2）项目为多功能用地（公建），用地面积 152183.96m²，其中：建筑屋面面积 50902m²，绿地面积 17690m²，硬质铺装（消防车道、南北主广场）面积 18841.94m²，透水铺装（广场、停车场等）面积 64750.02m²。

硬化面积＝用地面积－绿地面积－绿化屋面面积－透水铺装面积＝152183.96－17690－64750.02＝69743.94m²。

2. 设计依据

1）市政雨水规划条件；

2）《新建建设工程雨水控制与利用技术要点（暂行）》（北京市市规发〔2012〕1316 号）；

3）《雨水控制与利用工程设计规范》DB11/685—2013；

4）《建筑与小区雨水控制及利用工程技术规范》GB 50400—2016；

5）《北京市水务局关于＊＊及配套基础设施规划水资源论证报告的批复》。

3. 外部条件

用地南侧市政雨水为边沟排水，边沟尺寸目前未知。在南侧＊＊号路和＊＊号路交叉口有一个 $DN1000$ 的雨水涵洞，将上游雨水汇流后逐步排入下游水体。

4. 排水设计标准

1）室外场地排水设计降雨重现期 P 为 10 年，降雨历时 t 取 10min，暴雨强度 q[L/(s·hm²)] 计算公式为：

$$q=\frac{3064(1+0.74\lg P)}{(t+11.35)^{0.912}}$$

2）＊＊地区 10 年设计重现期多年最大 24h 平均降雨量为 209mm。

5. 设计雨水量计算

1）场地雨水径流总量计算：

$W=10\psi_Z h_y F$，其中：

$$\psi_z=\frac{\sum F_i\psi_i}{F}=\frac{0.90\times50902+0.30\times17690+0.35\times64750.02+0.60\times18841.94}{152183.96}$$

$=0.5591$；

$h_y=209$mm；

$F=152183.96$m²。

则 W＝10×0.5591×209×15.22＝17784.86m^3。

雨量径流系数 ψ_i 取值及面积 F_i 见表 2.3.4。

雨量径流系数 ψ_i 及面积 F_i **表 2.3.4**

下垫面种类	雨量径流系数 ψ_i	面积 F_i(m^2)
硬屋面、未铺石子的平屋面、沥青屋面	0.90	50902
绿化	0.30①	17690
透水铺装地面(铺装前)	0.35	64750.02
不透水铺装	0.60	18841.94

① 设计重现期 10 年一遇工况下绿地雨量径流系数适当增大。

2）调蓄水量计算：

调蓄水量＝500×硬化面积（hm^2）＝500×6.9744＝3487.2m^3。

实际设置总有效容积 5200m^3 的调蓄水池。

3）调蓄设施中的雨水在雨后错峰排放到市政雨水管网，不进行回用。

6.外排水量和径流系数

1）外排雨水径流总量＝W－雨水调蓄设施总容积

＝17784.86－5200＝12584.86m^3

2）外排雨水径流系数＝外排雨水径流总量/设计重现期下汇水面积内的总降雨量

＝12584.86/（10×1×209×15.22）＝0.3956

该径流系数小于 0.4，满足要求！

7.年径流总量控制率

要实现年径流总量控制率为 85%的目标，即控制 32.5mm 降雨无外排。

项目场地内设计降雨控制量为：32.5/1000×152183.96＝4945.98m^3。

场地综合径流系数为 0.5591，则入渗实现的降雨控制量为：4945.98×（1－0.5591）＝2180.68m^3。

于是项目总蓄水空间为：5200＋2180.68＝7380.68m^3。

对应设计降雨厚度为：7380.68×1000/152183.96＝48.50mm＞32.5mm。

根据北京市地方标准《雨水控制与利用工程设计规范》DB11/685—2013 第 3.1.1 条表 3.1.1-2 的规定，本工程年径流总量控制率＞90%。

8.雨水调蓄设施的形式和规模

调蓄排放池设于室外，为钢筋混凝土水池或玻璃钢蓄水池，在用地南侧的运营广场停车区附近建雨水调蓄池，总有效容积为 5200m^3。雨停后，启动潜水泵在 12h 内提升排出(初期雨水弃流池提升排至室外污水管网)。

为了避免初期雨水水质对下游水体造成污染，在雨水调蓄池上游设置初期雨水弃流池，容积按照初期雨水 4mm 计算，初期雨水弃流池容积约为 650m^3，故雨水调蓄池有效容积为 5200－650＝4550m^3。

9. 验收要求

雨水控制利用设施、系统的施工及验收，应符合下列规范要求：

《给水排水构筑物工程施工及验收规范》GB 50141—2008；

《建筑与小区雨水控制及利用工程技术规范》GB 50400—2016；

《建筑给水排水及采暖工程施工质量验收规范》GB 50242—2002；

北京市地方标准《雨水控制与利用工程设计规范》DB11/685—2013。

3　建筑给水和管道直饮水

3.1　建　筑　给　水

（Ⅰ）用水定额和用水量计算

3.1.1　**各类建筑生活用水定额，应根据卫生洁具完善程度和地区条件，遵循以下原则确定：**

1　**当地主管部门对生活用水定额有具体规定时，应按当地规定执行；**

2　**当地没有规定的，依据“建水标”中表** 3.2.1、**表** 3.3.3 **的低限取值（小时变化系数取高值）。**

【要点说明】

生活饮水用水量计算是建筑给水设计的基础，用水定额和小时变化系数的确定是关键，保证满足用水需求的同时节约用水。设计师在选取用水定额时遇到的问题是如何确定相对合理的值，目前用水定额来自于以下途径：

1.“建水标”有关用水定额的规定；

2.项目所在地主管部门对各类建筑生活用水定额的规定见表 3.1.1。

国内一些省市生活饮用水用水定额　　　　**表 3.1.1**

序号	建筑物名称	单位	生活用水定额	备注	地区
1	住宅	L/(人·d)	105	具备洗浴条件	河南省
		L/(人·d)	120	热水直供	
		L/(人·d)	90～150	具备洗浴条件	吉林省
2	宾馆	L/(床·d)	230～290	室内设卫生间，供应热水	河南省
		L/(床·d)	360～460	室内设卫生间，全天供应热水	
		L/(床·d)	380～650	三星以上	吉林省
		L/(床·d)	300～500	三星以下	
		L/(床·d)	600	普通旅馆	海南省
		L/(床·d)	800～1800	宾馆	
3	商场	L/(m^2·d)	3		河南省
		L/(m^2·d)	6～10		吉林省
		L/(m^2·d)	10		海南省

3.1.2 **各类建筑年用水量应根据日平均用水量和年用水天数计算确定。**

【要点说明】

节水设计的年平均用水量，是根据日平均用水量和年用水天数计算确定的，而年用水天数在规范中没有规定，在设计中出现了同一类建筑的年用水天数取不同值的现象，为方便设计，通过归纳、总结，确定了适用的年用水天数。

【措施要求】

各类建筑年用水天数，见表 3.1.2。

各类建筑年用水天数 表 3.1.2

序号	建筑物名称		年使用天数参考值(d)	备注
1	住宅		365	
2	招待所、宾馆、酒店		365	
3	酒店式公寓		365	
4	医院		365	
5	养老院、托老所	全托	365	
		日托	250	除去双休及法定节假日＝365－52×2－11＝250d
6	幼儿园、托儿所		184	每年 2 个学期，每学期 18～21 周，(18＋21)×5－11(法定节假日)＝184d
7	学校	中小学校	185	
		高等学校	294	全年学期共 42 周＝42×7＝294d
8	办公楼	公寓式	250	除去双休及法定节假日＝365－(52×2＋11)＝250d
		坐班制	250	
9	图书馆		313	每周闭馆一天＝365－52＝313d
10	科研楼		250	除去双休及法定节假日
11	商场		365	
12	理发室、美容院等服务类营业场所		354	除去法定节假日＝365－11＝354d
13	餐饮业	营业类场所	365	
		职工食堂	250	除去双休及法定节假日
14	电影院		360	除去春节假期 5d
15	剧院、俱乐部、礼堂		313	每周休整一天
16	会议厅		250	除去双休及法定节假日
17	会展中心(博物馆、展览馆)		365/313	博物馆每周闭馆一天＝365－52＝313d
18	体育场(馆)		365	
19	健身中心		360	除去春节假期 5d
20	航站楼、客运站旅客，展览中心观众		365	

（Ⅱ）水质和防水质污染

3.1.3 当市政给水为一路同时有集中生活热水系统时，在市政引入管上或在供应生活热水的给水总管处设置倒流防止器，集中生活热水系统的补水管上设置止回阀。

【要点说明】

根据规范要求，当市政给水为一路时，市政引入管上未要求设置倒流防止器，但向有压容器或密闭容器供水的进水管上应设置倒流防止器。低阻力倒流防止器水头损失为2～4m，大流量时水头损失更高，当建筑设有集中生活热水系统时，在热水系统水加热器的进水管上设置倒流防止器会造成用水点冷热水系统压力不平衡，为避免用水浪费和不舒适，所以做此规定。倒流防止器设置部位如图3.1.3-1和图3.1.3-2所示。

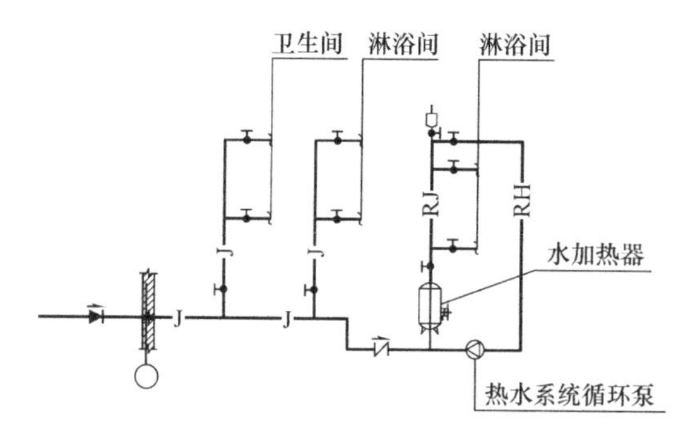

图3.1.3-1 倒流防止器位置（一）

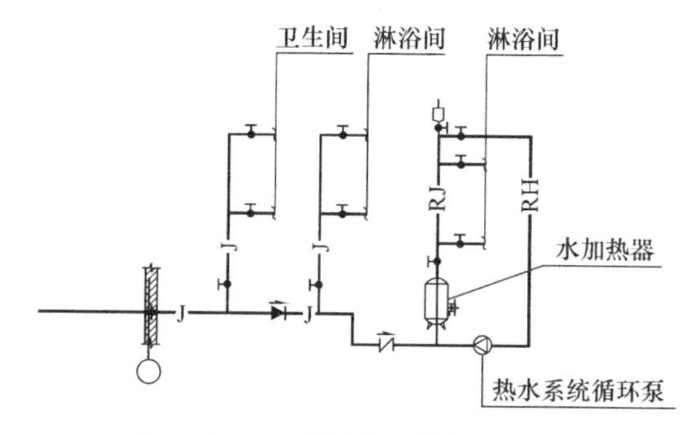

图3.1.3-2 倒流防止器位置（二）

3.1.4 真空破坏器应根据以下要求选用和设置：

1 当游泳池、水上游乐池、按摩池、水景池、循环冷却水集水池等的充水或补水管道出口与溢流水位之间的空气间隙小于出口管径2.5倍时，在其充（补）水管上设置压力型真空破坏器；

2 出口接软管的冲洗水嘴与二次供水管道连接处设置压力型真空破坏器；

3 当生活饮用水水池（箱、塔）进水管从最高水位以上进入水池（箱），管口为淹没出流时，管顶应设置压力型真空破坏器等防虹吸回流措施；

4 不含有化学药剂的绿地等喷灌系统，当喷头为地下式或自动升降式时，在其管道起端设置大气型真空破坏器；

5 消防（软管）卷盘与二次供水管道连接处设置压力型真空破坏器。

【要点说明】

真空破坏器可分为压力型、大气型和软管接头型。在严寒和寒冷地区，当真空破坏器设置在非供暖房间内或室外时，应采取保温防冻措施。

1.压力型真空破坏器可用于连续液体的压力管道；不得安装在通风柜或通风罩内；设

置压力型真空破坏器的场所应有排水和接纳水体的措施。

压力型真空破坏器应直接安装于配水支管的最高点，其位置高出最高回水点或最高溢流水位的垂直高度不得小于300mm。安装举例如图3.1.4-1所示。

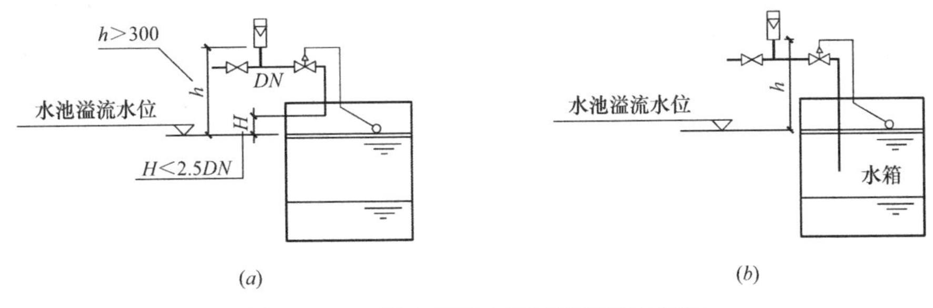

图3.1.4-1 压力型真空破坏器安装示意图

(a) 游泳池、水景池、循环冷却水集水池；(b) 生活饮用水水池（箱）进水管口淹没出流

2. 大气型真空破坏器可用于长期不充水或充水时间每天累计不超过12h的配水支管上，不得安装在通风柜或通风罩内。

大气型真空破坏器应直接安装于配水支管的最高点，其位置高出最高回水点或最高溢流水位的垂直高度不得小于150mm；大气型真空破坏器的进气口应向下。安装举例如图3.1.4-2所示。

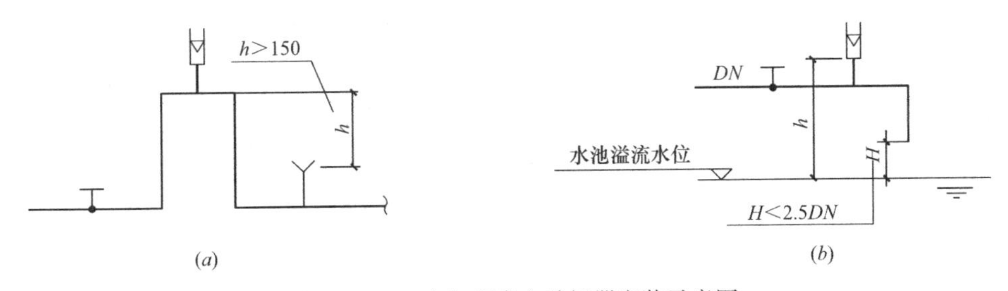

图3.1.4-2 大气型真空破坏器安装示意图

(a) 绿地、景观等喷头；(b) 水景池等人工补水管

3.1.5 空调加湿采用湿膜加湿和高压喷雾加湿时，其补水管不用设真空破坏器，在系统图上注明“空调机组采用湿膜加湿方式”或“空调机组采用高压喷雾加湿方式”。

【要点说明】

湿膜加湿是向水盘补水，类似冷却塔，有空气间隙；高压喷雾加湿是连接内置的高压泵，由加压泵喷雾，喷嘴与湿膜之间有空气间隙。

空调加湿是与空调机组一体的加湿段，常用的是管式温升双次汽化湿膜加湿，新型产品其补水口的空气间隙都是按照现行规范的防污染要求生产的，老旧产品较为不规范。

【措施要求】

向暖通专业确认空调加湿方式，在系统图中注明末端加湿方式。

3.1.6　生活饮用水水箱及消防水池（箱）等非回用贮水设施进水的位置与溢流水位之间的空气间隙均可按150mm设计：

1　生活饮用水水池（箱、塔）的进水管口；

2　从生活饮用水管网向消防等非回用水系统的贮水池（箱）补水时其进水管最低点；

3　游泳池和水上游乐池、按摩池、水景池、循环冷却水集水池等的充水或补水管道出口。

【要点说明】

“建水标”中对防污染的空气间隙作了明确规定，150mm的空气间隙基本可以满足其要求；但对本措施本条第3款，需要校核150mm空气间隙是否大于等于2.5倍的进水管管径。

【措施要求】

在系统图、机房详图中标注进水管口与溢流水位之间的高差，如图3.1.6所示。

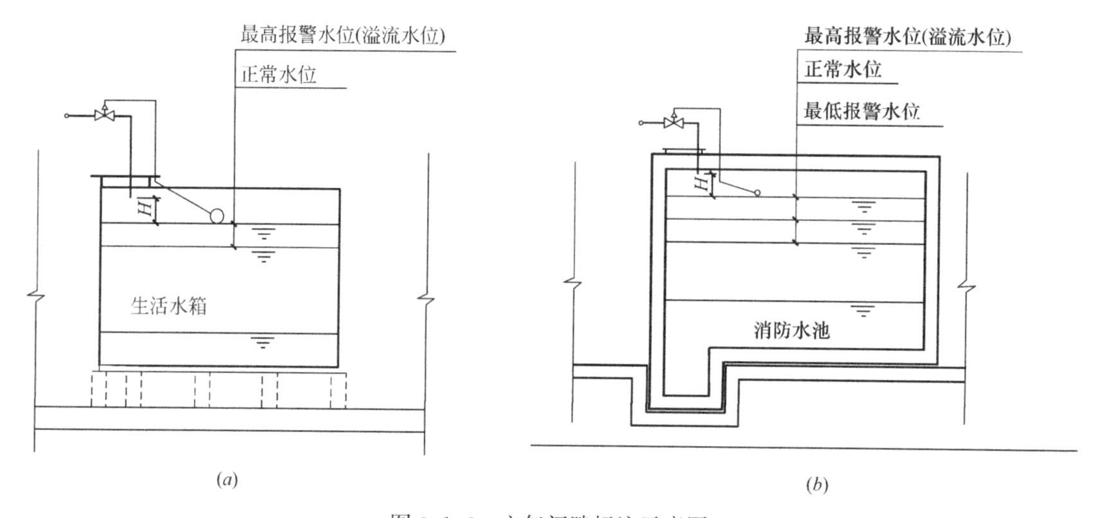

图3.1.6　空气间隙标注示意图

（*a*）生活水箱：$H=150$mm；（*b*）消防水池（箱）：$H\geqslant150$mm

3.1.7　建筑内的生活水池（箱）、供水设备应设在专用房间内，不应与热交换间等共用一个房间。

【要点说明】

生活水泵房的卫生环境与供水系统的水质及运行管理安全有直接关系。泵房内的温度和湿度与细菌、微生物的滋生密切相关，因此泵房内严禁存放其他无关设施，避免对水质造成污染。给水箱与热交换间共用一个设备房间时，因热水的影响房间内温度高，容易对给水造成热污染、滋生细菌等，水质难以保障。

（Ⅲ）系统分区

3.1.8 当建筑设有集中热水供应系统时，给水系统的分区应与热水系统的分区一致，竖向分区几何高差不宜大于35m。

【要点说明】

给水系统与热水系统竖向分区一致，是为了保证冷热水压力同源，使用水点处冷热水压力平衡。同时为了减少热水系统水加热器的数量，在静水压力不大于卫生间器具及配件所承受的最大工作压力的前提下，分区静水压力不宜大于0.55MPa。

当建筑设有集中热水供应系统时，给水系统竖向分区几何高差不宜大于35m，但当系统管网水头损失小于5m时，给水系统竖向分区几何高差不宜大于40m。对于住宅类建筑层高小于3m时，当无集中热水供应系统时，给水分区宜8～10层一个区，当有集中热水供应系统时，最多可11～13层一个区。对于公共建筑，根据其层高结合35m高差综合考虑确定。

3.1.9 高层建筑不宜采用同一根供水立管串联两组或多组减压阀分区供水的方式，宜采用分区并联减压供水系统（见图3.1.9）。

【要点说明】

高层建筑给水系统不宜采用减压阀串联分区供水的方式，以免供水总立管故障同时影响几个分区的供水。

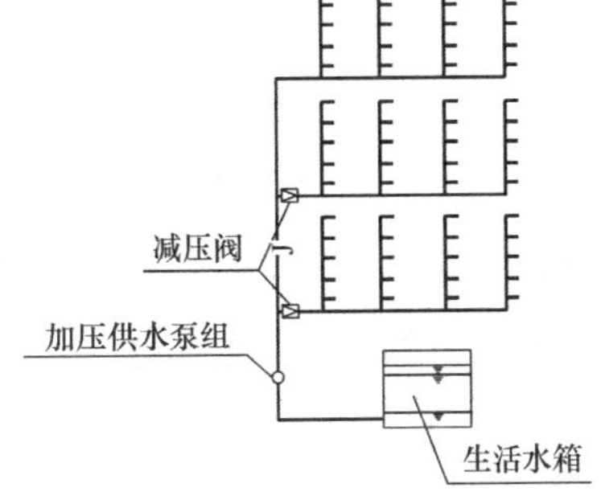

图3.1.9 减压阀并联分区供水方式示意图

（Ⅳ）附件和水表

3.1.10 减压阀的选用应根据减压阀的进口压力、出口压力和介质温度等条件，按单级减压阀气蚀控制图对减压阀进行气蚀校核，并避开气蚀区。

【要点说明】

此条规定限制减压阀的减压比或前后压差，是为了防止阀内产生气蚀损坏减压阀和减少振动及噪声，因此在设计时需要进行气蚀校核。

【措施要求】

为了防止气蚀和噪声，生活给水系统中单级减压阀的减压比不应大于3∶1。图3.1.10适用于任何一种单级减压阀，图中气蚀控制线是气蚀发生的临界线。减压阀气蚀产生取决于三个因素：进出口之间的动态减压差、出口压力绝对值和介质温度。非气蚀区的减压比均在3∶1以内，当减压比大于3∶1时，应根据减压阀进、出口压力和介质温度等条件，按图3.1.10中65℃气蚀控制线对减压阀进行气蚀校核，并避开气蚀区。发生气蚀时，可采用串联减压方式或双级减压阀等减压方式。

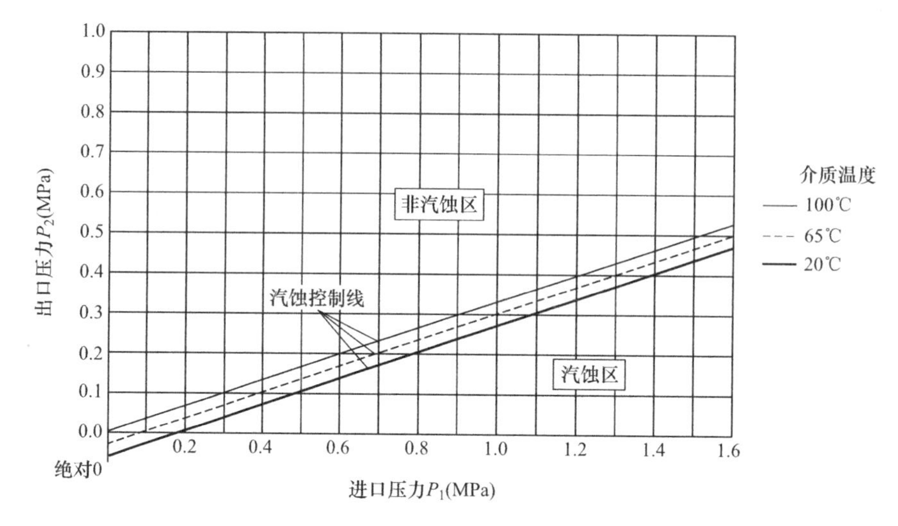

图3.1.10 单级减压阀气蚀控制图

3.1.11 下列部位应设置水表：建筑物的引入管、住宅的入户管；公共建筑内按用途和管理要求需设水表计量的管段；需要单独计量的机房或用水设备；根据水平衡测试的要求进行分级计量的管段；根据分区计量管理需设水表计量的管段。

【要点说明】

本条根据“建水标”第3.5.16条的内容，对水表的设置位置进行细化补充，供设计参考。

【措施要求】

水表设置的位置应符合下列规定：

1.建筑物水表的设置位置：应在建筑物的引入管上设置水表，除地方有明确规定外，均应设置在室外水表井中；住宅建筑宜根据业主要求设置单元表，各户的入户管上应设置分户计量水表，并设置于各层户外公共水管井内，个别地方有明确规定的应按照地方规定执行（如四川要求住宅水表均集中设置于首层）；

2.公共建筑的不同功能分区（如商场、餐饮等）、不同管理分区、不同收费标准的分区，应设置独立的水表分别计量，水表应设置于公共管井或茶水间、拖布间等公共位置；

3.需要单独计量的机房或用水设备（如锅炉、水加热器、冷却塔、游泳池、绿化浇洒、道路浇洒、景观补水、中水水箱补水及其他特殊用水管道给水管上）应分别设置水表计量，对于设备机房内设置的水表，不得影响设备的安装检修；对于建筑室外明装的水表，应做好防冻或泄水措施；对于设置于室外用于绿化及道路冲洗的水表，宜设置于室外水表井内；

4. 建筑物内水表的设置，宜分级计量；对于有绿色建筑相关要求的建筑，应分级计量，逐级覆盖无盲点，如图3.1.11所示；

5. 对于安装有倒流防止器的管段，水表应设置于阀门后、倒流防止器前；对于设置有止回阀的管段，水表应设置于止回阀前。

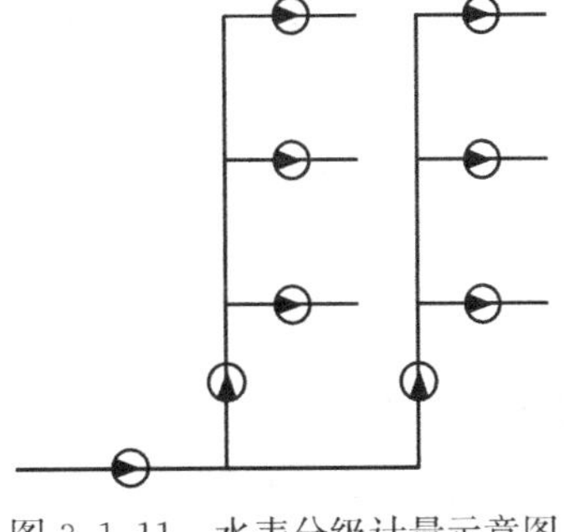
图3.1.11 水表分级计量示意图

3.1.12 水表按工作原理、介质温度、工作环境、安装方式、读数显示方式等进行分类。选用不同类型的水表，应考虑其使用场所、安装环境、计量精度要求以及查表的便利性等。

【要点说明】

本条对水表的类型和选用进行说明，供设计参考。

水表的类型，按照工作原理分为容积式水表和速度式水表，速度式水表又分为旋翼式水表和螺翼式水表；按照介质温度分为冷水表和热水表；按照工作环境分为干式水表和湿式水表；按照安装方式分为水平式水表和立式水表；按照读数显示方式分为指针式水表和数字式水表；为适应新的计量需求又出现了复式水表、IC卡式水表、远传水表、预付费水表等；直饮水系统上也有直饮水专用水表（多数直饮水专用水表为容积式水表）。

【措施要求】

水表类型的选择应符合下列要求：

1. 容积式水表一般用于精工企业或实验测试场所以及对于计量精确度要求较高的位置；速度式水表精确度略低于容积式水表，常用于民用或工业建筑内的水量计量。

2. 管段公称直径不大于 $DN50$ 时，应采用旋翼式水表；公称直径大于 $DN50$ 时，应采用螺翼式水表。

图3.1.12 复式水表

3. 通过水表的流量变化幅度很大时应采用复式水表（见图3.1.12），复式水表一般主表规格不小于 $DN80$，副表规格不大于 $DN25$。

4. 公共建筑内的二级、三级水表，宜优先采用IC卡式水表、远传水表等形式。住宅建筑内的入户水表，在符合当地用水主管部门要求的基础上，分户设置在户内或各层水管井内的水表，宜优先采用IC卡式水表、远传水表等形式；集中设置于户外并集中管理的水表，宜优先采用普通旋翼式水表（选用IC卡式水表、远传水表等新型水表需要给弱电专业提资）。

3.1.13 水表应装设在观察方便、不冻结、不被任何液体及杂质所淹没和不易受损处。

【要点说明】

本条根据“建水标”第3.5.18条的内容，对水表的安装进行细化补充。

【措施要求】

水表安装应符合下列要求：

1. 旋翼式水表和垂直螺翼式水表应水平安装；水平螺翼式水表和容积式水表可根据实际情况确定水平、倾斜或垂直安装，当垂直安装时水流方向必须自下而上。

2. 水表前后直线管段的最小长度，应符合水表产品样本的规定。

3. 装设水表的地点应符合下列要求：

1）便于查表和检修。

2）室外的水表应设在水表井内，安装见《室外给水管道附属构筑物》05S502。

3）住宅的分户水表宜设置在户外，并相对集中。一般可用下列方式：

（1）分层集中设在专用的水表间（箱）；

（2）集中设在设备层、避难层或屋顶水箱间；

（3）非冰冻地区的多层住宅建筑，可集中设在底层建筑的外墙面，但应有保护措施；

（4）采用远传水表时，控制箱宜设在一层管理室；

（5）户内水表的安装见《常用小型仪表及特种阀门选用安装》01SS105。

4）水表的安装高度：

（1）安装于公共管井、茶水间、卫生间、拖布间等房间墙边位置的水表，安装高度宜为地面上1000mm，并不得影响卫生洁具的安装和人员通行；

（2）安装于台盆下或橱柜内的水表，安装高度宜为地面上350mm，并不得影响卫生洁具的安装；

（3）分层叠放的水表，水表上下间距不宜小于300mm；

（4）水表分层叠放时，最高位置的水表安装高度不宜高于地面上1500mm。

3.1.14 水表的规格需要根据通过流量进行确定。

【要点说明】

本条根据“建水标”第3.5.19条的内容，对水表的口径选择进行细化补充。水表的通过流量如下：

1. 常用流量q_p：额定工作条件下水表符合最大允许误差要求的最大流量；

2. 过载流量q_s：水表在短时间内能符合最大允许误差要求，随后在额定工作条件下仍能保持计量特性的最大流量；

3. 最小流量 q_{min}：水表符合最大允许误差要求的最低流量。

【措施要求】

水表口径的选择应符合下列要求：

1. 用水量均匀的生活给水系统，如公共浴室、洗衣房、公共食堂等用水密集型的建筑可按设计秒流量不超过但接近水表的常用流量来确定水表口径。

2. 用水量不均匀的生活给水系统，如住宅及旅馆等公建可按设计秒流量不超过但接近水表的过载流量来确定水表口径。

3. 小区引入管水表可按引入管的设计流量不超过但接近水表常用流量来确定水表口径。

4. 除生活用水量外尚需通过消防流量的水表，应以生活用水的设计流量叠加消防流量（一次火灾的最大消防流量）进行校核，校核流量不应大于水表的过载流量。

5. 单户住宅的水表应按计算的设计秒流量不超过但接近水表的过载流量来确定水表口径。当住宅单户建筑面积不大于 $120m^2$ 且每户有一个厨房、一个卫生间时，其水表口径宜采用 $DN15$；当住宅单户建筑面积大于 $120m^2$ 或一户有不少于两个卫生间时，其水表口径宜采用 $DN20$。

6. 消防水池补水管上的水表，宜按照 24h（不应超过 48h）充满水池的管道平均流量不超过但接近水表常用流量来确定水表的公称直径；高位消防水箱进水管上的水表，应按照 8h 充满水箱的管道平均流量不超过但接近水表常用流量来确定水表口径；游泳池补水管上的水表，宜按照 48h 充满泳池的管道平均流量不超过但接近水表常用流量来确定水表口径；生活水箱、中水补水水箱、冷却塔、空调机房、新风机房等补水管上的水表，宜按照其管道公称直径小一号选取水表口径。

7. 水表口径的确定还应符合当地有关部门的规定。

（Ⅴ）设计计算：设计流量、增压设备及泵房

3.1.15 给水系统设计流量及水箱容积按图 3.1.15 进行计算。

【要点说明】

“建水标”对给水系统设计流量和水箱有效容积计算做了规定，为方便设计，采用计算图示的方式，提出了给水系统各管段设计流量和水箱有效容积的计算方法。

【措施要求】

根据给水系统计算示意图（图 3.1.15），各管段设计流量和水箱有效容积计算如下：

1. 各管段设计流量计算：

1）建筑引入管设计流量 Q_0：取市政直供部分的设计流量 Q_1 与给水水箱补水量 Q_2 之和；

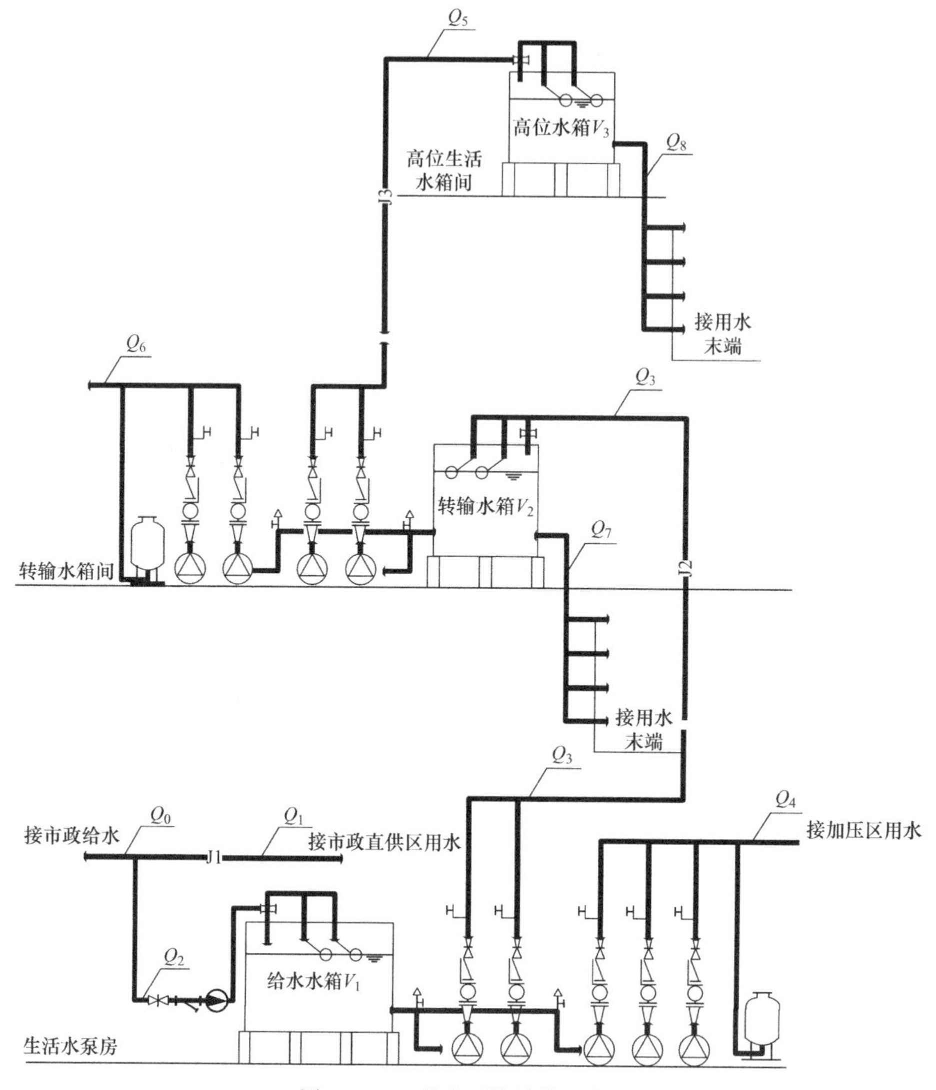

图 3.1.15 给水系统计算示意图

2）市政直供部分的设计流量 Q_1：取该供水范围的设计秒流量；

3）给水水箱补水量 Q_2：不小于加压供水范围的最高日平均时用水量，且不大于最高日最大时用水量；

4）加压设备供水量 Q_3：取转输水箱 V_2 与高位水箱 V_3 所有供水范围的最高日最大时用水量之和；

5）加压供水设计流量 Q_4：取该供水范围的设计秒流量；

6）高位水箱进水量 Q_5：取高位水箱 V_3 供水范围的最高日最大时用水量；

7）转输水箱加压供水部分供水量 Q_6：取该供水范围的设计秒流量；

8）转输水箱重力供水部分供水量 Q_7：取该供水范围的设计秒流量；

9）高位水箱供水量 Q_8：取该供水范围的设计秒流量。

2. 水箱有效容积计算：

1）给水水箱（低位）V_1：应按进水量与用水量变化曲线经计算确定；当资料不足时，宜按建筑物加压供水范围最高日用水量的20%～25%确定；

2）转输水箱 V_2：按转输水箱供水服务区域（向下重力供水区＋向上变频供水区）最大时用水量的50%＋提升水泵3～5min的流量确定；当转输水箱无供水部分时（重力和变频供水），按提升水泵5～10min的流量确定；

3）高位水箱 V_3：按不小于供水服务区域楼层最大时用水量的50%确定。

3.1.16 综合楼生活给水干管设计秒流量按以下原则进行计算：采用同一秒流量公式的综合楼，给水干管设计秒流量按整个建筑作为整体，采用综合 α 值计算；不同功能采用不同的秒流量公式时，应分别计算后，按照用水时段，分两种情况叠加计算。

【要点说明】

“建水标”第3.7.7条第4款给出了综合楼建筑的 α 值计算方法，第3.7.10条给出了综合体建筑或同一建筑不同功能部分的生活给水干管的设计秒流量计算规定，本条进行了归纳总结。

【措施要求】

1. 不同功能采用同一秒流量公式的综合楼，给水干管设计秒流量采用综合 α 值（加权平均法），整座建筑物作为一个整体进行计算；

2. 不同建筑或功能部分的用水高峰出现在同一时段时，不同功能部分采用不同秒流量分别计算后进行叠加；

3. 不同建筑或功能部分的用水高峰出现在不同时段时，给水干管的设计秒流量采用高峰用水时用水量最大的主要建筑（或功能部分）的设计秒流量与其余部分的平均时给水量进行叠加。

3.1.17 变频调速泵组根据系统设计流量和水泵高效区段流量变化曲线计算确定工作水泵数量和配置气压罐。

【要点说明】

“建水标”第3.9.1条、第3.9.3条对给水系统加压泵的设计给出了要求，本条是对第3.9.3条的解释及补充。

【措施要求】

变频调速泵组的配置应符合下列要求：

1. 根据水泵高效区的流量范围与设计流量的变化范围之间的比例关系，确定主水泵的数量，当系统供水量小于20m^3/h时，宜配置1台工作泵、1台备用泵，当系统供水量大于20m^3/h时，配置2～4台（不宜超过4台）工作泵，并设一台供水能力不小于最大一台主泵的备用泵。在设计流量变化范围内，各台主泵宜均在高效区工作。

2. 额定转速时，水泵的工作点宜在高效区段右侧的末端。水泵的调速范围在0.7～1.0之间。一般可采用一台调速泵，其余为恒速泵的方式。当管网流量变化较大，或用户要求压力波动小时也可采用多台调速泵的方案。

3. 宜配置气压罐（当用水量小，水泵停止运行时，气压罐可维持系统的正常供水，也有助于维持水泵切换时压力的稳定及消除水锤现象）。应按小泵的流量计算气压罐的容积。该小泵的扬程应满足气压罐的工作要求。当气压罐处于最高工作压力时系统不能处于超压状态。

3.1.18　生活水箱进出水管的布置应避免短流；通气管管径和数量由最大通气量确定，不同的通气管宜有高差。

【要点说明】

本条是对生活水箱进出水管布置的规定，对"建水标"第3.3.18条第3款进行解释及补充，对通气管的具体设计及技术做法进行明确。目的在于防止生活水箱进出水管发生短流、保证空气流通，进一步保障水质。

【措施要求】

生活水箱进出水管应在水箱的不同方向不同侧成对角布置，见图3.1.18-1，尽量利用进水点出水点相对位置的关系使得水箱内部的水流通起来。若因条件限制不能满足此条件时，采取导流措施，设置导流板等。

水池（箱）的通气管由最大进水量或出水量求得最大通气量，按通气量确定通气管的直径和数量，通气管内空气流速可采用5m/s；根据水池（箱）用途（贮存饮用水还是非饮用水等）确定通气管的材质；一般不少于2根，并宜有高差，见图3.1.18-2。管道上不得装阀门，水箱的通气管管径一般宜为100～150mm。通气管的选用及安装详见《钢制管件》02S403、《圆形钢筋混凝土蓄水池》04S803和《矩形钢筋混凝土蓄水池》05S804。

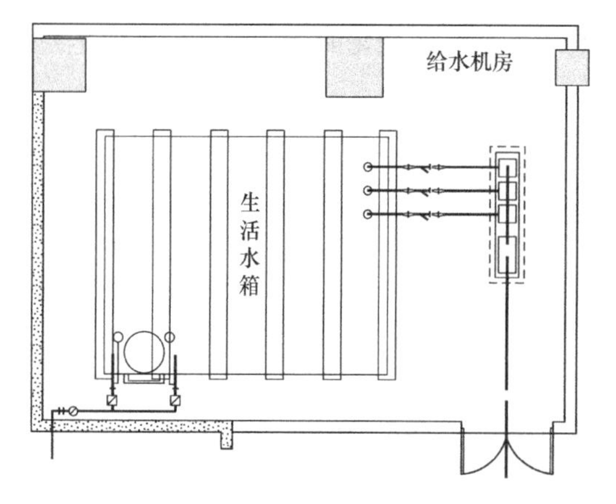

图3.1.18-1　生活水箱进出水管设置示意图

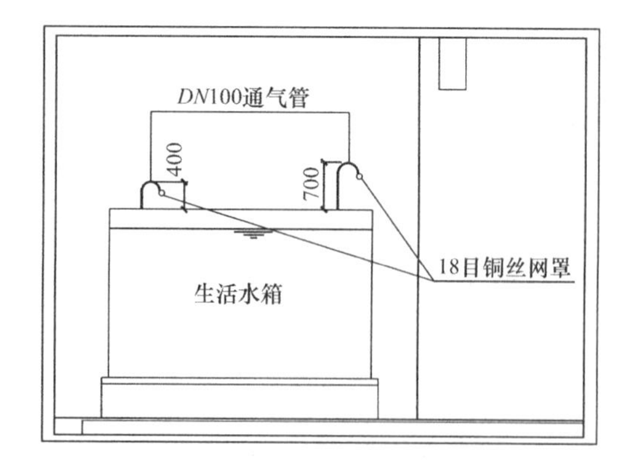

图3.1.18-2　生活水箱通气管设置示意图

3.1.19 消毒装置的类型和位置应根据给水系统的供水形式来确定。

【要点说明】

为防止水质二次污染，“建水标”规定生活饮用水水池（箱）应设置消毒装置，针对此强制性条文，结合现有消毒方法，给出具体措施。

【措施要求】

生活给水系统可采用以下消毒方法进行消毒：紫外线消毒法、二氧化钛光催化消毒法、臭氧消毒法、二氧化氯消毒法，推荐采用紫外线消毒法和二氧化钛光催化消毒法。

1. 市政直供给水系统若需要设置消毒装置，直接在引入管上设置。

2. 采用贮水箱（池）二次供水系统时，可以在水箱处设置消毒装置或在水泵吸水管或出水管处设置紫外线或光催化氧化均可。当二次加压供水系统的贮水设备的有效贮水容积超过12h的用水量时，应采用在水箱设置消毒装置的消毒方式。

3. 采用管网叠压供水系统时，宜根据消毒装置承压能力在水泵吸水管或者出水管处设置消毒装置。

3.1.20 给水处理规模可按下列要求确定：

1 设计水量应按最高日用水量与自用水量（取最高日用水量的5%～10%）之和计算确定；

2 处理设备每日累计运行时间取10～16h。

【要点说明】

在进行工程设计时，存在以下情况：1）即便水质符合《生活饮用水卫生标准》GB 5749，业主或酒店管理公司仍提出对生活饮用水进行处理的要求；2）水质不符合《生活饮用水卫生标准》GB 5749，需要对生活饮用水进行处理。处理规模在“建水标”中没有明确规定，为方便设计，提出了处理规模的计算方法。

3.2 管道直饮水

3.2.1 对于业主方提出的“直饮水”设计需求，应沟通确认后明确其为管道直饮水系统还是终端直饮水机。

【要点说明】

工程设计中可能遇到业主方对于设计需求描述不清，导致系统设计与业主要求存在偏差的情况，设计人员应引导业主明确区分“直饮水”的类型。对于管道直饮水系统，其管道需独立设置，且需要设置集中水处理机房，并同时满足以下要求：1）原水经过深度净化处理；2）出水水质符合《饮用净水水质标准》CJ 94的要求；3）具有循环供回水管道。对于终端直饮水机，设计仅需预留上下水接口即可满足后期设备安装的需求。

3.2.2 管道直饮水系统应采用直饮水专用水嘴，采用非直饮水专用水嘴用于管道直饮水系统时，其流量计算应符合“建水标”的相关规定。

【要点说明】

直饮水专用水嘴如图3.2.2所示，材质为不锈钢或铜，符合《生活饮用水输配水设备及防护材料的安全性评价标准》GB/T 17219的有关规定。直饮水专用水嘴额定流量宜为0.04～0.06L/s，最低工作压力不宜小于0.03MPa。

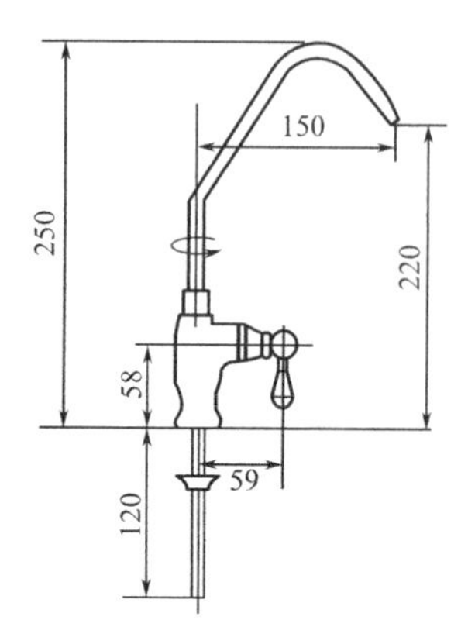

图3.2.2 直饮水专用水嘴

厨房等用水量需求较大的场所，使用的是普通水嘴，其额定流量为0.10～0.20L/s，最低工作压力为0.10MPa，大于直饮水专用水嘴的额定流量和最低工作压力，因此不适合按照《建筑与小区管道直饮水系统技术规程》CJJ/T 110进行计算，而应按照“建水标”的相关规定进行设计计算。

3.2.3 老年人照料设施设有管道直饮水系统时，直饮水定额、瞬时高峰用水量参照住宅楼、公寓选取和进行系统计算，并应符合现行行业标准《建筑与小区管道直饮水系统技术规程》CJJ/T 110的有关规定。

【要点说明】

老年人照料设施的使用性质可以归类为居住建筑，每日饮水量的时间分布与住宅楼类似，故最高日用水定额、水嘴使用概率计算的经验系数均参照住宅楼、公寓的相关指标。

3.2.4 影剧院的直饮水定额按照体育场馆进行选取。

【要点说明】

影剧院生活饮用水定额的计量单位和体育场馆是一致的，是以“场”而不是以“日”为计量单位，所以规定影剧院的直饮水定额按照体育场馆进行选取。

3.2.5 影剧院、体育场馆、会展中心、航站楼、火车站、客运站等类型建筑的瞬时高峰用水量的计算应符合“建水标”的规定。

【要点说明】

《建筑与小区管道直饮水系统技术规程》CJJ/T 110中，因相关实验研究仅覆盖了住宅及办公建筑，故只给出了居住类及办公类建筑瞬时高峰用水量的计算公式，对于其他类型的公共建筑未能进行实验实测。本条明确了影剧院、体育场馆、会展中心、航站楼、火车站、客运站等类型建筑瞬时高峰用水量的计算公式及参数选取。

【措施要求】

会展中心、航站楼、火车站、客运站等建筑的瞬时高峰用水量的计算，应符合“建水标”第3.7.6条的规定；影剧院、体育场馆等建筑的瞬时高峰用水量的计算，应符合“建水标”第3.7.8条的规定，其中卫生器具的给水额定流量应取直饮水专用水嘴的额定流量，即0.04～0.06L/s，同时给水百分数取30%。

3.2.6 深度净化处理宜采用膜处理技术，以纳滤膜和反渗透膜为主。

【要点说明】

纳滤膜的孔径在1nm左右，一般为1～2nm；纳滤膜能截留大于0.001μm的物质，其脱盐率在80%～90%之间，部分溶解性无机盐及小分子物质可通过纳滤膜，符合健康饮水的理念。

反渗透膜的孔径小于1nm，具有高脱盐率，能截留大于0.0001μm的物质，其脱盐率约为99.5%，能有效截留所有溶解性无机盐离子及各种分子量＞100的有机物，同时允许小分子团通过，但反渗透膜废水率高。

当水处理需要保留一部分溶解性无机盐时，可选择纳滤膜工艺；当水处理要求不出现溶解性无机盐时，可选择反渗透膜工艺。

3.2.7 当建筑设计有中水给水系统时，深度净化处理设备排出的浓水宜回收利用。

【要点说明】

本规定是根据节水、节能要求所提出的，由于每日浓水规模不大，提出设有中水给水时采取回收利用，避免增加投资和占地面积。直饮水深度净化处理设备排出的浓水可直接进入中水清水池（箱），接入管距离水池（箱）溢流水位应有不小于2.5D的空气间隙，中水清水箱容积在原中水系统计算调蓄容积的基础上增加管道直饮水最高日产水量情况下的废水量贮存容积。

3.2.8 采用反渗透膜技术的直饮水系统不应采用铜管。

【要点说明】

反渗透工艺出水pH偏酸性，易腐蚀铜管。多个项目案例的经验均显示反渗透膜技术的出水pH偏低，对于铜管有一定的腐蚀作用，会使出水色度、浊度、铜离子含量等不符合《饮用净水水质标准》CJ 94—2005的规定，故要求采用反渗透膜处理工艺时不得采用铜管。可采用不锈钢管。

3.2.9 净水机房应采取良好的通风、照明、隔振防噪、消毒、间接排水设施等措施。

【要点说明】

净水机房的环境卫生要求高，为满足《建筑与小区管道直饮水系统技术规程》CJJ/T 110—2017第7.0.1条、第7.0.2条、第7.0.4条、第7.0.5条、第7.0.6条、第7.0.7条的规定，需要建筑、暖通和电气等专业的配合设计。中央净水处理设备排出的浓水，应排至地面排水沟间接排放，排水口最小空气间隙应符合“建水标”中第4.4.14条的规定。

3.2.10 **管道直饮水系统控制阀门应安装在公共部位，不得安装在户内或房间内。**

【要点说明】

此规定是从便于维护、检修系统提出的。控制阀门安装在管井内，距地面高度宜为1.0～1.2m。

4 建筑中水

4.1 原水及回用

4.1.1 中水回用范围：中水主要用于公共卫生间冲厕、地下车库冲洗、道路清扫、绿化、车辆冲洗、水景补水等。

【要点说明】

《再生水水质标准》SL 368—2006 第 2.0.1 条对再生水的定义如下：对经过或未经过污水处理厂处理的集纳雨水、工业排水、生活排水进行适当处理，达到规定水质标准，在一定范围内再次被利用的水。再生水包含市政再生水和建筑中水。市政再生水厂通常是按回用区域用水量最大的用户的水质标准确定水处理工艺，对于个别水质要求更高的用户，需自行补充处理。建筑中水是指将民用建筑或建筑小区使用后的各种污、废水处理后，达到规定的水质标准，回用于建筑或建筑小区内的非饮用水。

再生水回用带来的潜在危害主要有健康风险和生态风险。主要表现在以下几个方面：1）水中的盐分会影响土壤；2）病原微生物会对公众的健康造成威胁；3）再生水中的氮、磷会引起受纳水体的富营养化。

《健康住宅评价标准》T/CECS 462—2017 第 6.4.2 条规定：中水等非传统水源不进入住宅户内用水系统，评价分值为 12 分。陕西省地标《绿色生态居住小区建设评价标准》DBJ61/T 83—2014 第 7.2.1 条规定：绿化、景观、道路喷洒、公共卫生间用水、车库地面冲洗每项采用非传统水源时得 5 分，最高得 15 分。另外，重庆、云南等省市也有类似的要求。说明中水的水质标准较低，对居住水环境有较大影响。

【措施要求】

除地方规定有要求外，不建议中水回用于居住建筑冲厕；中水用于景观水体补水时，其氨氮指标应高于现行国家标准《城市污水再生利用 景观环境用水水质》GB/T 18921 的要求；不建议中水用于娱乐性水景补水。

4.1.2 在进行原水量计算时，应按现行国家标准《建筑中水设计标准》GB 50336 的给水百分率计算回收部分的平均日排水量；标准中未涵盖或未明确的建筑按功能相近建筑判定。

【要点说明】

在建筑中水设计中，按平均日排水量计算原水量。在《建筑中水设计标准》GB 50336—2018第3.1.4条关于建筑物分项给水百分率表中，缺少附设厨房的公寓式办公和一、二类宿舍类别，建议此两类建筑的给水百分率参照住宅执行。另外，在设置有集中空调系统的建筑中，空调冷凝水的产水量按1kW冷负荷每小时约产生0.4kg的冷凝水，在空气潮湿地区，1kW冷负荷每小时约产生0.8kg的冷凝水。

4.1.3 **用作中水原水的水量应为中水最高日回用水量的110%。**

【要点说明】

通过水量平衡计算才能确定中水处理站的处理规模，以确定是按需定产还是按产定需。中水处理站在运行过程中，自身要消耗部分水量，通常此部分水量采用处理后的中水，约为回用水量的10%。【示例1】为按需定产工程，【示例2】为按产定需工程。

【示例1】

工程1总建筑面积为275529m^2，其中地上建筑面积为178302m^2，地下建筑面积为97227m^2，总绿化面积为7200m^2。包含1栋150m超高层办公楼、1栋135m超高层办公楼及最高6层的商业裙楼（36.9m）。

工程1最高日中水用水量见表4.1.3-1，平均日给水用水量见表4.1.3-2。

工程1最高日中水用水量 **表4.1.3-1**

序号	用水项目	使用数量	用水量标准	使用时间(h)	小时变化系数	用水量		
						最高日(m^3/d)	最大时(m^3/h)	平均时(m^3/h)
一	商业部分							
1.1	商业	55747m^2	3L/(m^2·d)	12	1.2	167.24	16.72	13.94
1.2	员工	561人	30L/(人·d)	12	1.2	16.83	1.68	1.40
1.3	电影院	5000人	3L/(人·d)	16	1.2	15.00	1.13	0.94
1.4	餐饮	12000人	2L/(人·d)	12	1.5	24.00	3.00	2.00
	小计					223.07	22.53	18.28
二	地下部分及室外							
2.1	冲洗车库	42500m^2	2L/(m^2·d)	6	1.0	85.00	14.17	14.17
2.2	绿化	7200m^2	2L/(m^2·d)	4	1.0	14.40	3.60	3.60
三	总用水量							
3.1	合计					322.47	40.30	36.05
3.2	未预见水量	按合计的10%计				32.25	4.03	3.61
3.3	总计					354.72	44.33	39.66

工程1平均日给水用水量　　表4.1.3-2

序号	用水项目	使用数量	用水量标准	使用时间(h)	小时变化系数	用水量		
						平均日(m^3/d)	最大时(m^3/h)	平均时(m^3/h)
一	商业部分							
1.1	商业	55747m^2	1.6L/(m^2·d)	12	1.2	89.20	8.92	7.43
1.2	员工	561人	16L/(人·d)	12	1.2	8.98	0.90	0.75
1.3	电影院	5000人	2L/(人·d)	16	1.2	10.00	0.75	0.63
	小计					108.18	10.57	8.81
1.4	餐饮	12000人	33L/(人·d)	12	1.5	396.00	49.50	33.00
二	办公部分							
2.1	办公人员	6928人	40L/(人·d)	10	1.5	277.12	41.57	27.71
三	总用水量							
3.1	合计					781.30	101.64	69.52
3.2	未预见水量	按合计的10%计				78.13	10.16	6.95
3.3	总计					859.43	111.80	76.47

工程1水量平衡示意图见图4.1.3-1（注：图中自来水用水量为平均日用水量，中水用水量为最高日用水量）。

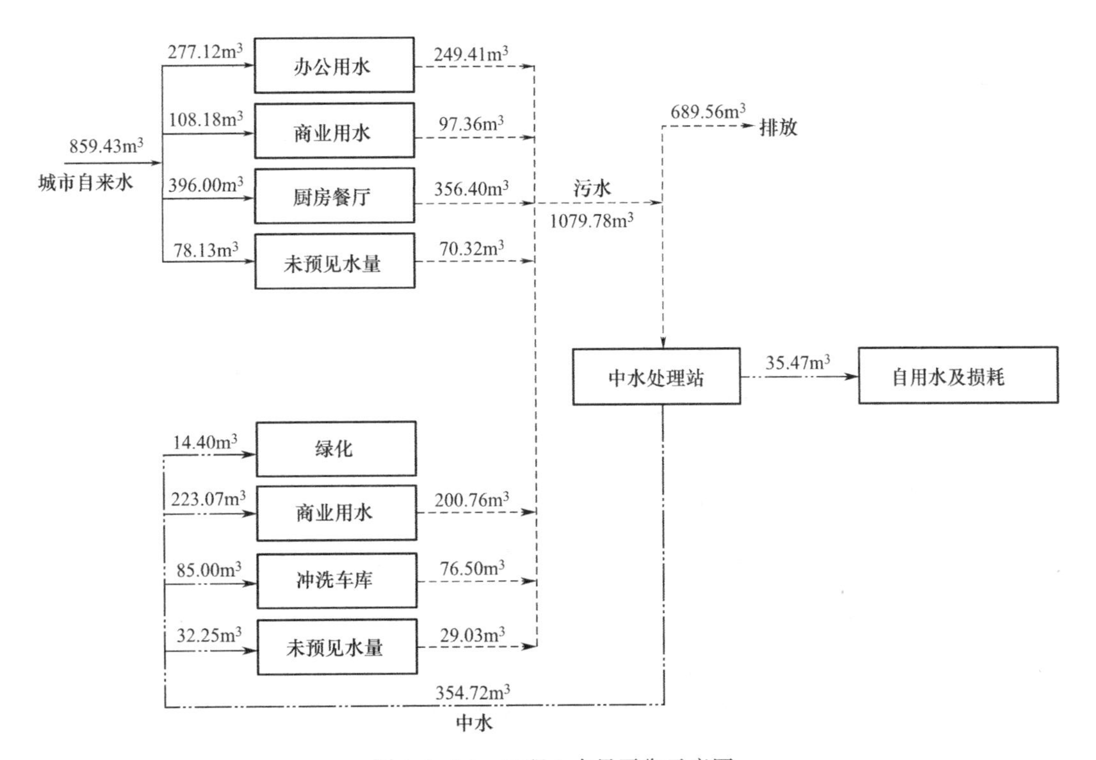

图4.1.3-1　工程1水量平衡示意图

【示例2】

工程2总建筑面积为10740m²，总绿化面积为12000m²。建筑功能为游客服务中心，建筑高度为20m。

工程2最高日中水用水量见表4.1.3-3，平均日给水用水量见表4.1.3-4。

工程2最高日中水用水量 **表4.1.3-3**

序号	用水项目	使用数量	用水量标准	使用时间(h)	小时变化系数	用水量		
						最高日(m^3/d)	最大时(m^3/h)	平均时(m^3/h)
1	绿化、道路冲洗	20000m^2	2L/(m^2·d)	4	1.0	40.00	10.00	10.00

工程2平均日给水用水量 **表4.1.3-4**

序号	用水项目	使用数量	用水量标准	使用时间(h)	小时变化系数	用水量		
						平均日(m^3/d)	最大时(m^3/h)	平均时(m^3/h)
1.1	员工	70人	40L/(人·d)	8	1.5	2.80	0.53	0.35
1.2	餐饮	540人	35L/(人·d)	12	1.2	18.90	1.89	1.58
1.3	参观游客	6000人	3L/(人·d)	8	1.5	18.00	3.38	2.25
1.4	小计					39.70	5.80	4.18
1.5	未预见水量	按小计的10%计				3.97	0.58	0.42
1.6	合计					43.67	6.38	4.60

工程2水量平衡示意图见图4.1.3-2（注：图中给水用水量为平均日用水量，中水用水量为最高日用水量）。

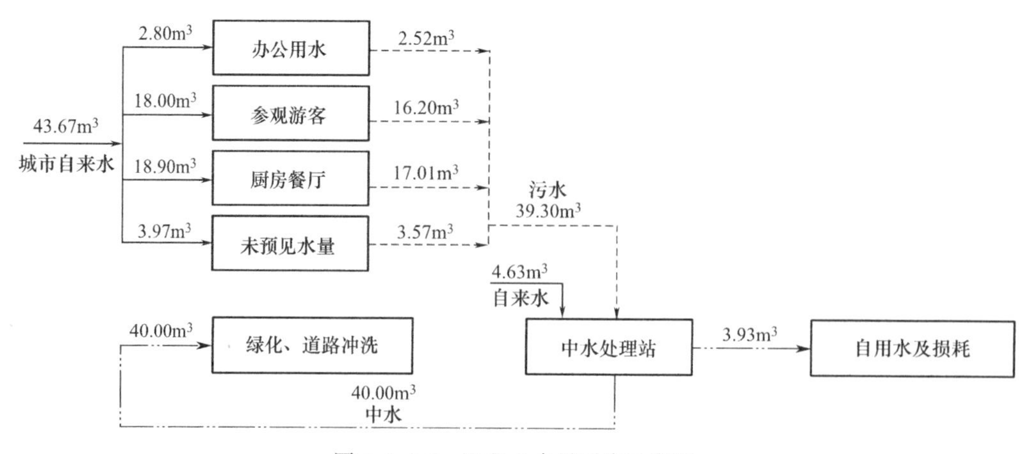

图4.1.3-2 工程2水量平衡示意图

4.2 中水处理

4.2.1 中水处理站运行时间应根据原水收集和中水使用时间综合分析确定，居住类建筑（含员工宿舍、公寓式办公、酒店）按 24h，学校（无住宿）、办公建筑按 12h，交通场站、文化、商业建筑按 16h。

【要点说明】

原水收集区域内各类建筑的用水时长不同，用水规律也不尽相同，中水处理站的运行时间需和原水收集区域内各单体用水时长一致。在进行工艺设计时，要根据小时变化系数适当放大或缩小调节池容积，协调调节池与中水池的匹配，减少溢流水量。

4.2.2 建筑中水常用的主处理工艺有生物接触氧化法、曝气生物滤池、膜生物反应器、流离生化法等。

【要点说明】

总结 4 种常用中水主处理工艺的适用范围、技术特点、设计要点、优缺点等，见表 4.2.2，便于设计师根据不同的进出水条件、中水处理站用地条件、概预算条件、管理水平等，快速选择适用的中水处理工艺。

中水主处理工艺特点比较 **表 4.2.2**

比较项目	生物接触氧化法	曝气生物滤池	膜生物反应器	流离生化法
技术特点	对原水的适应性强，经济适用，运行管理方便，对操作管理水平要求低	曝气生物滤池是集生物降解和截留悬浮物为一体的生物膜法工艺。对水质、水量有较高的抗冲击负荷能力，具有容积负荷大、水力停留时间短、占地省、调试时间短、投入运行快等特点	膜生物反应器是在活性污泥法的曝气池中设置微滤膜，用微滤膜替代二沉池和后续的过滤装置，将生化和物化处理在同一池内完成，并对原水中的细菌和病毒具有一定的隔离作用	流离生化技术是一种通过流离球填料形成好氧、兼氧、厌氧多变环境而实现降解有机污染物同时脱氮除磷的处理工艺。填料为碎石球的集合体（流离球），不需要设置初沉池和二沉池，基本不产生污泥，具有流程简单、耐冲击负荷、出水水质稳定、运行管理简便等特点
设计要点	1. 生物接触氧化池的曝气尽量做到布气均匀，防止出现死水区； 2. 曝气强度要足够，按 $40\sim80m^3/kgBOD_5$ 取值； 3. 应采用比表面积较大、安装维修便利的填料	1. 为保证滤池布水布气均匀，滤板的平整度要求在±5mm 以内； 2. 为保证曝气均匀，宜采用“丰”字形曝气方式，曝气器的布置按 36～45 个/m^2； 3. 中水池中应贮存一次反冲洗的水量	1. 应根据膜材质、组件结构形式等因素，尽量采用质量好、寿命长的膜； 2. 采用抽吸出水的办法降低动力消耗，增加产水量； 3. 宜设置自动计量、在线监测等设备，提高自动化管理水平	1. 流离生化池宜采用矩形，包括进水区、反应区和出水区，池底铺设穿孔管进行曝气，为提高配水均匀性，在反应区的进出水端设置穿孔墙； 2. 处理杂排水或生活污水时水力停留时间不小于 6h，原水在流离生化池中流动距离不小于 9m，流离生化池深度不宜大于 5m，气水比一般不低于 25∶1； 3. 流离球应具有耐腐蚀性、较好的机械性和韧性，直径一般在 10～12cm，孔隙率为 0.6

续表

比较项目	生物接触氧化法	曝气生物滤池	膜生物反应器	流离生化法
优点	1. 容积负荷高，耐冲击负荷能力强，处理时间短，节约占地面积； 2. 生物活性高，有较高的微生物浓度； 3. 污泥产量低，不需污泥回流； 4. 出水水质好而且稳定； 5. 动力消耗低，节约能源及运行费用； 6. 挂膜方便，可以间歇运行； 7. 不存在污泥膨胀问题	1. 出水水质好，抗冲击负荷能力强，受气候、水量和水质变化影响相对较小； 2. 沉淀池排泥含固率高，污泥处理部分可省去浓缩段而直接脱水； 3. 曝气生物滤池具有多种净化功能，除了用于有机物去除外，还能够去除氨氮； 4. 占地面积小	1. 出水水质优且稳定； 2. 剩余污泥产量少； 3. 工艺流程简单、结构紧凑、占地面积小，不受设置场合限制； 4. 可去除氨氮及难降解有机物； 5. 操作管理方便，易于实现自动控制； 6. 易于从传统工艺进行改造	1. 工艺先进，管理方便； 2. 挂膜容易，脱落快； 3. 无需活性污泥培菌，可自行挂膜，微生物生长快，启动时间短； 4. 占地面积小(无沉淀池及污泥处理系统)，设备少，投资省，运行费用低，自动化程度高； 5. 使用寿命长； 6. 适用于有机废水、污水处理装置产生污泥量少
缺点	1. 填料上的生物膜储量视BOD负荷而异； 2. 生物膜只能自行脱落，剩余污泥不易排走，滞留在滤料之间易引起水质恶化，影响处理效果； 3. 当采用蜂窝填料时，如果负荷过高，则生物膜较厚，易堵塞填料； 4. 大量产生后生动物(如轮虫类)； 5. 组合状的接触填料有时会影响曝气与搅拌	滤池需气水反冲洗，反冲洗水量、水头损失都较大，动力消耗大，反冲洗排污量大	1. 膜造价高，基建投资高于传统污水处理工艺； 2. 容易出现膜污染，给操作管理带来不便； 3. 能耗高：MBR泥水分离过程必须保持一定的膜驱动压力，MBR池中污泥浓度高，要保持足够的传氧速率，要加大曝气强度；为了加大膜通量、减轻膜污染，要增大流速，冲刷膜表面，造成MBR的能耗要比传统的生物处理工艺高； 4. 膜组件寿命短，更换费用高	1. 地埋式处理结构，施工周期长； 2. 填料重量大，安装工作量大

4.2.3 中水处理机房建筑面积和用电负荷应根据不同处理工艺的处理规模确定。

【要点说明】

总结处理规模、处理工艺、建筑面积的估算表，见表4.2.3-1、表4.2.3-2，方便快速提资。

不同处理工艺中水处理站面积与用电负荷估算表　　表4.2.3-1

处理水量(m^3/h)		5	7.5	10	15	20	25	30	50	100
处理工艺		生物接触氧化法(一段处理流程)								
用电负荷(kW)		13	15	17	23	40	45	45	68	79
处理站建筑面积(m^2)	净高4.5m	100	130	150	220	250	300	370	540	
	净高5.4m	100	120	135	180	235	260	330	480	760

续表

处理工艺		生物接触氧化法（二段处理流程）								
用电负荷（kW）		16	20	26	34	54	60	68	76	97
处理站建筑面积（m^2）	净高 4.5m	120	150	180	260	310	360	430	640	
	净高 5.4m	120	150	170	210	280	310	380	550	880
处理工艺		曝气生物滤池（一段处理流程）								
用电负荷（kW）		13	16	17	25	26	35	42	60	110
处理站建筑面积（m^2）	净高 5.4m	100	115	130	170	210	250	290	390	610
处理工艺		曝气生物滤池（二段处理流程）								
用电负荷（kW）		19	22.5	31.5	43	49	52	73	116	136
处理站建筑面积（m^2）	净高 5.4m	110	130	150	200	250	300	370	530	950
处理工艺		膜生物反应器（MBR）								
用电负荷（kW）		14	17	22	30	40	50	53	70	140
处理站建筑面积（m^2） 内置式	净高 4.5m	100	130	160	210	250	300	360	540	
	净高 5.4m	95	120	140	180	220	270	300	460	790
外置式	净高 4.5m	120	150	180	240	280	340	400	580	
	净高 5.4m	110	140	160	200	250	300	320	490	940

流离生化法中水处理站面积与用电负荷估算表 **表 4.2.3-2**

处理工艺		流离生化法						
处理水量（m^3/h）		5	10	15	20	30	50	100
用电负荷（kW）		13	17	21	32	40	58	95
处理站建筑面积（m^2）	净高 4.5m	80	140	210	280	410	650	1290
	净高 5.4m	60	100	150	200	310	480	960

注：以上用电负荷均不含中水供水设备用电量，仅为中水处理设备所需用电量。

4.3 防污染和水位控制

4.3.1 中水管道上不得设置取水龙头，应设置防止误饮误用的取水接口。

【要点说明】

中水管道上不得装设取水龙头，指的是不得在人员出入较多的公共场所安装易开式水龙头（普通水嘴）。当根据使用要求需要装设取水接口（或短管）时，如在处理站内安装的供工作人员使用的取水龙头，在其他地方安装浇洒道路、冲洗车辆、浇灌绿化等用途的取水接口等，应采取严格的技术管理措施，措施包括：明显标示不得饮用（必要时采用中、英文共同标示），安装供专人使用的带锁龙头等。

4.3.2 中水贮存池（箱）的最低水位、给水补水水位、处理设备启停水位、最高水位、溢流水位的设置，应使得处理设备自动运行并保证中水被充分利用。利用市政再生水为水

源的中水贮存池（箱），不再设自来水补水。

【要点说明】

给水补水水位：自动补水管设在中水贮存池或中水供水箱处皆可，但要求只能在系统缺水时补水，避免水位浮球阀式的常补水，这就需要将补水控制水位设在低水位启泵水位之下，或称缺水报警水位。

中水池的最高水位即处理设备停止水位。处理设备应由中水池和调节池的液位共同控制自动运行。处理设备自动停止的控制水位有两个：中水池的满水位和调节池的最低水位；处理设备自动启动的控制水位有两个：中水池的启动水位和调节池的满水位。

中水池的自来水补水能力是按中水系统的最大时用水量设计的，比中水处理设备的产水量大得多。为了控制中水池的容积尽可能多地存放设备处理出水，而不被自来水补水占用，补水管的自动开启控制水位应设在处理设备启动水位之下，约为下方水量的 1/3 处补水管的自动关闭控制水位应在上方水量的 1/3 处。这样可以确保总有上方 1/3～1/2 的池容积用于存放设备处理出水。

【措施要求】

中水池（箱）应注明各水位关系，补水电动阀提给电专业。示意图见图 4.3.2。

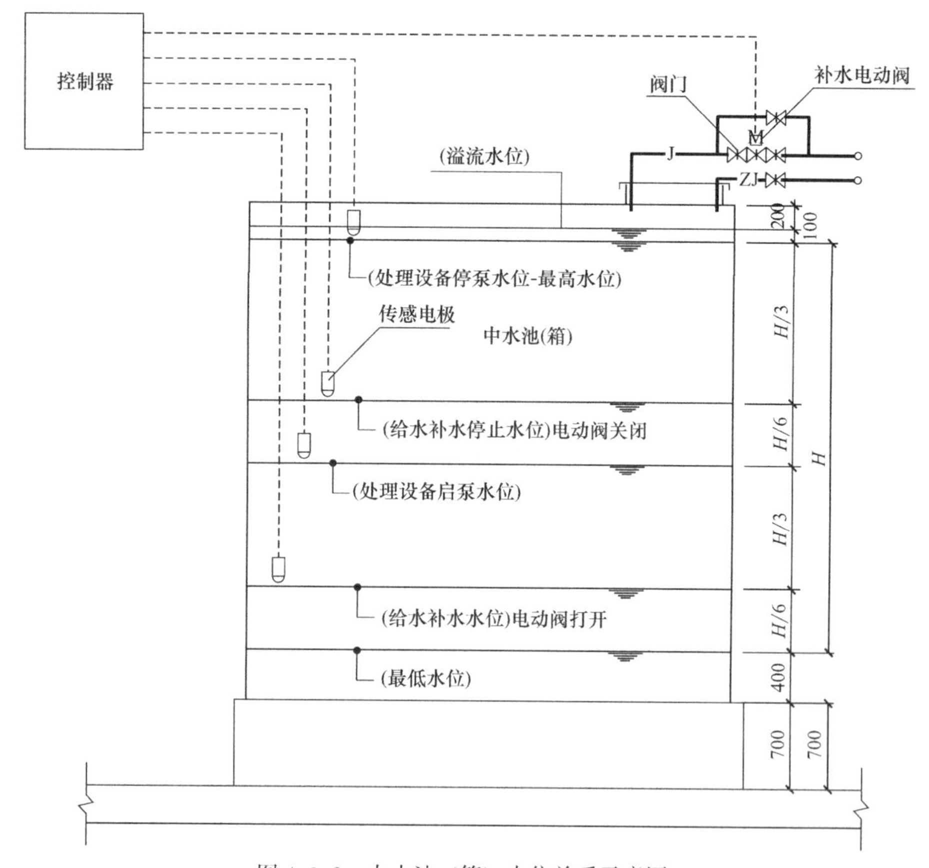

图 4.3.2 中水池（箱）水位关系示意图

4.4 专项设计配合

4.4.1 不同阶段的专项设计解决的问题不同，关注点不同，各专业与工艺配合的内容也各有侧重。

【要点说明】

专项设计分为方案设计阶段和施工图设计阶段，方案设计阶段主要解决工艺流程、机房布置、自控方式、设备初步选型以及投资分析等问题。施工图设计阶段要按《市政公用工程设计文件编制深度规定》中的相关要求来执行。不同阶段各专业重点配合内容见表4.4.1。

不同阶段各专业重点配合内容　　表4.4.1

方案设计阶段	
专业	重点配合内容
工艺方面	水处理工艺是否满足出水水质要求
	调节池、中水池及水处理工艺水池容积是否符合规范要求
	各处理构筑物不少于2个，并满足并联运行要求
	风机房、化验室、加药间、值班室等功能房间是否单独设置
	机房标高是否满足原水重力接入
	水处理设备初步选型是否符合规范要求
	水质检测设备配置标准
	是否配置废气处理装置
	是否预留足够的检修空间，是否预留污泥(渣)的清除、存放和外运条件
	是否有工程投资及成本分析
建筑专业	机房净高是否满足设备及管道安装要求，并保证处理构筑物上部人员活动区域的净高不小于1.2m
	机房地面应根据工艺要求设置排水明沟及泵坑
给水排水专业	复核主导工艺的水处理工艺选择、系统配置、平面布置等需求
	根据原水管方向及高程确认中水调节池位置是否合理、机房高程是否合理
	中水供水设备的选型及布置
	机房补水要求及排水要求
暖通专业	工艺用气要求及机房通风换气要求
	机房供暖要求
电气专业	用电负荷要求以及设备耗电量初步估算
	水处理系统自动控制要求

续表

施工图设计阶段	
专业	重点配合内容
工艺方面	各处理构筑物的预埋套管是否齐全，管径与标高是否符合规范要求
	中水处理站进、出管方向及位置是否与小市政预留方向一致
	在标高条件允许的情况下将调节池的溢流水排至室外污水管网
	设备布置是否符合规范要求
	工艺管线敷设是否清晰、简洁
	对各专业的提资要求是否完备
	调节池、中水池及各处理构筑物的水位控制关系
	是否对机电设备所产生的噪声和振动采取有效的降噪和减振措施
	是否采取了误接、误饮、误用措施
	是否编制有技术培训及安全操作手册
建筑专业	除按工艺要求绘制中水处理站平、立、剖面图外，还要按工艺要求表达清楚设备运输通道、吊装孔、检修孔、设备基础、检修场地、通风孔等工艺特殊要求
给水排水专业	配合工艺预留确认原水进水管、溢流水管的位置及标高
	配合工艺预留中水池(箱)的补水管，预留处理站排水设施
	做好中水供水设备的选型、布置与提资
	配合工艺预留其他进、出中水处理站的给水排水管道
暖通专业	配合工艺要求保证中水处理站室内温度要求
	配合工艺要求保证中水处理站工艺用气与通风换气要求
电气专业	配合工艺及其他专业要求设置配电、照明、通信系统
	配合工艺及其他专业要求设置安全接地系统
	配合工艺要求设置远程监控设施或预留条件

5 建 筑 热 水

5.1 用水定额、水温和水质

5.1.1 太阳能、热泵等可再生能源设计小时耗热量计算宜分别采用平均日热水用水定额和最高日用水定额低值。

【要点说明】

一般生活热水系统采用最高日用水定额进行系统设备的设计计算，是为了保证系统在高峰期（如最高日）的可靠性和使用安全性。太阳能、热泵等可再生能源是为节能采取的措施，评价节能指标的优劣需要根据长期的运行数据进行分析，如按年运行数据进行测算分析，因此相关用水定额在相应时限内是平均值，因此采用平均日热水用水定额是合理的。如果太阳能、热泵等可再生能源采用最高日用水定额进行设备选型，将造成约50%的能耗浪费，在建设初期或入住率较低时能源浪费更严重。太阳能、热泵等可再生能源供热一般设有较大的贮热容积和辅助热源，当可再生能源不能满足使用要求时，可采用辅助热源来满足系统需求。当热泵系统无辅助热源时，可以加大机组运行时间满足使用要求。

【措施要求】

当热泵系统设有辅助热源时，采用“建水标”表6.2.1-1中平均日用水定额，当无辅助热源时采用表6.2.1-1中最高日用水定额低限值。

5.1.2 民用建筑卫生器具的一次和小时热水用水定额及水温宜按低限取值。

【要点说明】

随着科技的进步，卫生器具及配套水龙头等设备制作精良，节水性能较好，且设计要求均应满足国家相应的节水器具标准。因此，为控制热水耗热量，应尽量减少设计冗余量，卫生器具的一次和小时热水用水定额及水温宜按低限取值。

【措施要求】

建筑物可根据管理和卫生器具控制技术的要求，公共卫生间采用感应式龙头，公共淋浴设施采用刷卡式淋浴器。

5.1.3 以常规热源为热媒的制热机组出水温度不宜大于60℃，热泵制热机组的出水温度不宜大于55℃。

【要点说明】

常规热源出水温度具有较好的保障性，出水温度60℃可有效满足热力杀菌的需要，但当系统水质硬度较大时，水温超过60℃将造成结垢严重，因此建议常规热源出水温度不宜大于60℃；热泵制热机组的出水温度一般不大于55℃，超过这一数值热泵*COP*值明显降低。热泵应根据产品的性能曲线综合计算*COP*值，全年*COP*值不宜低于2.5，否则不利于节能。因此规定热泵制热机组出水温度不宜大于55℃，不能满足系统温度要求时应设辅助热源。

【措施要求】

采用精度较高的温度传感器，可有效控制温度。温度传感器的误差比普通电接点温度计要小，有利于有效控制热水温度。

5.1.4 **当采用离子交换设备处理原水水质时，宜采用分量处理混合后使用。**

【要点说明】

因为软水设备出水总硬度（以碳酸钙计）较低，为控制成本和保证设备管道的安全，不宜采用全量式方式；建议采用分量混合处理方式，即将软水与自来水按一定比例混合。可根据原水总硬度（以碳酸钙计）和软水设备的出水总硬度（以碳酸钙计），通过计算分析确定混合水的总硬度（以碳酸钙计），采用计量装置控制软水设备的出水量和自来水的进水量，进而调节混合水的总硬度（以碳酸钙计）。

【措施要求】

按照原水硬度与混合后水硬度的比例，在处理装置的进口处设置流量传感器和电磁阀，由处理装置的流量传感器控制分量和总量进水电磁阀的开启。

需软化的水流量宜按下列公式计算：

$$Q_2=\frac{C_1-C}{C_1-C_2}Q_1$$

式中 Q_2——需软化的水流量（L/s）；

Q_1——原水的流量（L/s）；

C——混合后水总硬度（mg/L），以碳酸钙计；

C_1——原水总硬度（mg/L），以碳酸钙计；

C_2——经软化后水总硬度（mg/L），以碳酸钙计。

5.1.5 **集中生活热水系统水质稳定可采用药剂法处理原水。**

【要点说明】

药剂法处理原水水质是将水质稳定剂（硅磷晶）加入原水后达到缓蚀和阻垢的目的。硅磷晶是由聚磷酸盐和硅盐经高温熔炼工艺制成的类似晶体玻璃球的难溶性复合聚磷酸盐，原水经过一个填装有球状硅磷晶的加药器，使硅磷晶控制在卫生允许浓度范围内缓慢溶入原水中。鉴于生活热水的特点，硅磷晶必须达到食品级复合聚磷酸盐的要求，加入硅磷晶后的热水水质各项指标必须符合现行国家标准的规定。

【措施要求】

硅磷晶加药器应安装在热水系统冷水补水管上，并设置旁通管及检修阀，出水口加装单向阀防止热水倒流。加药量根据平均日用水量确定，加药器应定期补充药剂。硅磷晶投加量宜为 1～3mg/L（以 P_2O_5 计）。安装参见图 5.1.5。

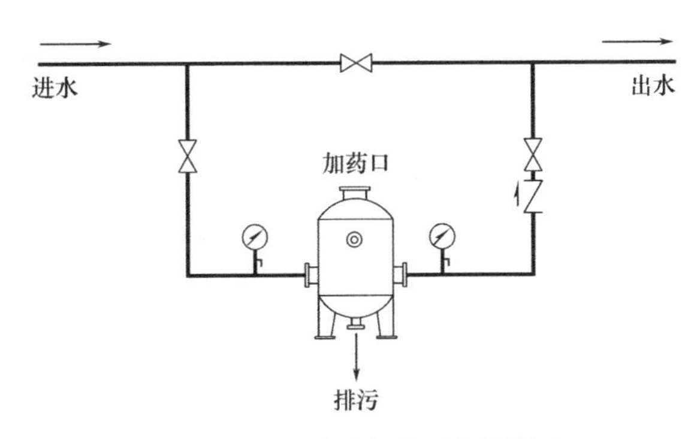

图 5.1.5 硅磷晶加药器安装图示

5.1.6 **集中生活热水系统水质稳定的物理处理法可采用静电水处理器（静电除垢仪）、电子水处理器、磁化水处理器。**

【要点说明】

物理处理法是在不改变原水化学成分的条件下，使水分子通过高压静电场、低压电场、超高强磁场等物理场改变水的活化性，阻止水垢形成，同时使原有水垢结晶逐渐变软、脱落，从而达到除垢目的。

【措施要求】

静电水处理器、电子水处理器、磁化水处理器沿水流方向串联在水加热器进水管路上，静电水处理器、电子水处理器宜垂直安装。静电水处理器、电子水处理器距离大容量电器（大于 20kW）应不小于 5m。采用物理处理法的热水系统应设置自动定时排污阀，排污量不宜大于补水量的 1%。

5.1.7 **热水系统消毒灭菌措施宜满足下列要求：**

1 热力杀菌：系统刚运行或维修后，热水供水温度应升温至 65℃，持续 8h 灭菌；或采用一周一次升温至 70℃，持续时间 2min 灭菌。

2 消毒灭菌装置：采用热泵或空调余热热回收机组制备生活热水，或热水长期低于 50℃的系统，可采用银离子消毒器或紫外光催化二氧化钛（AOT）灭菌装置。

【要点说明】

热力灭菌是可靠有效的灭菌手段，热水长期低于50℃的系统存在军团菌滋生的隐患，应设置消毒、灭菌的措施，提高热水系统的卫生安全性。消毒灭菌装置可采用银离子消毒器或紫外光催化二氧化钛（AOT）灭菌装置。银离子有持续消毒作用，有利于抑制生物膜的形成，适用于集中生活热水系统；AOT灭菌装置采用光催化高级氧化作用，在消毒杀菌方面效果显著，适用于各种生活热水系统。

【措施要求】

1. 热力灭菌宜设置热力杀菌电子恒温混水阀，并采用编程程序设置灭菌技术参数，使系统自动运行。

2. 银离子消毒器应安装在水加热设备和循环泵之间的循环回水干管上，布置参见图5.1.7-1。宜根据现场实测水质确定银离子投加量。无实测资料时，投加量可按不大于0.08mg/L计，出水点浓度不应高于0.05mg/L；现场宜设置银离子快速检测仪或在线检测设备。

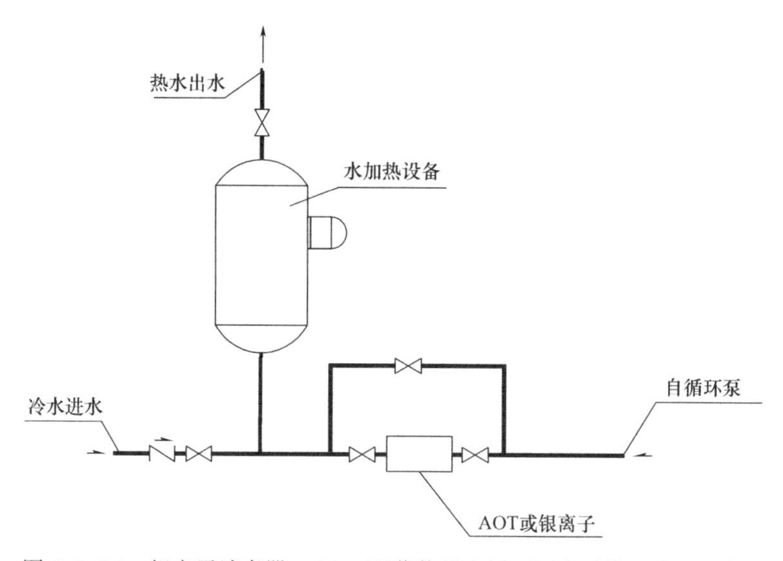

图5.1.7-1 银离子消毒器、AOT灭菌装置在循环回水干管上设置示意图

3. AOT灭菌装置可设置在水加热设备出水管或循环回水干管上，布置参见图5.1.7-2。设在水加热设备出水管上时，根据设计流量选用设备；设在循环回水干管上时，根据循环流量选用设备。建议AOT灭菌装置设在循环回水干管上。

AOT灭菌装置及银离子消毒器的具体设计选型等参见《建筑给水排水设计手册》（第三版）上册。

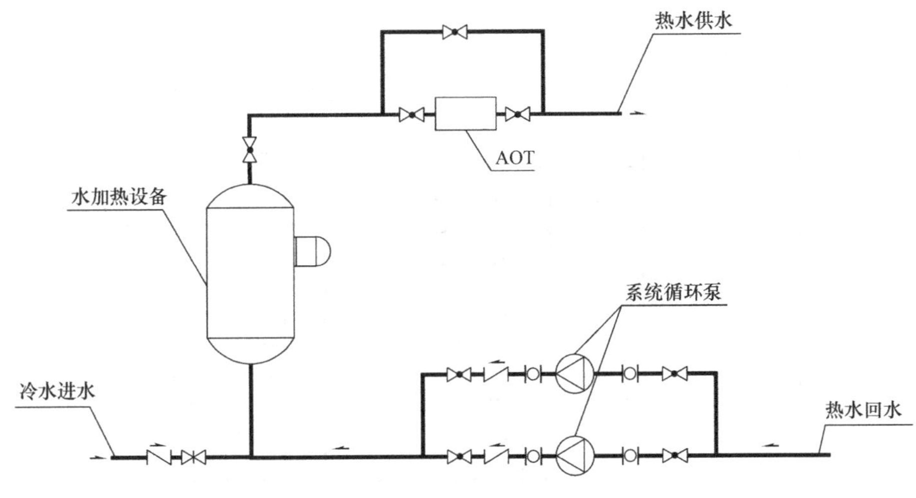

图 5.1.7-2 AOT 灭菌装置在水加热设备出水管上设置示意图

5.2 热水供应系统选择

5.2.1 **多功能综合体建筑的居住部分宜与公共部分分开供应生活热水，当合用管道系统时，不同功能区宜采用分、集水器供回水。**

【要点说明】

公共部分用水时间固定且用水量较大，用水高峰时影响居住部分的用水舒适性，如公共浴室、大型洗衣房、食堂餐饮、水上娱乐、游泳池等，因此建议公共部分宜与居住部分分开管道系统供应生活热水。

【措施要求】

1. 高标准酒店、医院等大型项目的居住用房和裙房公区宜分开设置加热设备和管道系统；

2. 当共用加热设备、合用管道系统时，宜采用设集、分水器或各自独立设置循环管道及热水循环泵（见图 5.2.1）。

5.2.2 **居住类公共建筑应采用集中热水系统，办公等类似场所宜采用局部热水系统。**

【要点说明】

居住类公共建筑一般包括酒店、旅馆、公寓、宿舍等，具有居住需求，生活热水需求量较大且稳定，用水品质要求较高，一般不需要复杂的分户计量，适宜采用集中热水系统；办公、商场等用水点分散且用水量不大的场所宜采用局部热水系统。

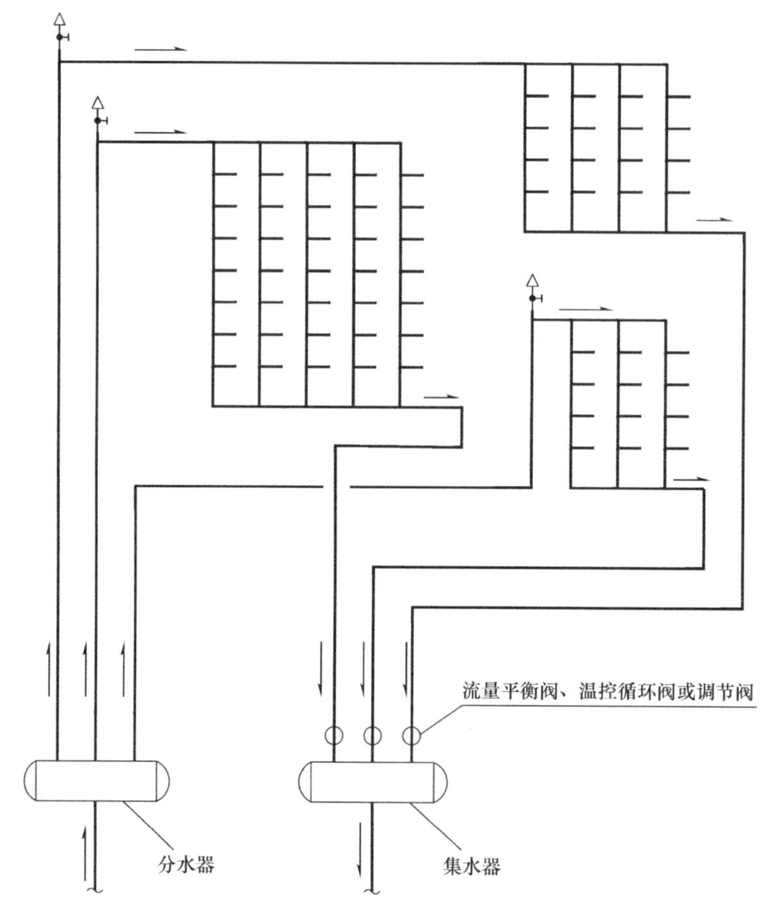

图5.2.1 热水管道设置集、分水器的原理图

【措施要求】

1. 酒店、医院、公寓、养老设施等应采用24h集中热水系统；

2. 集中热水系统根据计量要求设置末端水温保证措施；

3. 宿舍宜采用定时集中热水系统，并宜根据能源供应方式采用单栋建筑或单元分别设置集中热水系统。

5.2.3 **生活热水系统宜采用闭式系统，生活给水与热水系统分区应一致，并应采用相同的压力源。**

【要点说明】

开式系统的贮水箱水质容易受到污染，管路比较复杂。特殊场所如工矿企业的集中淋浴室可采用屋顶水箱供水的开式系统，一般民用建筑建议不采用水箱加压供水的开式系统。闭式系统可以有效避免二次污染，消除卫生隐患。热水系统与冷水系统的压力差值不宜大于0.01MPa，以免造成混水的出水温度忽高忽低，避免烫伤事故。另一方面，因温度不稳定而多次手动调节混水阀，也会造成水资源浪费，不利于节水节能。

【措施要求】

1. 生活热水闭式系统应保证冷热水分区一致，水加热器和贮水罐的进水由同区的给水系统供应，保证冷热水压力平衡；

2. 不宜采用减压阀的方式来保证冷、热水压力平衡。

5.2.4 **设有温泉水入户的居住类建筑，温泉水应根据水质确定处理工艺，并应采用循环系统，系统应设有补热装置。**

【要点说明】

温泉水水质因地不同，入户温泉水需要进行水质处理。温泉供水同集中生活热水供应系统，并宜采用管道同程布置循环系统。为了维持温泉水的水质特色，不宜在用水末端勾兑冷水进行稀释。集中温泉水系统管路会有热损失，为了保证出水温度可在系统内设加热装置。

【措施要求】

1. 管道的循环系统宜按照集中生活热水的同程管道布置方式设计；

2. 系统补热应选用换热器间接换热方式。

5.2.5 **建筑群（含居住小区）设集中热水系统时，宜采用分散设置热水机房，共用热媒管道方式供应生活热水；集中设置热水机房时，热交换机房宜在负荷中心布置，并靠近生活给水泵房。**

【要点说明】

大型建筑由于楼座众多、竖向分区和功能系统多，管道系统复杂，布置困难，投资较大、管网热损失大，不利于节能，且增加物业管理的运行成本。因此建议分散设置热水机房、集中供应热媒，可有效减少系统管道。集中设置的热交换机房宜设在有热水需求的建筑物的中间位置，并靠近用水量大的建筑。

【措施要求】

1. 当集中设置换热设备时，宜居中布置，集中热水机房的服务半径不宜超过500m；

2. 可按建筑物分散设置热水机房，共用热媒管线。

5.3 水的加热和贮存

5.3.1 **水加热器的设计除满足“建水标”的规定外，还宜结合热媒条件、使用要求等按以下要求选型：**

1 **热媒供热量小于设计小时耗热量时，宜采用导流型容积式热水器，或加大贮热容**

积的半容积式水加热器；

2 热媒供热量大于设计小时耗热量时，宜采用半容积式水加热器；

3 热媒供热量满足系统设计秒流量供应，且系统对冷、热水压力平衡要求不高时，可采用半即热式水加热器；

4 太阳能、热泵等低密度热源需循环换热升温供水时，宜采用两端设循环泵配贮热水罐或水箱供水的板式换热器；

5 医院、养老设施应采用无冷温水滞水区的半容积式水加热器；

6 水加热器的传热系数 K 值及热媒阻损、被加热水阻损可参照《建筑给水排水设计手册》（第三版）上册选用。当热媒为≤70℃的低温热水，且资用压差又小时，其 K 值宜乘以 0.6～0.8 的折减系数。

【要点说明】

水加热器选型设计原则是满足系统水量（热量）需要，提供安全稳定的水温、水压。因此，对于一次换热能使被加热水升至所需温度的蒸汽、热媒水为热媒时，均宜采用导流型容积式、半容积式水加热器；对于太阳能、热泵等低密度热源间接换热供水时，很难（或很不合理）经一次换热将被加热水升至所需温度，故宜采用板换、两端加循环泵配贮热水设施循环加热供水。

水加热器的 K 值等热工参数与热媒供应温度、资用压差有很大关系，如北京市热网夏季供水温度为 70℃，要求回水温度为 40℃，且资用压差又小，因此 K 值应按《建筑给水排水设计手册》（第三版）上册提供的下限值再乘以 0.6～0.8 的系数取值，以保证换热效果。

5.3.2 严禁设计和选用带永久性冷温水滞水区的水加热设施。

【要点说明】

系统冷水、循环回水从水加热设施中、上部接入，热水从设施上部流出，而又未采取任何保证设施下部水循环者（含水加热器、热水箱、贮热水箱），为带永久性冷温水滞水区的水加热设施。它是军团菌等病毒的滋生地，因此，集中热水系统严禁采用这类设施。

5.3.3 生活热水宜单独设置常规热源设备（锅炉、热水机组）。当与供暖空调共用时，需由暖通专业判定各系统负荷并合理匹配热源设计容量及台数，以保证热源设备运行时具有较高的热效率，满足《公共建筑节能设计标准》GB 50189 相关要求。

【要点说明】

当生活热水与供暖空调共用常规热源设备时，在非供暖季热源设备仅为生活热水提供热媒，如设计容量及台数匹配不合理，会造成大马拉小车现象，从而降低锅炉效率，浪费能源。故设计应根据不同季节的热负荷需求，对常规热源设备台数进行合理匹配，当配置不合理时，宜单独设置生活热水机组。

5.3.4 燃油（燃气）热水机组宜作为热媒间接加热生活热水。

【要点说明】

采用燃油（燃气）热水机组作为热源时，间接加热可有效避免机组结垢，有利于保护机组，亦有利于生活热水系统的卫生安全。间接加热热水机组可分为内置式和外置式，内置式间接加热热水机组利用机组水套的高温热水对设置在机组本体的盘管加热，使盘管内的水达到设计温度，属于二次换热；内置式间接加热热水机组主要有壳管式间接加热热水机组、真空式热水机组。外置式间接加热热水机组利用外置热交换器联合制备热水。真空式热水机组根据功能需求有单回路、双回路、三回路等机型，以满足供暖、空调供热、生活热水同时供热需求。通常温控设计是按较高回路温度来控制，较低回路温度通过旁通及其他技术手段控制。机组热水作为热媒使用，热水出水温度不应超过95℃。

【措施要求】

1. 机组的台数应满足热水供应系统的计算负荷，不宜少于2台（小型建筑除外）；

2. 选择真空式热水机组时，生活热水宜采用专用热水机组，不宜选用同时满足供暖、空调供热、生活热水的多回路热水机组；

3. 宜将燃气炉、换热器、热媒循环泵、热水循环泵、膨胀罐、自动控制系统等附配件集成为一体式热水机组，工厂内预制加工、现场冷连接组装。

5.3.5 电力供应充沛或具有可利用的城市低谷电时，可采用电制热设备，并满足下列要求：

1 可选择蓄热式电制热设备，并满足当地相关节能的有关规定；

2 小型集中热水系统或局部供应热水场所可采用容积式电热水器，分散供应生活热水；

3 集中热水系统当采用容积式电热水器台数较多或经济性不合理时，可采用电锅炉作为热源。

【要点说明】

采用电制热设备制备生活热水应满足工程所在地相关政策、法规的规定。电制热广泛适用于生活热水和供暖，分为直热式电制热机组和蓄热式电力制热机组两种，直热式电制热机组不具备贮热能力，蓄热式电力制热机组具有一定的贮热能力。电力部门鼓励在低谷时段用电加热，并享受优惠电价的政策，蓄热式电力制热机组配以蓄热水箱及附属设备即构成蓄热式电制热机组系统，利用蓄热水箱中的热水供应生活热水和供暖，达到全部使用低谷电力或部分低谷电力的目的。

电力加热方式可采用电磁感应加热方式和电阻（电加热管）加热方式两种，电阻加热方式又分为不锈钢加热管和陶瓷加热管，电阻加热方式即采用电阻式管状电热元件加热。

对民用建筑生活热水而言，电加热锅炉宜采用开式锅炉或真空电锅炉，布置灵活，可适度分散布置，温度不超过95℃；当采用闭式承压锅炉，利用自来水压力补水时，可按照D级锅炉进行相关设计；蓄热装置宜采用开式系统。

【措施要求】

1. 普通住宅及类似场所容积式电热水器的选型宜按15～20L/(人·d)进行设计计算，一次温升40℃的时间不宜超过30min。

2. 公共建筑及类似场所容积式电热水器的选型宜按25～40L/(人·d)进行设计计算，一次温升40℃的时间不宜超过20min。贮存热量宜按设计小时耗热量的20%计算，不足部分由配备的电制热机组加热。

5.3.6 家用燃气热水器形式应根据气候条件、安装位置等因素选择，选型宜满足表5.3.6的要求。

家用燃气热水器形式 **表5.3.6**

名称		分类内容	简称
室内型	自然排气型	燃烧所需空气取自室内，排气管在自然抽力作用下将烟气排至室外，适用于低层或独栋住宅	烟道式
	强制排气型	燃烧所需空气取自室内，排气管在风机作用下强制将烟气排至室外	强排式
	自然给排气型	将给排气管接至室外，利用自然抽力进行给排气	平衡式
	强制给排气型	将给排气管接至室外，利用风机强制进行给排气	强制平衡式
室外型		只可以安装在室外的热水器	室外型

【要点说明】

家用燃气热水器燃气在燃烧室内燃烧，热量通过热交换器将水加热。关断出水阀，热水器停止工作。燃气热水器一般包括：外壳、给排气装置、燃烧器、热交换器、气控装置、水控装置、水气联动装置和电子控制系统等。当作为太阳能热水系统的辅助热源时，应同时具备温度装置、压力装置的功能。

【措施要求】

1. 强制排气式燃气热水器在有冰冻可能的地区，当热水器给排气管的末端、给气口与排气口在同一位置时，应具备较强的防冻能力，以适应寒冷地区使用，宜选择带电加热防冻功能的产品。

2. 冷凝式燃气热水器宜设置排水地漏。

3. 严禁在浴室内安装直接排气式燃气热水器。

5.3.7 集中热水系统采用商用燃气容积式热水器时，宜多台并联运行，单台制热量小于等于99kW。

【要点说明】

商用燃气容积式热水器具有制热能力适中、设备布置方便、使用管理安全等优点，一般建筑物可采用多台并联方式提供集中生活热水。根据我国相关安全规定，商用燃气容积式热水器单台制热量一般小于等于99kW。

【措施要求】

典型多台并联的燃气容积式热水器热水系统见图5.3.7。

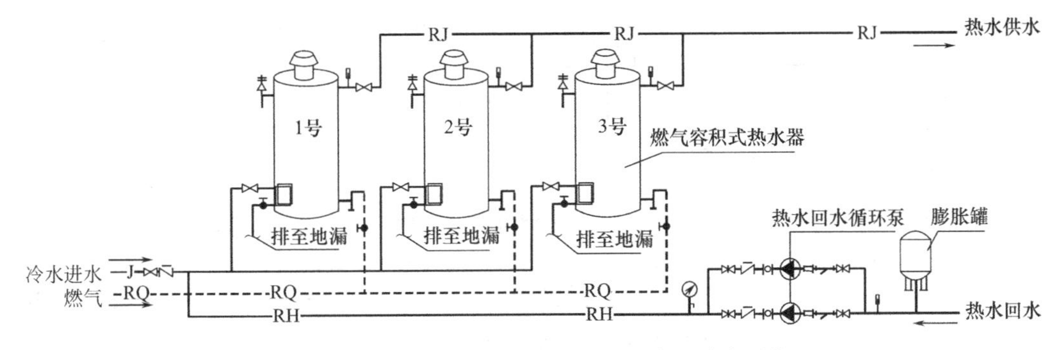

图5.3.7 多台并联的燃气容积式热水器热水系统

5.4 太阳能、热泵热水供应系统

5.4.1 空气源热泵制备生活热水的制热机组选型应满足下列要求：

1 一般氟利昂工质的空气源热泵适用于最冷月平均气温≥10℃的地区，当用于最冷月平均气温<10℃的地区时宜设置辅助热源；

2 采用 CO_2 工质的热泵机组时可以不设辅助热源；

3 空气源热泵用于集中热水系统时宜采用循环式热泵机组，空气源热泵热水机采用直热式热泵机组时应满足产品技术的要求。

【要点说明】

传统空气源热泵机组一般采用氟利昂工质，在额定工况下出水温度为45～50℃可有效保证*COP*值的合理性，当出水温度超过50℃或超出额定工况条件时，*COP*值明显降低，因此规定传统空气源热泵机组适用于最冷月平均气温≥10℃的地区，否则宜设置辅助热源。采用 CO_2 工质的热泵机组可有效保证出水温度，可不设辅助热源，热泵供热温度可有效达到60℃以上。

由于集中热水系统一般设有热水循环泵，系统本身具有循环的特点，因此综合考虑宜采用循环式热泵机组。直热式热泵机组出水稳定，有利于机组的运行安全，但由于设计流量与实际工况差异性较大，因此需要根据实际工况的详细分析计算数据选定设备，否则容易出现设备匹配的不合理现象。

【措施要求】

1. 氟利昂工质的空气源热泵辅助热源可采用电制热机组；

2. 辅助热源只在最冷月平均气温小于10℃的季节运行，供热量可按补充在该季节空气源热泵产热量不满足系统耗热量的部分计算，结合系统贮热设备的贮热条件，一般按设计小时耗热量的30%配置辅助热源，贮热容积的蓄热量宜大于等于30%的设计小时耗热量；

3. 典型的直热式空气源热泵及电辅助热源联用的原理图参见图5.4.1。

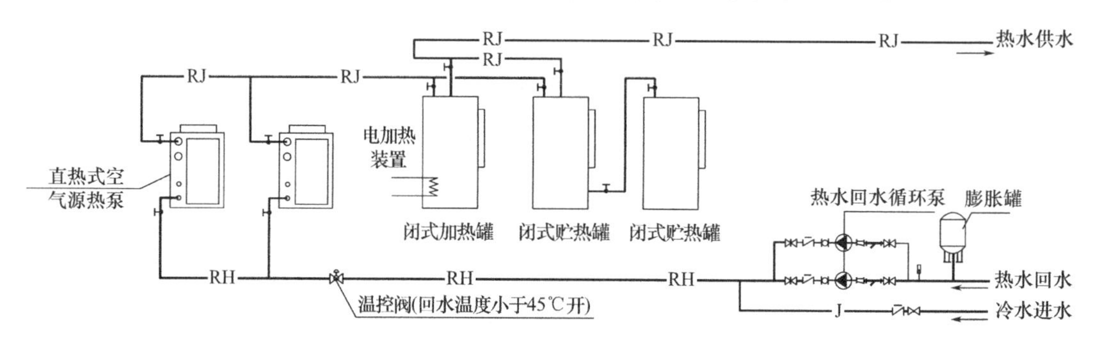

图5.4.1 直热式空气源热泵与电辅助热源联用的原理图

5.4.2 空气源热泵机组安装位置应满足下列要求：

1 空气源热泵机组一般安装在室外，应考虑机组噪声对周边建筑环境的影响；机组布置应远离居住用房等需要安静的场所；

2 当安装在室内地下车库、避难层等场所时，应进行热平衡计算，需要暖通专业协助计算通风量。

【要点说明】

由于空气源热泵24h不定时启动，每次启动和运行时存在一定的低频噪声，且机组与空气换热，当空气质量较差时，交换翅片积存空气中的灰尘成为泥垢，影响换热效率，在产生同样热量时机组耗费更多能量，产生更多的噪声。居住建筑已发生多起因空气源热泵机组噪声产生的纠纷。某些项目可利用室内地下车库、避难层等场所安装空气源热泵的室外机组，应核实通风量是否满足热平衡的需要。

【措施要求】

1. 普通居住楼房不建议在阳台设置分户式空气源热泵机组；宜在屋面设置分体式空气源热泵机组；当楼层超过6层时，宜采用空气源热泵集中热水系统；

2. 公共建筑空气源热泵机组宜布置在屋顶、地面等远离居住房间的场所；

3. 地下室局部应用的热水系统可将空气源热泵机组布置在地下车库等场所。

5.4.3 当项目采用地源热泵作为空调冷热源时，宜结合空调冷热源系统，采用地源热泵

制备生活热水，同一项目不建议设置多种非传统热源。

【要点说明】

地源热泵包括土壤源热泵和水源热泵。在地下水源充沛、水文地质条件适宜，并能保证回灌的地区，可采用地下水源热泵；在沿江、沿海、沿湖等地表水源充足的场所，以及有条件利用城市污水或再生水的地区，可采用地表水水源热泵。水源热泵机组及取退水工程造价昂贵，生活热水单独设置地源热泵时经济性较差，因此建议与空调系统耦合利用冷热源制备生活热水，这样具有较好的经济合理性；另外，热泵机组经济运行状态制备的热水温度一般小于50℃，对于一些高标准的酒店、医院需要设置辅助热源进一步提升水温，热泵机组一般不能满足高标准生活热水的需要，虽然高温型水源热泵机组名义上可以满足60℃需求，但实际运行表明对*COP*值影响较大。地源热泵系统在计算周期内总释热量宜与总吸热量平衡，生活热水仅吸热不释热，故不建议生活热水独立设置地源热泵系统。

【措施要求】

酒店、医院等高标准使用场所宜设置辅助热源，地源热泵的热水作为热媒对自来水进行预热。

5.4.4 **利用空调余热回收系统加热生活热水时，应满足下列要求：**

1 **宜采用冷回收系统，采用冷冻水作为水源的水-水热泵机组产生的热量全部用于生活热水系统；**

2 **可设置全热热回收冷水机组，系统应设置生活热水蓄热水箱，热水作为热媒对生活热水进行预热；**

3 **可采用冷却水热回收系统，以空调冷却水作为热媒，采用换热器对生活热水进行预热。**

【要点说明】

大型酒店、城市综合体等民用建筑具有稳定的制冷负荷和生活热水需求负荷，宜回收空调余热制备生活热水；空调余热回收机组分为全热热回收冷水机组、冷回收水源热泵制热机组、空调冷却水换热机组等。

全热热回收冷水机组以空调制冷为主，机组技术要求以满足空调制冷要求为设计前提，系统应设置回收热水蓄热水箱，蓄热水箱容积宜按满足平均日热水耗热量确定，用于平衡生活热水不均匀对空调制冷机组造成的影响，保障机组稳定运行，热回收机组需要根据空调负荷情况和蓄热水箱温度决定机组启停及模式切换。虽然热回收机组的制热量远大于生活热水系统的设计小时耗热量，但由于生活热水系统与空调制冷系统负荷规律不同，为避免机组频繁切换运行模式，要求设置蓄热水箱。除全热回收外，还有部分热回收机组、双冷凝器机组等，但应用较少，因此不做推荐。

制冷机组冷回收系统设置水-水热泵机组，采用冷冻水作为水源，产生的热量全部用于生活热水系统，采用“以热定冷”的模式选用机组负荷；利用生活热水系统的贮热罐贮存热量，可不再另设调节水箱，机组计算负荷以生活热水平均时耗热量进行设计；制冷机组冷却水热回收系统以空调冷却水作为热媒，采用换热器对生活热水进行预热。

余热回收热量不小于日平均生活热水耗热量的50%，可以满足生活热水的节能理念，重复设置太阳能、空气源热泵等其他新能源系统对生活热水系统节能价值有限，但投资大幅增加，因此余热回收装置与其他新能源装置不应重复设置。但政府颁布必须设置太阳能系统等具体条令时，应满足相关政府的规定。

【措施要求】

1. 全热热回收冷水机组及系统设计应设置回收热水蓄热水箱，蓄热水箱容积宜按满足平均日热水耗热量确定，回收热水宜作为热媒预热生活热水；

2. 制冷机组冷回收系统设计采用“以热定冷”的模式选用水源热泵机组，机组计算负荷以生活热水平均时耗热量进行设计；

3. 制冷机组冷却水热回收系统设计以冷却水作为热媒，热媒进出口温度按35～30℃设计，生活热水作为被加热水，进出水温度差宜按10℃计算。

5.4.5 太阳能热水系统的选择应满足下列规定：

1 普通住宅可采用集中集贮热、分散供热系统；独立住宅可采用分散集贮热、分散供热系统；

2 宾馆、公寓、医院、养老院等建筑宜采用全日制的集中辅助加热设施的集中集贮热、集中供热系统；

3 集体宿舍、大型公共浴室、洗衣房、厨房等耗热量较大且用水时段固定的用水部位宜采用定时供热的集中辅助加热设施的集中集贮热、集中供热系统。

【要点说明】

1. 公共建筑如旅馆、医院等对热水使用要求较高、管理水平较好、维修条件较完善、无收费矛盾等难题。因此，这类建筑宜采用集中集贮热、集中供热太阳能热水系统。

2. 住宅类建筑一般物业管理水平不及公共建筑，且当采用集中集贮热、集中供热太阳能热水系统时不能适应住宅入住率（即使用人数）的变化。当住宅入住率很低时，整个热水制备成本分摊到少数使用者，热水价格极高。如北京某住宅，开始入住率只有10%时，太阳能热水价格较高，使住户无法承受这样的系统，用不了多久即被迫停用。另外，住宅使用设支管循环的集中集热、集中供热太阳能热水系统，还存在水表计量误差的管理问题，引起收费矛盾。因此，住宅类建筑宜采用集中集贮热、分散供热太阳能热水系统或分散集贮热、分散供热太阳能热水系统。特殊公寓式住宅，类似酒店管理，也可以按酒店模式设置太阳能热水系统。

5.4.6 太阳能集中热水系统宜按每栋建筑或每个单元设置。

【要点说明】

每栋建筑或每个单元设置太阳能集中热水系统，没有楼与楼之间的连接管道，减少了管道长度，节约投资、降低热损耗，符合节能的设计理念，热水系统相对独立、灵活，便于管理。不建议设计太阳能热水作为热媒的大热水系统。

【措施要求】

1. 住宅、宿舍单元物理分割明确，宜按单元设置太阳能集中热水系统；

2. 医院、酒店等公共建筑宜分栋设置太阳能集中热水系统；

3. 太阳能集中热水系统参见图5.4.6。

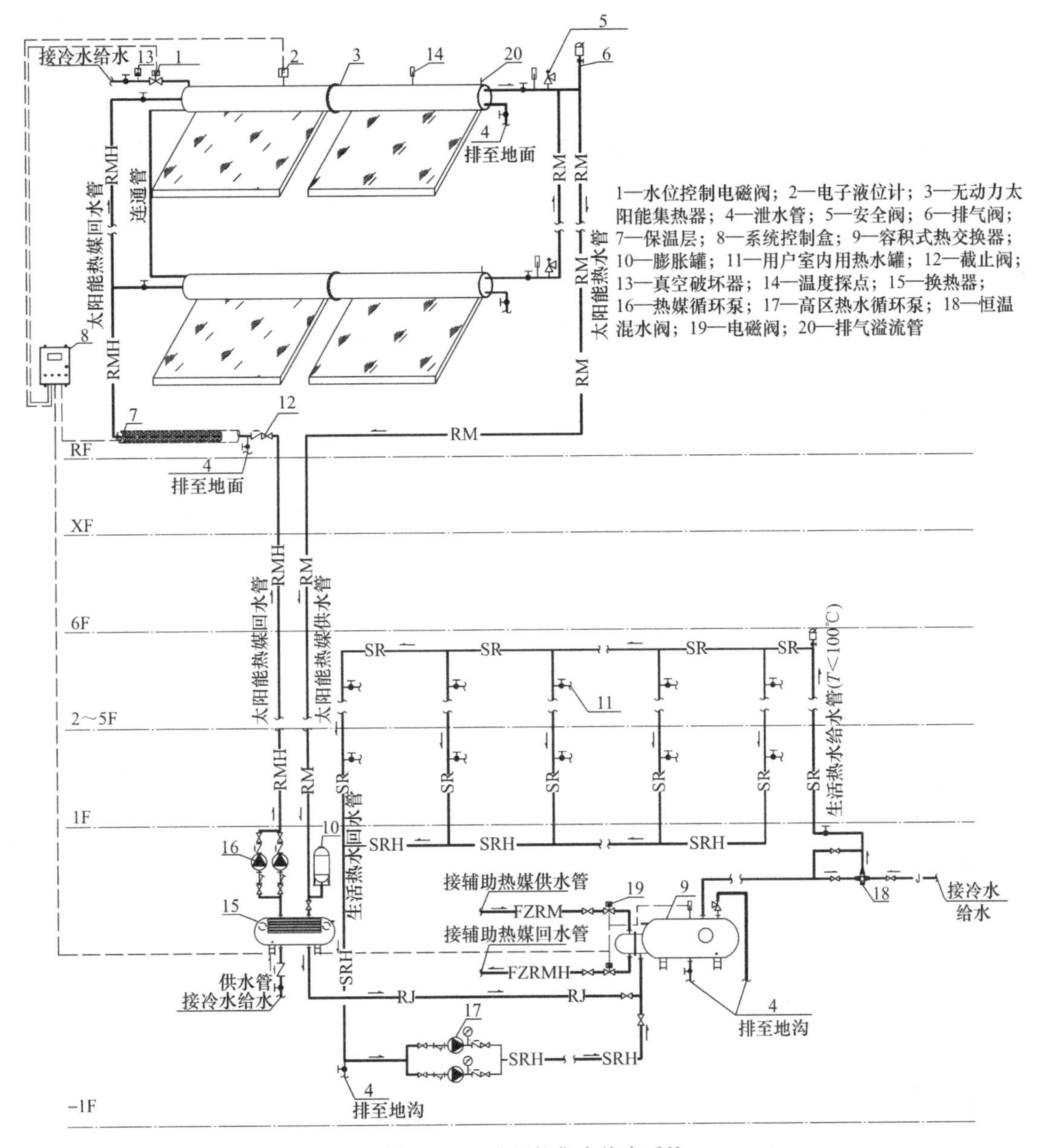

图5.4.6 太阳能集中热水系统

5.5 管网设计

5.5.1 循环系统的设置及效果保证措施见《〈建筑给水排水设计标准〉GB 50015—2019实施指南》或《建筑给水排水设计手册》（第三版）上册。

【要点说明】

《〈建筑给水排水设计标准〉GB 50015—2019实施指南》及《建筑给水排水设计手册》（第三版）上册列举了集中热水系统的各种循环方式、管网布置的技术特点，可满足不同建筑的需要。

5.5.2 有分户计量的居住类建筑采用集中热水系统时，应合理控制生活热水管网规模，每户或每单元平均日管网能耗指标不宜超过1.5kW，且不宜超过每户住宅平均日热水能耗的30%。

【要点说明】

有分户计量的居住类建筑包括住宅、公寓和养老设施等，受节约用水或入住率等方面的影响，其实际用水量一般远小于设计用水量，因此合理控制户均热水管网能耗指标是保证类似建筑集中热水系统经济合理性的关键。"户均热水管网能耗指标"是指每户或每单元分担的室内外热水管网（不包括户内支管）平均耗热量。生活热水具有日耗能量较小、长年连续使用、年累计耗能较大等技术特点；资料表明，住宅类建筑热水全年能耗占住宅总能耗的30%，因此生活热水的节能应引起足够重视。由于全日制集中热水系统需要满足热水的及时性、稳定性、舒适性的要求，管网全天均需保持适宜的温度，因此管网的能耗较大。如果不合理控制管网的能耗（无效能耗），势必造成能耗高、运行费用大，热水价格高涨，用户难以承受。

5.5.3 冰上运动、水上娱乐场所、游泳馆等体育建筑，工艺用热水应与其他生活热水系统分开设置。

【要点说明】

体育建筑用热水因其水质、水温等特殊要求，宜与生活热水系统分开设置。如：冰场建筑扫冰车用的浇冰用热水，尤其是冰壶的制冰用水水质要求较高，必须为蒸馏水或纯净水；冰球、花样、短道等冰场的制冰用水水温、水质要求存在明显差异。水上娱乐场所用水、游泳馆的热水，需要的热水水温较低，与主体建筑生活用水温度差异明显。

【措施要求】

1. 若工艺用水有水质要求，要经过单独的水处理，处理工艺由专业公司完成。加热设备和管路应为独立系统。

2. 水上娱乐场所、游泳馆等需要的热水水温较低，应选用独立的加热换热设备，管路也应独立设置。

5.6 管材、附件和管道敷设

5.6.1 **生活热水系统干管宜采用不锈钢管、紫铜管、热水塑料管，小于等于 *DN*50 的支管可采用塑料管；所有管件、附配件耐温不得小于 100℃。**

【要点说明】

生活热水与人体零距离接触，应采用优质的管材，干管不宜进行埋设安装，采用不锈钢管或紫铜管具有较好的卫生条件。热水系统尤其是太阳能热水系统，其温度短时可超过 60℃，应采用耐温不小于 100℃的金属管材、管件及阀件；但采用闭式太阳能集热系统时，太阳能制热管道应采用耐温不小于 200℃的金属管材、管件及阀件；热水系统的热水管道温度变化范围较大，一般的塑料管道不能满足高温条件下的变形、耐久等要求，塑料或金属复合管道在频繁冷热伸缩变化时容易造成变形脱落，因此热水干管宜采用单一金属材质。

5.6.2 **配水干管和立管最高点应设带集气功能的微泡排气装置。**

【要点说明】

热水系统中，由于热水在管道内不断析出气体（溶解氧及二氧化碳），会使管内积气。为避免管道中积气而影响其过水能力和增加管道腐蚀，室外热水供、回水管及室内热水上行下给式配水干管的最高点应设专用自动排气装置，并采用具备集气功能的微泡排气装置；下行上给式管网的回水立管可在最高配水点以下（约 0.5m）与配水立管连接，并应在各供水立管顶设自动排气装置，即时有效排除立管内的积气。

5.6.3 **设支管循环的集中生活热水系统不宜采用供、回水支管分设水表计算差值作为计量热水量的依据。**

【要点说明】

由于热水回水存在复杂的技术难题，回水是连续运行的，而用水是短暂的，当供、回水支管分别设置水表后，因水表计量存在误差，累积误差较大，所以供、回水的计算差值不能准确反映实际用水量。

【措施要求】

1. 多设分立管，采用完善的立管循环取代支管循环，减少供水支管距离，保证热水出水时间满足规范要求；

2.水表后不设回水管，支管采用电伴热满足水温要求；

3.酒店、医院等高标准热水场所，当不能满足规定出热水时限要求时，宜设置支管循环系统；

4.器具末端采用小型热水器进行补热。

5.6.4 养老院、安定医院、幼儿园、监狱等建筑的淋浴和浴盆设施热水系统宜采取下列防烫伤措施：

1 热水系统供水温度不宜超过50℃；

2 系统冷热水压力平衡；

3 末端应设置恒温混水阀；

4 末端采用防烫龙头。

【要点说明】

规范针对弱势群体和特殊使用场所防烫伤要求而作此规定。在系统或用水终端设恒温混水阀，恒定出水温度是解决防烫伤问题的一项较好措施。

5.6.5 集中热水供应系统与局部热水供应系统的下列情形宜设置可调式恒温混水阀：

1 汽-水换热供应热水的系统；

2 水-水换热供水时，供水水温≥60℃的集中热水供应系统；

3 对供水水温要求较高，且水加热设施供水温度≥55℃的集中热水供应系统；

4 冷热供水水压相差较大或压力波动较大的集中热水供应系统；

5 要求采取防烫伤措施的系统。

【要点说明】

对出水水温有较高要求的上述部位，为了保证出水温度的稳定，要求上述部位设置可调自力式恒温混水阀。自力式恒温混水阀是一种不需外界能源而进行温度自动调节的阀门。它适用于以热水、乙二醇等为介质的各种换热工况。控制精确度为±2℃。被控介质温度不受热水压力、温度及用量变化的影响；用水终端即单个或成组器具恒温供水时应选择不带循环功能的恒温混水阀；恒温混水阀阀件管径选择的原则是设计流量通过该阀的阻力损失宜控制在≤0.02MPa。

【措施要求】

1.恒温混水阀出水可调水温宜为30～65℃。

2.阀门的压力等级不低于1.0MPa。

3.所有材质满足卫生级别要求。

4.冷热水入水端具有止回及过滤功能，可单独加装止回阀和过滤器。

5.具有温度预定功能，在不同工况下，恒温混水阀出水温度始终恒定。

6.冷热水突然中断时，恒温混水阀自动关闭出水。

5.6.6 集中集贮热、集中供热太阳能热水系统应在进入辅助热源前设置太阳能防烫恒温混水阀或其他控制温度的组件。

【要点说明】

集中集贮热、集中供热太阳能热水系统由于存在超正常使用温度的情况，因此要求在进入辅助热源前设置太阳能防烫恒温混水阀，也可采用多功能组合分配组件，有效控制温度。

【措施要求】

太阳能防烫恒温混水阀分为机械式和电子控制式两类，机械式恒温混水阀性能可靠、价格适中，但阻力损失较大，某进口品牌的机械式恒温混水阀水力特性曲线见图5.6.6；电子控制式恒温混水阀阻力损失小，但价格较贵、性能稳定性较差，一般不推荐采用电子控制式恒温混水阀。

建议住宅每户分别设置太阳能专用混水阀，选用 $DN15$～$DN20$ 阀门，水头损失不宜超过1m；建议公共建筑集中设置恒温混水阀，水头损失不宜超过2m，当采用单个恒温混水阀水头损失超过2m时，可采用多个恒温混水阀并联使用，防烫恒温混水阀的压力等级应不小于1.0MPa，耐温不小于100℃。

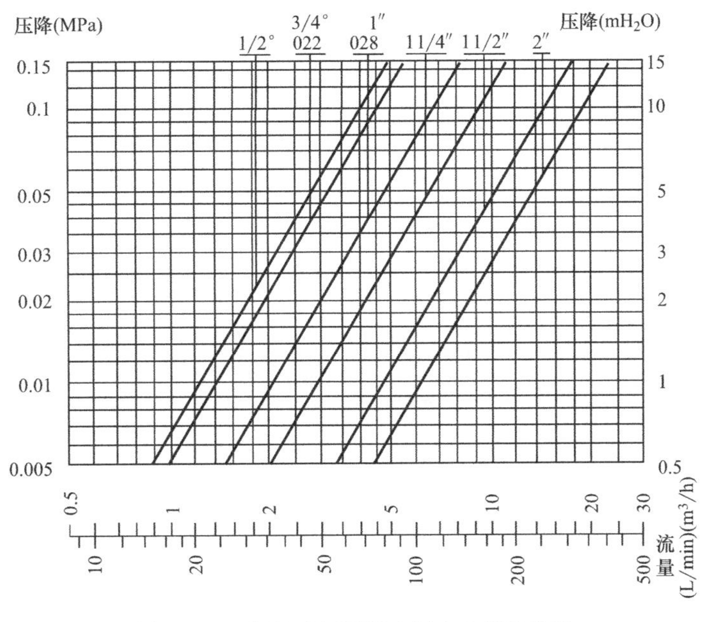

图5.6.6 机械式恒温混水阀水力特性曲线

5.6.7 管道敷设应符合下列要求：

1 铜管、薄壁不锈钢管可根据建筑、工艺要求暗设或明设，暗设在墙体或垫层内的铜管、薄壁不锈钢管应采用塑覆管；

2 塑料热水管宜暗设，明设时立管宜布置在不受撞击处，如不可避免时，应在管外加防紫外线照射、防撞击的保护措施；

3 热水管暗设不得直接敷设在建筑物结构层内，敷设在找平层或墙槽内的支管外径不宜大于25mm，管外壁的覆层厚度应≥20mm；

4 敷设在找平层、垫层内的支管宜采用热熔连接，可采用分水器向卫生器具配水，中途不得有连接配件，两端接口应明露，地面宜有管道位置的临时标识；

5 热水管道穿过建筑物的楼板、墙壁和基础时应加套管，以防管道胀缩时损坏建筑结构和管道设备。

【要点说明】

塑料热水管管材材质较脆，怕撞击、怕紫外线照射，因此不宜明装。对于外径小于或等于25mm的聚丁烯管、改性聚丙烯管、交联聚乙烯管等柔性管一般可将管道直接埋在建筑垫层内，但不允许将管道直接埋在钢筋混凝土结构墙、板内。埋在垫层内的管道不应有接头。

6 建筑污废水

6.1 建筑排水系统

6.1.1 室内地面以上排水应以重力流形式直接排至室外检查井，不应为减少出户管而与地下室一同采用压力排水。

【要点说明】

地面以上排水绝大部分建筑可利用重力，靠管道坡度自流完成，不能自流的区域如地下车库、下沉庭院等或容易发生倒灌的区域可以靠排水泵提升排出。不应为减少出户管而将地面以上污、废水排入地下室集水坑，这样不仅增大了能耗，而且降低了地面以上排水的安全性。

6.1.2 空调机房排水、水泵房排水、消防排水、室内水景排水、无洗车的车库和无机修的机房地面排水不应连接到污水系统。

【要点说明】

空调机房、水泵房等设备排水多为设备运行及检修过程中的少量漏水，均为洁净废水，应排至室外雨水管（部分地区政府主管部门不允许排入雨水系统，此情况下可间接排入集水坑后排至污水管网）。机房地漏可能因长期无水而导致水封失效，若与污水管连接将污染室内环境。

6.1.3 冷却塔集水盘泄污水不应排至屋面雨水系统。

【要点说明】

冷却塔泄污的排水、排泥中含有较多冷却塔清洗后的化学物质，应将泄污水排至污水系统，如图6.1.3所示。

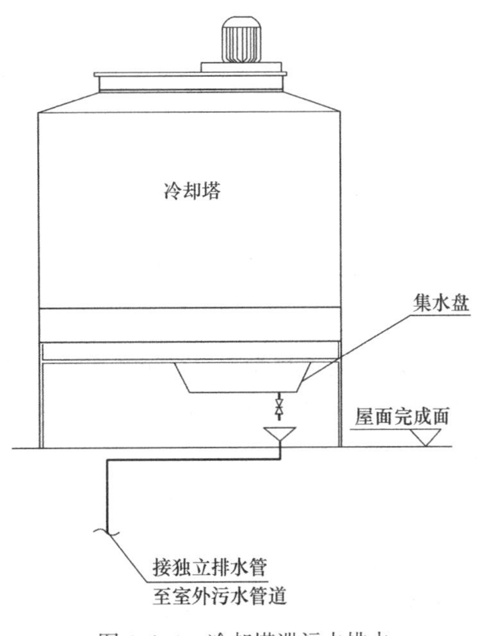

图6.1.3 冷却塔泄污水排水

6.2 卫生间、卫生器具及存水弯

6.2.1 有绿星评价需求的建筑，应采用自带水封的便器，其排水管不应设置存水弯。

【要点说明】

《绿色建筑评价标准》GB/T 50378—2019 第5.1.3条第3款规定：应使用构造内自带水封的便器，且其水封深度不应小于50mm。执行此款，就不能重复设置管道存水弯。

6.2.2 沉箱式卫生间改造：排水横管需固定，不得破坏防水层；排水横管需确保坡度，严禁采用建筑垃圾回填，接口至面层应严密，设降板层、面层两道防水。

【要点说明】

此类型的改造相对比较容易，只需对沉箱内的管道进行重新敷设，卫生器具可灵活布置。

6.2.3 下排水卫生间改造：卫生器具尽可能原位设置，若因功能或装修等原因需将卫生器具移位时，坐便器尽可能采用后排式。

【要点说明】

1.管道敷设部位可借用部分卫生间建筑面层以及与户内其他房间的高差进行敷管。

2.采用下排水坐便器时可采用移位器或排水扁管，从而减少对敷设高度的要求。

3.地漏可采用扁平地漏或条形地漏，从而减少对空间高度的要求。

4.坐便器排水与其他污废水排水起始端尽可能分流设置，接近排水立管处合流排至立管，避免粪便水倒灌从地漏溢出。

5.排水管线尽可能沿墙边敷设，便于装修处理。

6.2.4 新增卫生间改造：首先考虑排水出路，争取重力排放；卫生器具布置需合理，充分考虑排水管敷设坡度要求。

【要点说明】

1.可直接利用原排水立管时，需将卫生间地面垫高，尽可能采用后排式坐便器，采用下排水坐便器时可采用扁管排水。

2.地漏、坐便器、排水管敷设可参见下排水卫生间改造。

3.无污水立管可直接接入时，对于仅设坐便器和洗手盆的卫生间（不考虑设置地漏）可采用小型污水提升器。

6.2.5 **常用卫生器具排水配件安装可按表 6.2.5-1 确定，常用卫生器具排水管穿楼板预留孔位置及尺寸可按表 6.2.5-2 确定。**

常用卫生器具排水配件安装 **表 6.2.5-1**

器具名称	配件安装
下排式坐便器排水	可采用法兰连接和无法兰连接，对位须准确，密封、避免臭气溢出
后排式坐便器排水	不可将排出弯管直接横向与排水立管连接，一个或多个后排式坐便器排水管连接时，排水横支管起始点与壁挂式坐便器排出口中心及排水横支管中心须有 100mm 以上的落差
蹲便器排水	可选用自带水封蹲便器和外置水封蹲便器，无水封蹲便器安装于底层时采用 S 形存水弯
小便器排水	可选用自带水封小便器和外置水封小便器，自带水封小便器卫生条件更好
浴盆排水	溢水口接管需从浴缸排水存水弯上方接入

常用卫生器具排水管穿楼板预留孔位置及尺寸（mm） **表 6.2.5-2**

卫生器具	预留孔中心距离墙面尺寸	预留孔中心离地高度	预留洞尺寸	存水弯设置情况
洗脸盆	170	450	Φ100	外置存水弯
坐便器	305	180	Φ200	自带存水弯
低水箱蹲便器	680	—	Φ200	自带/外置存水弯
高水箱蹲便器	640	—	Φ200	自带/外置存水弯
挂式小便器	100	480	Φ100	自带/外置存水弯
落地式小便器	150	—	Φ100	自带/外置存水弯
浴盆(不带溢流)	50～250	—	Φ100	外置存水弯
浴盆(带溢流)	50	—	250×300	外置存水弯

【要点说明】

1. 预留孔中心距离墙面尺寸指存水弯 S 弯排水管距离墙面尺寸；预留孔中心离地高度指存水弯 P 弯排水管穿墙或在墙内设置排水立管接口尺寸。

2. 实际预留洞尺寸应以选用产品实际尺寸为准。

6.2.6 **地漏选用依据及适用场所按表 6.2.6 确定。**

地漏选用依据及适用场所 **表 6.2.6**

名称	功能特点	常用规格	适用场所
直通式地漏	排除地面积水，出水口垂直向下，内部不带水封	*DN*50～*DN*150	需要地面排水的设备机房、车库、阳台，管道井、设备层事故排水等
密闭型地漏	带有密封盖板，排水时其盖板可人工打开，不排水时可密闭，可以内部不带水封	*DN*50～*DN*100	需要地面排水的洁净车间、手术室，卫生标准高及不经常使用地漏的场所
带网框地漏	内部带有活动网框，用来拦截杂物，并可取出倾倒，可以内部不带水封	*DN*50～*DN*150	排水中挟有易堵塞杂物的场所，如淋浴间、理发室、公共浴室、公共厨房

续表

名称	功能特点	常用规格	适用场所
防溢地漏	内部设有防止废水排放时溢出地面的装置，可以内部不带水封	$DN50$	所接地漏的排水管有可能从地漏口冒溢之处
多通道地漏	可接纳地面排水和1～2个器具排水，内部带水封	$DN50$	水封易丧失，利用器具排水进行补水或需接纳多个排水接口
侧墙式地漏	算子垂直安装，可侧向排除地面积水，内部不带水封	$DN50$～$DN150$	需同层排除地面积水或地漏下面不允许敷管
直埋式地漏	安装在垫层内，排水横管不穿越楼层，内部带水封	$DN50$	需同层排除地面积水或地漏下面不允许敷管
大流量专用地漏	算子开孔面积大、接纳排水流量大	$DN75$～$DN150$	地下车库消防排水

6.2.7 常用水封装置有存水弯、水封盒与水封井，按以下要求进行设置：

1 无内置水封的卫生器具、地漏或工业废水受水器与生活排水管道或其他可能产生有害气体的排水管道连接时，应在排水口以下设置存水弯；

2 室内排水沟与室外排水管道连接处，应设水封装置，如在室内设置存水弯或在室外设置水封井；

3 医疗卫生机构的门诊、病房、化验室、实验室等不在同一房间内的卫生器具不得共用存水弯，化学实验室和有净化要求的场所的卫生器具也不得共用存水弯；

4 卫生器具、有工艺要求的受水器等排水口下部不便于安装存水弯时，水封装置应设置在排水支管上，不得设置在排水干管和排水立管上；

5 当卫生器具构造中已有存水弯时，如坐便器、内置存水弯的小便器等，不应在排水口下设置存水弯。

【要点说明】

1.存水弯的水封深度不得小于50mm，水封井的水封深度不得小于100mm，水封盒的水封深度不得小于50mm。

2.对卫生要求较高的场所，宜采用水封较深的存水弯，如洗脸盆采用70mm水封或采用防虹吸存水弯。

6.3 建筑排水系统水力计算

6.3.1 通过水力计算来确定生活排水立管管径和通气管管径，排水立管管径不得小于所连接的排水横支管管径。

【要点说明】

为便于直接按住宅层数查询排水立管管径，列出最大设计住宅层数与卫生间（按标准三件套计算）排水立管管径、通气管管径对照表，见表 6.3.1。

最大设计住宅层数与卫生间排水立管管径、通气管管径对照表　　　表 6.3.1

<table>
<tr><td colspan="3" rowspan="3">通气系统类型</td><td colspan="3">最大设计住宅层数</td></tr>
<tr><td colspan="3">排水立管管径(mm)</td></tr>
<tr><td>75</td><td>100(110)</td><td>150(160)</td></tr>
<tr><td colspan="3">伸顶通气</td><td>1</td><td>33</td><td>130</td></tr>
<tr><td rowspan="4">专用通气</td><td rowspan="2">专用通气管 75mm</td><td>结合通气管每层连接</td><td>—</td><td>100</td><td>—</td></tr>
<tr><td>结合通气管隔层连接</td><td>—</td><td>70</td><td>—</td></tr>
<tr><td rowspan="2">专用通气管 100mm</td><td>结合通气管每层连接</td><td>—</td><td>>100</td><td>—</td></tr>
<tr><td>结合通气管隔层连接</td><td>—</td><td>>100</td><td>—</td></tr>
</table>

6.4 建筑排水管道布置及敷设

6.4.1 **住宅中的排水管、通气管不得穿越住户客厅、餐厅，排水立管不宜靠近与卧室相邻的内墙；住宅厨房间的废水不得与卫生间的污水合用一根排水立管；同时排水管道不宜穿越橱窗、壁柜，不得穿越储藏室。**

【要点说明】

1. 条文中所述的不得穿越的区域是指一般意义上的住宅设计，对于跃层住宅由于条件限制，其排水管道敷设不受此条文中所述的不得穿越区域的限制。

2. 住宅中厨房和卫生间的排水立管应分别设置，是指厨房废水不能进入卫生间污水立管，但不含卫生间的废水立管、排出管及转换层的排水干管。

3. 埋设于填层中的管道不宜采用橡胶密封的连接方式，宜采用粘接或熔接的连接方式，以防止管道渗漏并抗压。

【措施要求】

1. 管道不得敷设在加热设备上方，并应避免布置在热源附近。排水立管与家用灶具边缘净距不得小于 0.4m，与家用热水器净距不得小于 0.2m，与其他热源的距离应确保管道表面温度不得大于 60℃。

2. 卫生间污水排水横管宜设于本套内。当必须敷设于下一层的套内空间时，其清扫口应设于本层，并应进行夏季管道外壁结露验算，采取相应的防止结露的措施。

3. 地下室、半地下室中卫生器具和地漏的排水管，不应与上部排水管连接。

4. 在气温较高、全年不结冻的地区，管道可以在室外明敷。

5. 管道不应敷设在楼房结构层或结构柱内。

6.4.2 当最低排水横支管与排水立管连接处距排水立管管底垂直距离不能满足规范要求时，应对最低层采用单独排水的措施。

【要点说明】

1. 当距排水立管底部1.5m内的排出管、排水横管有90°水平转弯管段时应有防反压措施。因此当排水立管出户或转弯处距最近的排水横支管垂直距离大于1.5m时，可不设单独的出户管，直接排入此立管。

2. 上述两种情况的防反压措施有：

1）排水立管与排出管管端连接，采用两个45°弯头或转弯半径不小于4倍管径的90°弯头或90°变径弯头。

2）放大排出管坡度。

3）将专用通气立管的底部与排出管相连释放正压。

【措施要求】

1. 当仅设伸顶通气且排水立管连接卫生器具的层数大于等于13层时，底层排水横干管应单独排水；如已设通气立管也应满足“建水标”对于底层排水管的垂直距离要求，如不能满足要求时，底层排水横支管应排至室外检查井或在采取有效的防反压措施的条件下接入排出横干管上。

污水立管水流速度较大，污水排出管水流速度小，导致在污水立管底部形成正压，破坏卫生器具水封，首层排水单排是解决此问题的最好方式。

2. 当排出管上有水平90°转弯时增加了排出管阻力，此时在排水立管底部会产生较大反压，此排出管宜直排至室外检查井。

3. 实际设计案例中应减少排水立管底部的局部排水阻力，盲目放大排出管管径，虽能降低排水立管底部反压，但可能造成放大管径段排水流速降低不利于排出污废水。

6.4.3 与生活用水有关的场所应采取间接排水方式。

【要点说明】

应采取间接排水方式的场所有：生活饮用水贮水池的泄水和溢流；开水器、热水器的排水；医疗灭菌消毒设备的排水。其他还有：蒸发式冷却器、空调设备冷凝水的排水；贮存食品饮料的冷藏库房的地面排水和冷风机溶霜水盘的排水。

【措施要求】

此条应严格执行。此类排水环境要求较高，有存水弯隔气的同时还需留有空气间隙以防污水或排水管中的气体进入室内。除此之外雨水系统也存在有害气体，因此空调冷凝水排水也应采用间接排水方式。

6.4.4 底层排水管道单独排出横管长度大于12m且有器具排水接入时，应设置通气管。

【要点说明】

1. 在公共建筑、住宅排水系统中，不应为了减少通气管数量而将多户卫生间排水横管串联集中排出。

2. 排出横管长度不应大于12m，是指排出横管起点的洁具排水口到室外检查井的距离不应超过12m，首层可不设通气管，见图6.4.4。

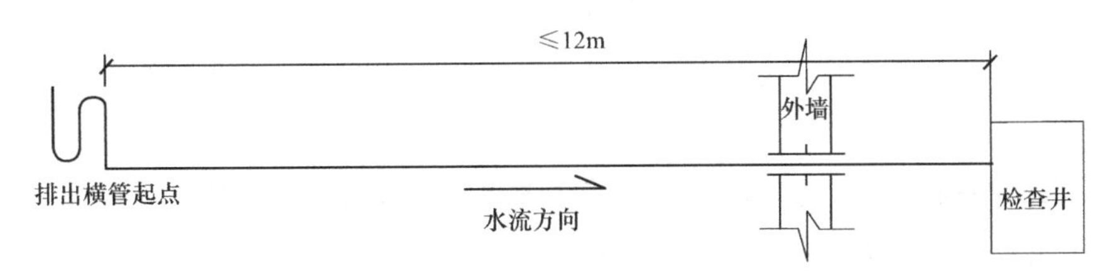

图6.4.4 排出横管长度不大于12m可不设通气措施

【措施要求】

1. 根据工程实际需求，提供切实证据或理由选择通气不伸顶的实施方案，同时应满足要求。

2. 对不能伸顶通气且不能侧墙通气和自循环通气的系统，可考虑设置吸气阀，应注意此处由于吸气阀只能起到系统管道防负压破坏水封的作用，并不能排出污浊气体，因此宜在室外第一个检查井设置 *DN*100 通气管，标高高于地面2.0m。

6.5 污水泵和集水池设计及计算

6.5.1 室内及室外排水均应首选重力自流排水，当系统无条件重力排出时，可采用压力排水或真空排水。地下室排水应设置集水池和提升装置排至室外。

【要点说明】

1. 不应将地面以上的排水与地下室排水一起采用压力排水。

2. 地下只有一个小卫生间时，可采用国标图集中的污水提升器压力排水，不必为一两个器具排水设污水集水池和污水泵。

6.5.2 污水泵的流量应按生活排水设计秒流量选定；当有排水量调节时，可按生活排水最大时流量选定。当集水池接纳水池溢流水、泄空水时，应按水池溢流量、泄流量与集水池的其他排水量中较大者选择污水泵流量。

【要点说明】

由于建筑物内的集水池绝大多数按最小容积确定，所以污水泵的流量应按设计秒流量确定。

【措施要求】

1. 车库集水池的污水泵流量不宜小于 $20m^3/h$。

2. 生活给水泵房集水池可按贮水箱进水管流量确定污水泵流量，不宜大于最大时用水量，且不得小于平均时用水量。

3. 空调机房、制冷机房等集水池的污水泵流量不宜小于 $10m^3/h$。

4. 对于非消防电梯的排水设施，在大型商业建筑或业主提出要求的情况下可设置集水池，集水池内的污水泵采用非消防电源，流量可参照车库集水池的污水泵进行设计。

6.5.3 污水泵的扬程应按提升高度、管道系统水头损失确定，再附加 2～3m 的流出水头。污水泵出水管的流速不应小于 0.7m/s，且不大于 2m/s。

【要点说明】

污水泵出水管的管径应经计算确定，管径过大，则满足不了 0.7m/s 自净流速的要求。

6.5.4 公共建筑内每个生活排水集水池设置 2 台污水泵，1 台工作 1 台备用，平时交替运行，事故排水时应 2 台同时运行。地下室、设备机房、车库冲洗地面的排水，如有 2 台及 2 台以上排水泵时可不设备用泵。

【要点说明】

水泵房或排水流量较大的重要部位，为避免设置较大容积的集水池，可选用 3 台及以上污水泵，此时可不设备用泵。地下车库冲洗地面的排水，若由排水沟连通多个集水池，也可不必在每个集水池中设备用泵。

【措施要求】

对于设置排水沟的地下车库，由于排水沟经常被截断无法连通多个集水池，推荐采用设置 2 台污水泵（1 用 1 备），并注意排水沟不宜跨越防火分区。

6.5.5 当提升带有较大杂质的污废水时，不同集水池内的污水泵出水管不应合并排出；当提升一般废水且单独排出有困难时，可将排水性质和参数相同的废水泵出水管合并设置，合并排出管管径可按最大一台排水泵的流量加上 0.4 倍其余排水泵的流量之和确定，并按重力流设计。

【要点说明】

1. 污水泵与废水泵的区别在于污水泵带有磨碎或切削污物的功能，可使夹带污物的污水经其处理后与其他污水一起排出，不至堵塞水泵流道和管道；废水泵一般用于排除设备用房积水、清扫地面水等含杂质小和少的废水，水泵不需带切削装置。

2. 合并排出时每台污水泵出口应设置可靠的止回阀和阀门，并采用排水横干管上部接入的方式。排水横干管按重力流设计，起端加通气管。

【措施要求】

1. 排水横干管上部接入如图 6.5.5 所示。

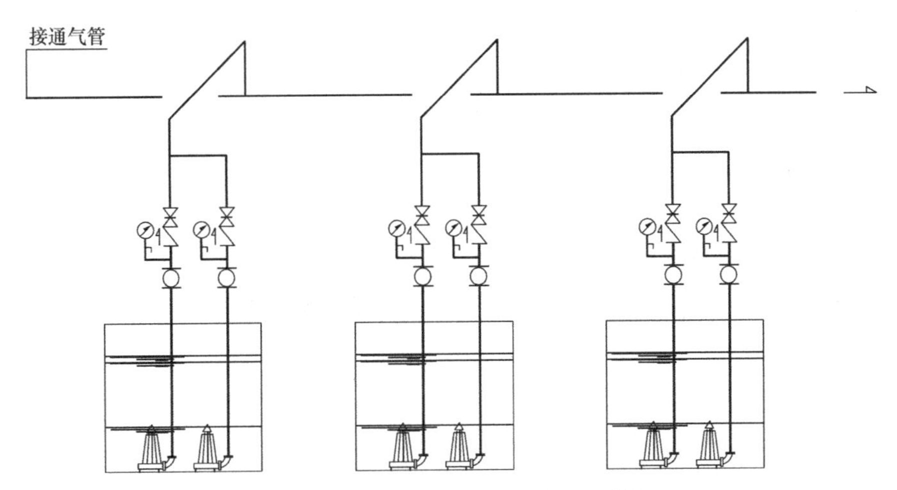

图 6.5.5 排水横干管上部接入示意图

2. 提升生活污水时，宜采用自动搅匀排污泵；污水中含有大块杂物时，污水泵宜带有粉碎装置；提升含较多纤维物的污水时，宜采用大通道潜污泵。

不宜小于一台水泵 5min 出水量是下限，设计时应比此值稍大些，并以启动次数不超过 6 次来校核集水池容积。消防电梯集水池的有效容积是规范强制性条文。

3. 卫生间污水集水池应单独设置。

4. 游泳池水处理机房可以取设备反冲洗的 3min 排水流量作为集水坑容积计算的依据。

6.5.6 室内集水池采用移动式安装（单泵软管）、固定式安装（单泵硬管、双泵硬管）和带自动耦合装置固定式安装（单泵、双泵）三种形式。室外集水池仅采用带自动耦合装置固定式安装（双泵）一种形式。

【要点说明】

软管连接移动式安装方式仅限于电机功率 $N \leqslant 5.5$kW 的潜水排污泵及排出管管径 $DN < 100$mm 的场合，适用于较清洁污水的排放。推荐采用自动耦合装置安装方式。

6.5.7 室内生活污水集水池，当用于收集如厨房含油废水、含有粪便的生活污水及其他对环境有污染的污水等时，应安装密闭井盖，并设置通气管；当用于收集如车库、泵房及空调机房地面排水、地下车库坡道截水沟等的废水时，可安装非密闭井盖或采用敞开式集水池。

【要点说明】

收集废水的集水池不宜设置密闭井盖，如废水集水池密闭又无通气管时，则会使池内滞水水质变坏。

6.5.8 当生活污水集水池设置在室内地下室时，应设置在独立设备间内并设通风、通气管道系统。成品污水提升装置可设置在卫生间或敞开空间内，地面宜考虑排水措施。

【要点说明】

地下室污水集水池应设置在卫生间下部或旁边的独立设备间内。成品污水提升装置由于密封性能良好，可以设置在卫生间内或地下室敞开空间内，但宜在其周围设置地漏或排水沟等地面排水措施。

6.5.9 成品污水提升装置设计应符合下列规定：

1 室内成品污水提升装置按调节和控制方式可分为贮存型和即排型，按污水泵的工作条件可分为干式和湿式。

【要点说明】

成品污水提升装置是由污水泵、贮水箱、管道、阀门、液位计和电气控制器集成于一体的污水提升专用设备。

贮存型污水提升装置有一定的污水调节容积，因此污水泵有一定的启停次数限制(15次/h)；即排型污水提升装置无调节容积或调节容积很小，因此污水泵不受启停次数限制或允许启停次数较多（40～60次/h)。干式即污水泵外置式安装。

2 成品污水提升装置采用地上式安装时，安装位置宜设有排水沟或地漏，便于维修排水和紧急事故排水；采用坑内式安装时，需预留集水坑，集水坑内宜另设一台辅泵。

【要点说明】

成品污水提升装置品类繁多，外形尺寸也不尽相同，尤其对于坑内式安装时需预留足够的空间以便施工安装。坑内式安装宜配置辅泵，当集水坑内的污水达到一定高度时需要及时排走，避免对设备及周围环境造成影响。

3 别墅地下室卫生间的成品污水提升装置流量满足大便器排水流量即可，公共建筑地下室卫生间的成品污水提升装置依据排水设计秒流量选型。

【要点说明】

成品污水提升装置的排水流量应根据生活排水设计秒流量确定，当污水提升装置设置2台及以上污水泵同时运行时，每台污水泵的流量应按式（6.5.9-1）计算。

$$q_n = \frac{q_t}{n} \tag{6.5.9-1}$$

式中 q_n——每台污水泵的流量（m^3/h）；

q_t——污水提升装置的排水流量（m^3/h）；

n——同时开启污水泵台数。

4 **成品污水提升装置的污水泵扬程应满足式（6.5.9-2）的要求，并将出水管最高点到污水提升装置最低液位的垂直高度作为静扬程进行校核。**

$$H_b \geqslant 10(H_1 + H_2 + H_3) \tag{6.5.9-2}$$

式中 H_b——污水泵扬程（kPa）；

H_1——污水提升的高度差，即出水管室外排水口中心与污水提升装置最低水位的高度差（m）；

H_2——污水泵吸水管、出水管沿程和局部水头损失之和（m）；

H_3——出水管附加的流出水头，宜取2～3m。

5 **贮存型污水提升装置适用于用户排水不均匀、有贮存调节要求，且现场有安装空间的场合；即排型污水提升装置适用于用户排水较均匀、污水随进随排，且现场安装空间狭小的场合。**

【要点说明】

贮存型污水提升装置宜设置备用泵，备用泵的供水能力不应小于最大一台污水泵的供水流量与扬程；即排型污水提升装置宜选用不易堵塞的大流道或漩涡形式叶轮水泵、自动搅匀潜水排污泵和切割污水泵。

6 **成品污水提升装置出水管最小管径应符合表6.5.9的规定。**

成品污水提升装置出水管最小管径 **表6.5.9**

污水性质	管内流速(m/s)	最小管径 DN(mm)	
生活污水	1.5～2.0	采用不带切割功能的污水泵	80
		采用带切割功能的污水泵	40
生活废水	0.7～1.5		40

【要点说明】

成品污水提升装置出水管设计管径应在符合表6.5.9的前提下根据流量和流速计算得出。2台污水泵出水管合并排出，管内流速宜取1.0～1.2m/s；3台污水泵出水管合并排出，管内流速宜取1.5～2.0m/s，且不应小于0.7m/s。

6.5.10 **真空排水系统设计应符合下列规定：**

1 **以下场所宜采用室内真空排水系统：**

1）**采用重力排水较为困难的场所；**

2）医疗、科研等机构需要设置独立密闭系统集中处理低辐射污水的场所；

3）商业改造频繁，管道布置无法满足重力流坡度或对管道布置走向有严格限定的场所；

4）水资源匮乏区域及污水排放量受限制场所。

【要点说明】

真空排水系统：利用真空泵维持真空排水管道内的负压，将卫生器具和地漏的排水收集传输至真空罐，通过排水泵排至室外管网的全封闭的排水系统。真空排水系统宜由真空泵站、真空界面单元和相应的管道系统等组成。

重力排水实现困难的场所，例如建筑内部结构复杂或特殊、地下不宜下挖、重力管道排水坡度不足、建筑改造受重力管道限制等场所。

真空排水系统属于密闭系统，在对污水（低辐射、低放射性、含传染病菌等）有隔离需求的场所尤其适用。同时，真空界面单元在排水的同时会带走多于污水数倍至数十倍的气体，可以有效减少空气中的有害物质（气味、辐射、放射物、细菌等）。

真空坐便器靠空气和水冲洗，单次冲洗用水量在1.2～2L之间，相比传统重力坐便器的5～6L，大量减少污水排放，尤其适用于水资源匮乏、污水排放量严格受限的区域。

2　室内真空排水系统的终端压力排出管可直接与室外重力、压力和真空排水系统相连接。当末端的真空界面单元采用提升管排放污废水时，理论设计高度不应大于6m。

【要点说明】

真空界面单元采用提升管排放污废水的系统如图6.5.10所示。由于真空排水系统的工作压力在−0.035～−0.06MPa之间，也就决定了采用提升排放时的理论排放高度最大不宜超过6m，污水提升越高，相对连续排水能力越弱，排水频率越低。

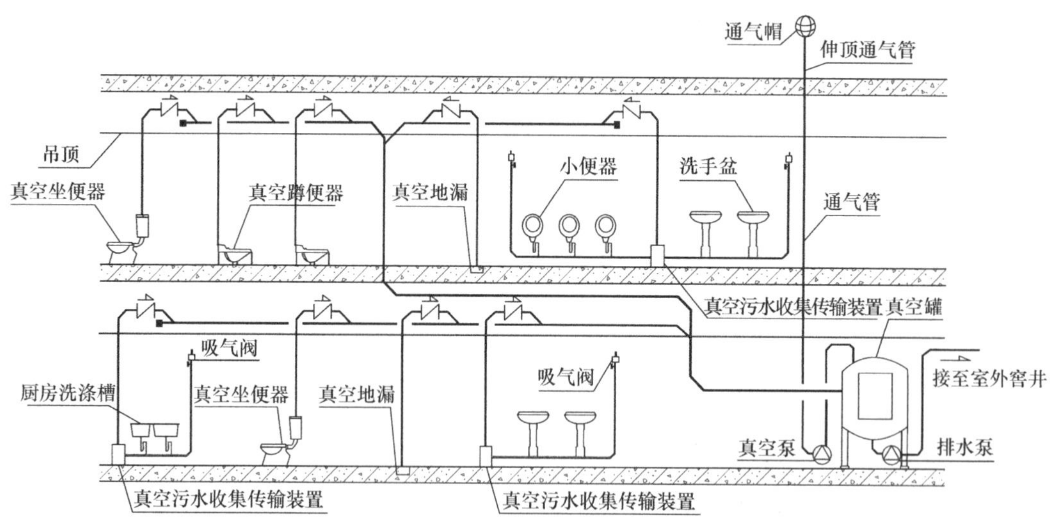

图6.5.10　真空界面单元采用提升管排放污废水的系统示意图

3 排放厨房含油废水的真空排水管道和排放污废水的真空排水管道，在真空隔油器之前应分别设置，其控制系统可集成设置。真空隔油器只能在带有真空罐的真空泵站使用，且应与真空泵站设于同一机房内。

【要点说明】

进入真空油脂分离器的含油餐饮废水，经油水分离后，油脂存放在油脂隔离区，当达到设定的液位后，油脂可以通过排油泵自动排出，也可以通过人工定期排放，而污水可以通过排污泵直接排入重力污水管网。

4 室内真空排水系统的真空主管道管径、分支管管径及真空末端设备排出管的管径应根据使用场所实际排水量通过计算确定。真空排水管道内气液混合物流速不应小于1m/s，且不应大于7m/s。

【要点说明】

与真空界面单元直接连接的支管管径，应由真空界面单元制造商提供，当没有制造商相关数据时，其支管管径可按表6.5.10-1采用。

真空界面单元直接连接的支管管径 **表6.5.10-1**

序号	管道类型	管径(mm)
1	从真空界面单元接出的提升管(仅限于缓冲装置)	*DN*25
2	从真空界面单元和大便器接出的提升管	*DN*40
3	服务于最多3个流动单元的支管	*DN*40
4	服务于最多25个流动单元的支管	*DN*50
5	服务于最多100个流动单元的支管	*DN*65

室内真空排水系统采用的管材和管件应选用压力等级不小于1.0MPa的承压管材和管件，不得采用非承压排水管材和管件，并应有耐负压的能力。可采用PVC-U管、HDPE管、不锈钢管等，不应采用复合管材。

5 配备真空罐的真空系统应设置通气管，通气横管应有不小于0.5%的坡度坡向真空泵站。通气管管径不宜小于100mm，管口应设置防虫防雨措施。

【要点说明】

规定了通气管设置应遵循的相关规定。通气管宜采用耐高温、耐腐蚀、防冲击材料(如HDPE管、镀锌钢管、不锈钢管等)，内径不宜小于100mm。具体可根据真空泵的通气量并按表6.5.10-2采用。

真空泵的通气量与通气管管径的对应关系 **表6.5.10-2**

序号	通气量(m^3/h)	主管管径(mm)	支管管径(mm)
1	$Q\leqslant450$	*DN*125	*DN*80

续表

序号	通气量(m³/h)	主管管径(mm)	支管管径(mm)
2	$450<Q\leqslant700$	$DN150$	$DN100$
3	$700<Q\leqslant1000$	$DN200$	$DN100$
4	$1000<Q\leqslant2000$	$DN300$	$DN100\sim DN150$

6 室内真空排水系统的真空泵和排水泵应设置备用泵。设计中宜调整贮罐、真空泵和排水泵的规格，使真空泵和排水泵不在同一时间开启，以减少能耗并降低贮罐中存在的真空对排水过程产生的影响。

【要点说明】

真空排水系统的污废水流量计算、真空罐和排水泵的计算选型及主管道管径的计算可参见《室内真空排水系统工程技术规程》T/CECS 544—2018。

6.6 数据机房凝结水排水、事故排水设计

6.6.1 **数据机房内空调间凝结水排水应经地漏收集，可设置独立的排水管道系统排至室外。**

【要点说明】

空调间排水包括空调凝结水、加湿器废水及管道设施泄漏水。地漏应设置在空调间架空地板下的挡水围堰内，靠近空调设备下方，可多台空调机组共用一个排水地漏，地漏口径可根据暖通专业提供的排水量确定，并适当加大管径，通常采用 $DN75$ 或 $DN100$ 地漏。排水立管应设置在空调间内。通常主机房和空调间相邻，机房架空层板下与空调间相通，为防止空调间排水流入机房区域，在空调下方设置挡水围堰。同理，变电所、配电室等房间内，空调区也应设置挡水围堰。

6.6.2 **设有自动喷水灭火系统保护的数据机房区域应设置消防事故排水，消防事故排水可通过设置格栅和挡风口板方式排走。**

【要点说明】

当数据机房外的走廊降板时，应在地漏上方的机房门口外设置格栅板等透水材料，以便使积水快速通过地漏排放；当走廊不降板时，走廊地面与机房地面基本齐平，为防止消防废水流进机房，在机房门口内部设挡风口板，挡风口板下方设挡水围堰，挡水围堰高度高至机房内架空地板，从而使消防废水通过挡水围堰收集，并由挡水围堰内地漏排走。

6.6.3 **空调间废水和消防废水可合流排放。**

【要点说明】

考虑到平时无火灾，消防设施不喷水，事故废水排放系统多不发挥作用，因此可将事故消防废水与空调废水合流排放，设置一套排水系统。排水立管多设置在空调间内，走廊消防废水经排水横管接至空调间排水立管排放。

7 建筑雨水

7.1 雨水计算

7.1.1 屋面雨水排水系统雨水设计流量应根据现行规范按照各地暴雨强度计算，而雨水控制及利用设计中径流总量计算，应根据现行规范按照各地降雨量进行计算。

【要点说明】

雨水设计流量是屋面雨水排水系统的设计依据，应严格按照“建水标”中的公式通过查询各地暴雨强度公式、结合工程项目的径流系数和汇水面积等参数进行计算，此处的“设计暴雨强度”不应采用雨水控制及利用设计中的“各地降雨量”数据，二者是有根本区别的，提醒设计师注意。

暴雨强度公式是反映降雨规律、指导城市排水防涝工程设计和相关设施建设的重要基础，是按照《城市暴雨强度公式编制和设计暴雨雨型确定技术导则》等技术规范进行编制的。雨水设计流量是汇水面积上降雨高峰历时内汇集的径流流量，用于雨水输送管道的设计流量的计算。

雨水控制及利用设计中的“各地降雨量”主要包括当地多年平均（频率为50%）最大24h降雨量（近似于2年一遇24h降雨量）、当地一年一遇24h降雨量等，主要是通过各地近期20年以上降雨量资料经统计分析得出，可以真实反映各地降雨实际情况。径流总量是指配置雨水控制及利用设施前，在设计下垫面拟定的情况下，汇水面积在规定的降雨时段内不同重现期降雨的径流总量计算。

【计算实例】

北京地区某建筑屋面面积为$1000m^2$，径流系数为1.0，计算屋面设计雨水流量。

1. 北京地区暴雨强度按照公式$q=\frac{2001\times(0.811\lg P)}{(T+8)^{0.711}}$进行计算。

设计重现期5年、降雨历时5min对应的降雨强度为$q=506.134L/(s\cdot hm^2)$。

根据“建水标”公式$Q=q\psi F/10000=506.134\times1.0\times1000/10000=50.6134L/s$。

2. 由北京地标《雨水控制与利用工程设计规范》DB11/685—2013可知，北京地区5年一遇最大24h降雨量为141mm，雨量径流系数为1.0，根据该规范公式（3.2.1）径流总量为：$W=10\psi_{zc}h_yF=10\times1.0\times141\times0.1=14.10m^3$。

从上述计算结果来看，二者是有明显差异的，前者适用于计算雨水排水系统，后者适用于雨水控制及利用的设计。

7.1.2 重力流和满管压力流雨水系统应设置屋面雨水溢流设施，半有压流雨水系统宜在天沟末端或屋面设置溢流口。

【要点说明】

屋面雨水溢流设施是保证屋面结构安全的重要组成部分，溢流设施可根据工程特点优先选用各种形式的溢流口，溢流排水不得危害建筑设施和行人安全。当无条件设置土建溢流口时，应设置溢流管道系统。溢流管道系统应独立设置，不得与其他系统合用。一旦降雨强度超过设计重现期的强度（重力流和满管压力流雨水系统）或者考虑雨水斗堵塞（87型雨水斗系统）时，雨水将通过溢流设施排除，保证屋面不会严重积水。工程设计中，屋面最大积水高度由结构专业允许的屋面活荷载确定，设计人员设置的溢流设施高出屋面的高度不能大于屋面最大积水高度。屋面雨水溢流设施泄流量计算可按照“建水标”附录F执行，87型雨水斗系统按照现行行业标准《建筑屋面雨水排水系统技术规程》CJJ 142（简称“屋面雨水规程”）执行。

溢流口的设置高度及其要点：

1. 溢流口一般设置在女儿墙上，女儿墙处防水卷材上返高度一般为250mm左右，溢流口底可紧贴防水卷材边缘设置。

2. 屋面最大积水高度由结构专业允许的屋面活荷载确定。【计算实例】中，屋面活荷载允许积水厚度为300mm，即溢流口底离屋面高250mm+堰前水头41mm=291mm，可满足屋面最大积水高度<300mm之要求。

3. 因屋面有排水坡度，故溢流口应尽量靠近雨水斗设置，这样可使溢流口底与雨水斗处屋面高差缩小，当屋面出现重现期雨水量及雨水系统出现堵塞时能及时溢水。

4. 溢流口布置应避开建筑物出入口，保证行人安全。

【计算实例】

北京某多层办公楼，屋面面积为$F=900\text{m}^2$，拟采用重力流多斗雨水排水系统，设7个$DN100$重力流雨水斗，雨水设计重现期$P=5$年，径流时间$t=5\text{min}$，径流系数$\Psi=1.0$，采用在女儿墙上设置溢流口的措施，溢流排出超设计重现期的雨水，屋面总排水能力按$P=10$年计算。计算溢流口的个数和尺寸。

1. $P=5$年的降雨强度为$q_5=\dfrac{2001\times(1+0.811\lg P)}{(T+8)^{0.711}}=\dfrac{2001\times(1+0.811\lg 5)}{(5+8)^{0.711}}=506.18\text{L}/(\text{s}\cdot\text{hm}^2)$。

2. 雨水排水量$Q_1=\psi\times q_5\times F=1.0\times506.18\times900/10000=45.56\text{L/s}$。

3. $DN100$的重力流多斗雨水系统雨水斗设计最大排水流量为7.4L/s，设置了7个雨水斗，总排水能力为$7.4\times7=51.8\text{L/s}>Q_1=45.56\text{L/s}$，满足$P=5$年的排水量要求。

4. 溢流口设计计算

1）$P=10$ 年的降雨强度为 $q_{10}=585\text{L/(s}\cdot\text{hm}^2)$。

2）溢流雨水量 $Q_2=(q_{10}-q_5)\times F=(585-506.18)\times 900/10000=7.094\text{L/s}$。

3）溢流口按照平口堰计算：

$$Q_2=385\times b\times(2g)^{\frac{1}{2}}\times h^{\frac{3}{2}}$$

式中 b——溢流口宽度（m），取 $b=0.5\text{m}$；

g——重力加速度，$g=9.81\text{m/s}^2$；

h——堰前水头（m）。

4）拟设置 3 个溢流口，h 的计算高度为：$h^{\frac{3}{2}}=\dfrac{Q_2}{385b(2g)^{\frac{1}{2}}}=0.00832\text{m}$，得 $h=0.041\text{m}$。

5）设计溢流口尺寸为 500mm×100mm，其中堰前水头高 41mm。

7.2 屋面雨水系统设计

7.2.1 室外场地雨水严禁引入室内。

【要点说明】

考虑到降雨的不可控性，要求室外雨水不得进入室内，以保证建筑和人身财产安全。

【措施要求】

对于工程项目设计中常遇到的控制室外雨水不进入室内的做法，有如下处理方式：

1. 对于承接下沉庭院、汽车坡道雨水的雨水坑，不得在室内有任何开口。可采取在结构板上悬吊集水坑，检修人孔设置在庭院、坡道平坡面上的做法，见图 7.2.1-1。

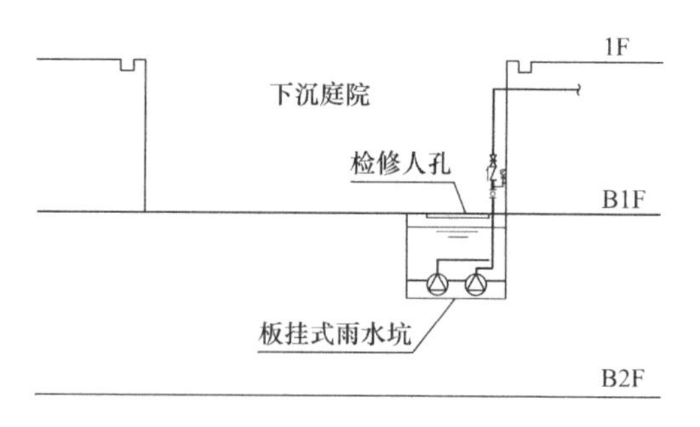

图 7.2.1-1 下沉庭院雨水坑设计示意图

2. 在受建筑退线限制的条件下，不推荐雨水收集池或雨水调蓄池直接在室内设置。如果只能选择在室内设置时，严禁在室内设置敞开口（包括人孔和通气孔）。另外，可采取局部地下室退让的措施，在局部退让区域的实土区设置埋地式的雨水收集池或雨水调蓄池；做法如图 7.2.1-2 所示。

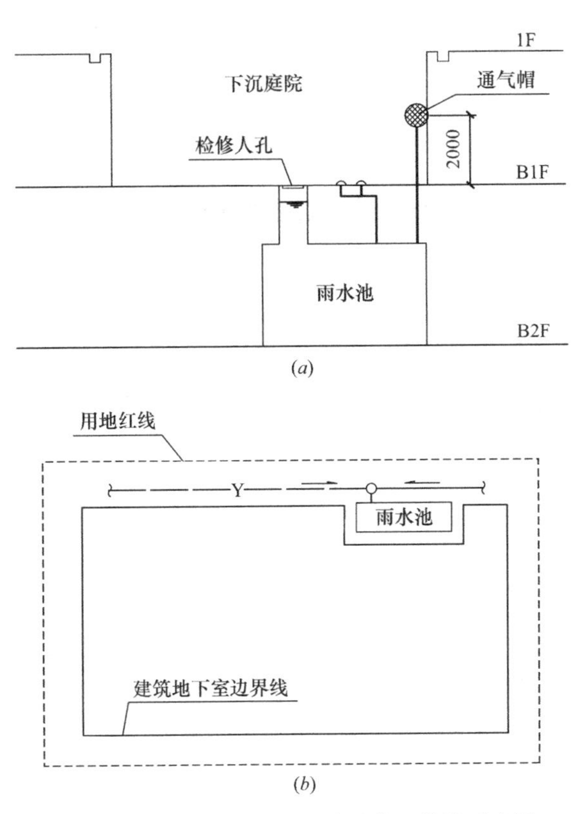

图 7.2.1-2　不同条件下雨水池位置设计示意图

(a) 雨水池设置在室内的做法剖面示意图；(b) 雨水池设置在室外的做法平面示意图

3. 如本措施第 7.2.7 条要求，在地下车库出入口、下沉广场（庭院）四周、人防出入口等区域应设置集水沟。

7.2.2　建筑屋面雨水排水设计需要给水排水、建筑和结构专业配合完成。

【要点说明】

本条是对建筑工程中建筑屋面雨水排水设计要点的总结和流程的介绍，供设计师在工作中参考。

给水排水专业接收建筑专业提供的建筑作业图，其中，要求建筑屋顶平面需要表达出绿化屋面的位置、屋面分水线及坡向，建议雨水斗位置等信息；给水排水专业按照工程所在地的暴雨强度公式，根据不同区域汇水面积计算雨水流量，按照现行规范规定的雨水斗设计流量初步确定雨水斗数量，根据建筑作业图中划分的汇水分区布置雨水斗和溢流口(提醒内容：溢流口位置应避开建筑主要出入口，不得危害建筑设施和行人安全)，并返提给建筑专业。

专业分工方面，一般住宅建筑和多层建筑采用外排水，由建筑专业表达；采用内排水的建筑，由给水排水专业表达。在工程项目设计中，往往会遇到建筑屋面采用外排水，由建筑专业表达，但是局部区域无法实现雨水立管直接排至散水的情况，雨水立管需要转入室内敷设，此时给水排水专业平面图应与建筑配合，对雨水立管路由、出户等相关内容进行表达。

7.2.3 建筑屋面雨水排水系统应优先采用断接方式排放。

【要点说明】

雨水断接，顾名思义就是将室内雨水管道不直接连接至室外雨水管网，而是通过建筑首层排至建筑散水的一种措施。将屋面雨水经建筑散水面引入周边的透水铺装、下沉式绿地等区域，多余雨水通过地面雨水口溢流排入雨水管网，以涵养地下水，实现低影响开发雨水系统的滞、渗功能。

在设计中，要求给水排水设计师与建筑、幕墙专业密切配合，处理好雨水管穿越建筑外墙或者幕墙的节点设计。

【措施要求】

对于多层建筑和小高层（建筑高度小于50m）建筑，其建筑屋面雨水排水系统优先采用断接方式。雨水管排至散水时还应考虑管口水流对建筑散水面的冲刷作用，一般采取雨水管口局部增设顺水连接件或者设置防冲刷垫片等消能措施。

7.2.4 应根据雨水汇水面位置和形状合理选用重力流排水系统和半有压流排水系统；重力流排水系统的设计应执行“建水标”，半有压流排水系统的设计应执行“屋面雨水规程”。

【要点说明】

此要求是为了进一步明确重力流屋面雨水系统与半有压流屋面雨水系统的区别，特别提出系统的选择应按照“屋面雨水规程”第3.4.1条的规定执行。目前很多设计师认为重力流屋面雨水系统等同于半有压流屋面雨水系统，导致在设计参数选择和规范选用等方面存在偏差，设计出来的系统不完全符合“建水标”和“屋面雨水规程”的规定。

重力流屋面雨水系统设计流态为重力输水无压流，其雨水进水口常采用平箅雨水斗、无水封地漏、雨落口或承雨斗，一般适用于阳台排水、成品檐沟排水、承雨斗排水和排水高度小于3m的屋面排水；而半有压流屋面雨水系统设计流态处于重力输水无压流和有压流之间，其雨水进水口常采用87（79）型雨水斗或性能与之相当的雨水斗，管道系统特别是雨水立管要考虑承受正压和负压的要求。设计中，提醒设计师不能混淆概念。

【措施要求】

重力流多斗雨水排水系统的雨水斗应采用重力雨水斗，最大设计排水流量应按照“建水标”第5.2.34条选用，其立管最大设计排水流量应符合“建水标”附录G的规定。半有压流雨水排水系统采用87型雨水斗，最大设计排水流量应按照“屋面雨水规程”第3.2.5条选用，其立管最大设计排水流量应符合“屋面雨水规程”第5.2.9条的规定。

7.2.5 内排水雨水系统中雨水斗和立管连接时应设置悬吊管。

【要点说明】

此要求是为了防止立管直接连接雨水斗时，因立管热胀冷缩导致雨水斗位置发生改变，从而破坏雨水斗安装时的防水做法。

【措施要求】

一般情况下，内排水雨水系统由雨水斗、悬吊管、雨水立管和排出管等部分组成。如果实际工程中没有条件设置悬吊管，则雨水斗尾管和雨水立管之间应采取能够吸收管道变形的措施，如设置波纹管或伸缩器，如图7.2.5所示。

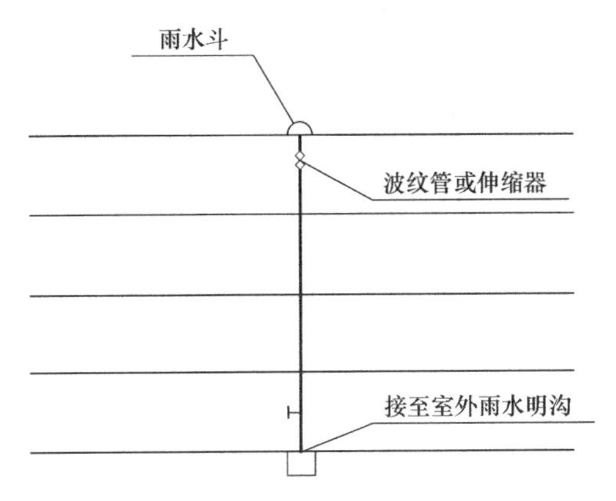

图7.2.5 不设置悬吊管时采取的措施

7.2.6 种植屋面雨水排水系统设计，给水排水专业应与建筑和景观专业配合完成。

【要点说明】

近年来随着人们生活品质的不断提高，建筑宜居的概念逐渐被融入设计当中，种植屋面出现在建筑设计中的概率也越来越大。由于多余的水分会造成植物根系腐烂、增加屋面结构荷载、长期浸泡导致防水材料损坏造成渗漏等，因此种植屋面的排水十分重要。

【措施要求】

种植屋面雨水排水系统设计要点主要有如下几个方面：

1.设计原则：排水路径通畅、排水坡度明显、排水迅速、设计简单实用。

2.种植屋面可根据景观专业的设计方案，设置排水明沟或排水暗沟，将种植屋面排水和非种植屋面排水有机结合，雨水排水可采用内排水系统或外排水系统。

3.雨水汇集可结合景观专业的绿化设计方案，考虑通过种植土层下方的排水疏水层排水。

4. 不建议在种植绿化设计中将排水层兼作蓄水层使用，以免引起种植屋面渗漏。

5. 种植土与雨水排水沟之间应设置卵石缓冲层保护，防止种植土随雨水径流流入并堵塞雨水斗和雨水管道系统。具体节点做法可参照现行行业标准《种植屋面工程技术规程》JGJ 155—2013 中图 5.3.3-1、图 5.3.3-3、图 5.5.3、图 5.8.4、图 5.8.5、图 5.8.6、图 5.8.7-1、图 5.8.7-2 和图 5.8.8。

6. 种植屋面的径流系数，可按照绿化或地下建筑覆土绿地选用，即 0.25～0.40。但是在发生连续降雨或强降雨工况下，种植土层吸水饱和，雨水产流量会严重偏离计算值，故建议设计师在设计沿海城市或降雨丰沛地区的工程项目时应适当放大径流系数。

7. 施工配合过程中，请设计师提醒施工方注意施工工序，如先期完成雨水排水系统，则应做好卵石缓冲层保护，最后再施工覆土绿化。避免种植土随雨水径流一并进入雨水排水系统，发生堵塞等问题。同时还应注意日常的清理和维护工作，保证雨水排水系统畅通。

7.2.7 地下车库出入口、下沉广场（庭院）四周、人防出入口等区域应设置集水沟。

【要点说明】

要求在上述区域设置集水沟，主要是防止该汇水区域以外的客地雨水流入，造成水淹事故。

【措施要求】

要求土建专业有实施措施。除了设置集水沟以外，还应采取应对 50 年一遇洪水位的反坡和挡水等措施。

下沉广场雨水排水设计要点：

1. 按照现行相关规范的要求采取相关措施，防止设计汇水面以外的雨水进入（需要土建专业实施）。

2. 雨水量按照 50 年设计重现期进行计算。

3. 设置雨水口、雨水斗或带格栅的排水沟，将汇水面雨水汇集后通过管道重力接入雨水集水池。

4. 雨水集水池的有效容积可根据设计师确定的水泵排水能力确定。当雨水集水池的有效容积取降雨历时为 t 的总径流量时，水泵的总排水流量可取降雨历时为 t 时的流量；当水泵的总排水流量取 5min 降雨历时的流量时，雨水集水池的有效容积不应小于最大一台水泵 5min 的出水量；如果下沉广场未与建筑室内连通，汇水面允许在设计降雨历时内积水时，则下沉广场地面上的积水容积也可一并计入贮水容积。

5. 雨水提升泵应选择污水排水泵，自耦安装，水泵不应少于 2 台，且不大于 8 台。要求水泵应由不间断动力供应，水泵由雨水集水池中的水位自动控制运行。

【计算实例】

北京某工程下沉广场面积为1000m²，径流系数为1.0，需要设水泵提升排水。雨水径流计算如下：

1. 方案一

降雨历时t=5min时，设计重现期50年对应的降雨强度为7.39L/(s·100m²)，下沉地面汇水。

汇水流量Q=7.39×10=73.9L/s。

雨水提升泵设置3台，每台流量为73.9/3=24.633L/s=88.68m³/h。

选择雨水泵流量Q=90m³/h（即25L/s），则雨水集水池容积不应小于25×5×60=7500L=7.5m³。

2. 方案二

降雨历时t=60min时，设计重现期50年对应的降雨强度为2.554L/(s·100m²)，下沉地面汇水。

汇水流量Q=2.554×10=25.54L/s。

汇水径流总量W=25.54×60×60=91944L=91.944m³。

雨水提升泵设置2台，每台流量为25.54/2=12.77L/s=45.97m³/h。

选择雨水泵流量Q=50m³/h（即13.89L/s），则雨水集水池容积不应小于91.944m³。

3. 方案三

降雨历时t=120min时，设计重现期50年对应的降雨强度为1.7021L/(s·100m²)，下沉地面汇水。

汇水流量Q=1.7021×10=17.021L/s。

汇水径流总量W=17.021×120×60=122551.2L=122.55m³。

雨水提升泵设置2台，每台流量为17.021/2=8.51L/s=30.63m³/h。

选择雨水泵流量Q=35m³/h（即9.722L/s），则雨水集水池容积不应小于122.55m³。

从上述方案中可以看出，对于下沉广场雨水提升泵站设计，雨水集水池容积与水泵流量的对应关系可简单描述为：雨水集水池大，配小水泵；雨水集水池小，配大水泵。特别是"雨水集水池小，配大水泵"时提醒设计师注意根据水泵外形尺寸，校核雨水集水池尺寸是否满足水泵、水位控制器、格栅等安装和检修空间要求，避免出现水泵尺寸过大，无法安装的情况。

7.2.8 虹吸式屋面雨水系统需要给水排水专业与建筑、结构等多专业进行配合完成设计。

【要点说明】

虹吸式屋面雨水系统适用于大型、复杂屋面，且短时间积水不会产生危害的建筑。它具有管道敷设坡度小或无坡度，在大型屋面建筑中节省建筑空间，立管数量少、管径小，节省管材等优点，在建筑给水排水设计中常常被采用。但是，由于虹吸式屋面雨水系统水力计算复杂，设计人员难以掌握计算手段，需借助二次深化设计计算，故在工程项目设计中，设计师常常需要专业公司配合一并完成虹吸式屋面雨水系统设计方案，并需要与建筑专业、结构专业（平屋面，对于复杂造型和坡屋面、金属屋面还需要与幕墙专业或钢结构公司）进行配合，最后完成虹吸式屋面雨水系统的设计工作。

【措施要求】

虹吸式屋面雨水系统设计流程：

1.接收建筑师提供的屋面条件图（平面、剖面图或者3D模型），内容应包括各控制点标高、坡度等信息。对于复杂的大型屋面，建议请建筑师提供高差0.5m或者更小的屋面造型等高线，以便更好地理解建筑屋面细节。

2.初步确定排水方案。根据屋面条件图信息，与建筑专业配合初步确定汇水分区、天沟位置、立管敷设位置等，形成初步排水方案。

3.与专业公司配合，进一步计算确定天沟尺寸、系统分区、管道（悬吊管和立管）路由及其敷设条件。

4.将上述配合成果返提建筑专业，天沟满水荷载、管道布置和吊挂方案等内容需要提请结构专业复核，同时配合幕墙专业（金属屋面）/结构专业（混凝土屋面）对天沟具体落实。

5.在施工图设计阶段，应按照“屋面雨水规程”和团体标准《虹吸式屋面雨水排水系统技术规程》CECS 183的要求，采取相关措施，防止出现雨水泄漏事故。

6.如设计中采用溢流管系作为系统溢流措施，则其水力计算应按照虹吸压力流进行。同时，应注意校核溢流雨水斗斗前水深不能占用雨水天沟的保护高度。

7.考虑到屋面设计重现期和场地设计重现期的区别，溢流管系排水建议优先排至建筑散水。

7.2.9 **阳台雨水设计应注意以下问题：**

1 **阳台雨水不宜与分体空调冷凝水共用排水立管；当条件限制时，可共用排水立管，但空调冷凝水不应直接接入排水立管；**

2 **阳台雨水间接排放出口应避免形成淹没出流；**

3 **当阳台雨水排入室外污水管网时，除在室外第一个检查井前设置水封井外，同时要求其余各层设置带水封地漏或存水弯，防止室内异味互窜。**

【要点说明】

1.住宅设计中，阳台毗邻空调室外机安装平台时，阳台雨水与空调冷凝水如何排放，建筑专业通常需要给水排水专业提供一个解决方案，在不同条件下，设计中需要根据具体情况给出合理排放方式。

2. 阳台雨水按规范要求应间接排放。设计中容易忽视一些特定环境下隐形因素的影响，表面上看是间接排放了，实际降水量大时因水位变化就变成了淹没出流，需要采取措施避免这种情况发生。

【措施要求】

1. 不同条件下阳台雨水与空调冷凝水的排放可以有两种设置方式：1）空调室外机安装平台空间较大，管道末端间接排放不受条件限制时，阳台雨水与空调冷凝水各自设置独立的排放系统；2）空调室外机安装平台空间有限，只能设置一根排水立管，或者管道末端间接排放条件有限（如地下一层为开敞式窗井、建筑专业因美观因素要求减少排放口）时，可在空调室外机安装平台设置一根立管和地漏收集阳台雨水和空调冷凝水，空调冷凝水间接排放至地漏；空调冷凝水管不应直接接入阳台雨水立管，以防极限条件下相互影响。

2. 实际设计中，间接排放口应避免设置在容易积水的区域，若设置在有积水风险的区域时，间接排放口可结合景观设计尽量抬高或者采取逐级跌落的方式；排放至开放水体（如水景池、水塘等）时，要避免因水位变化由间接排放变成淹没出流，间接排放口应高于池体150mm以上；如从侧壁进入排水沟，接入管内底应高于排水沟的最高设计水位。

8 循环冷却水

8.1 建筑空调冷却水

8.1.1 横流式冷却塔与逆流式冷却塔的选用：逼近度≤4℃时，宜选用逆流式冷却塔；逼近度＞4℃时，宜对横流式或逆流式冷却塔进行比较后确定。

【要点说明】

本条是根据《机械通风冷却塔工艺设计规范》GB/T 50392—2016 第 6.1.5 条的规定提出的，逼近度是指冷却塔的设计出水温度与进塔空气湿球温度之差值，通常冷却塔的设计出水温度为 32℃，进塔空气湿球温度因地域不同有 27℃或 28℃，逼近度为 5℃或 4℃。随着逼近度的提高，横流式冷却塔总的热交换能力提高较快；可从场地条件、噪声、造价等多方面与逆流式冷却塔相比，视具体条件而定优劣。对于大流量冷却塔当逼近度＞4℃时，建议采用横流式冷却塔。

8.1.2 有裙房的高层建筑，宜将冷却塔设置在靠近机房的裙房屋面上。

【要点说明】

设置在靠近机房的裙房屋面上，缩短冷却塔与机房之间的高差，可减小冷却水管道及水泵泵壳的承压能力。

8.1.3 下沉式冷却塔设计要求：受条件所限，必须半下沉式安装时，塔体与四周墙体之间的净距不小于塔进风口高度的 2 倍，周围进风的塔间净距不小于塔进风口高度的 4 倍。需将进风口和排风口安排在不同的方向，并应校核坑槽底部与冷冻站的高差是否满足冷却水泵净吸入扬程的要求。如塔体全部下沉式安装时，需进行气流模拟分析。

【要点说明】

为保证散热效果，冷却塔应布置在气流通畅、湿热空气回流影响小且四周无遮挡物的位置，一般应布置在屋面上。由于受客观因素的制约，需要将冷却塔下沉至地面下安装时，对塔型和下沉空间均有特定要求，方能满足循环水的降温。

【措施要求】

下沉式安装应满足下列要求：

1. 四周墙体均为建筑物，冷却塔与墙体的距离参照“建水标”第 3.11.6 条第 3 款规定执行。

2.建议采用鼓风式或引风式冷却塔，保证进风通畅，并应有效防止湿热空气回流，设置位置应满足冷却水泵净吸入扬程、必需汽蚀余量的要求，确保冷却塔的运行效率。

冷却水泵吸入口的净吸入扬程、汽蚀余量计算：计算简图见图 8.1.3-1。

$$h_{sv}=h_a-h_{av}-\sum h_{ab}-(0.4\sim0.6)+H$$

式中 h_a—— 大气压力，10m；

h_{av}—— 冷却水温度下的汽化压力，0.65m；

$\sum h_{ab}$—— 冷却塔出口至冷却水泵吸入口的总水头损失(m)；

$(0.4\sim0.6)$—— 汽蚀余量富余值(m)；

H—— 冷却塔水盘水面至冷却水泵吸入口的高差(m)。

h_{sv} 必须大于水泵样本中提供的必需汽蚀余量 $NPSH$（双吸泵的吸水口约等于 7m)。

$$H=h_{sv}-[h_a-h_{av}-\sum h_{ab}-(0.4\sim0.6)]$$

$$H=h_{sv}-(10-0.65-\sum h_{ab}-0.4)$$

$$H\geqslant h_{sv}-(8.95-\sum h_{ab})$$

由上式可以确定冷却塔水盘水面至冷却水泵吸入口的高差（净吸入扬程）需大于水泵的汽蚀余量一（8.95—总水头损失)。

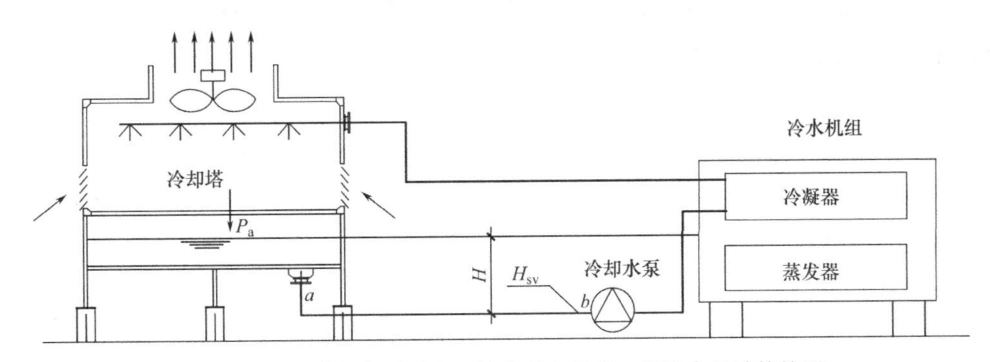

图 8.1.3-1 冷却水泵吸入口的净吸入扬程、汽蚀余量计算简图

3.半下沉式安装应设置进出风口，设置示意图见图 8.1.3-2。

【计算实例】

$100m^3/h$ 的冷却水设计进风量约为 $103203\sim129004m^3/h$，按进风口风速 2m/s 计算，通风面积需求为 $14.4\sim18m^2$。进风口的洞口长宽比建议不小于 1∶8。上方盖板不应遮挡冷却塔出风口。

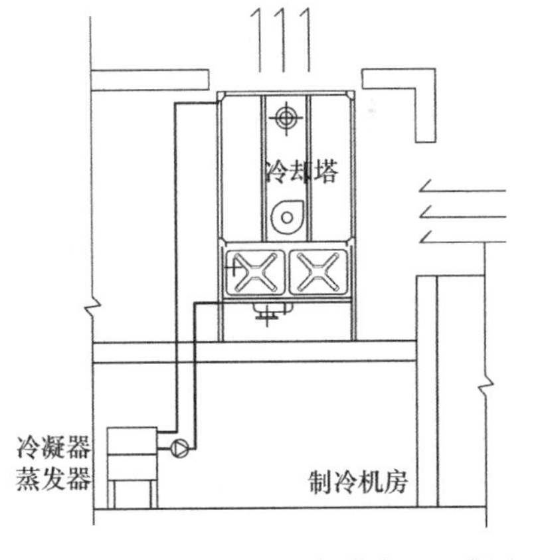

图 8.1.3-2 半下沉式冷却塔布置示意图

8.1.4 冷却水补水贮水量：民用建筑中冷却水补水

贮水量按 2h 补水量或冷却日补水量的 20%～25%计算确定，对于 A 级数据机房贮存不小于 12h 的最大补水量。

【要点说明】

民用建筑冷却水加压供给的补水贮水量在“建水标”中没有明确规定，取 2h 补水量是根据工程经验确定的，取冷却日补水量的 20%～25%是依据“建水标”第 3.8.3 条确定的，《数据中心设计规范》GB 50174—2017 附录 A 中对于 A 级机房冷却水贮水量要求为 12h，对于 B、C 级机房无相应要求。

8.1.5 冬季运行冷却塔的防冻要求：冬季运行的冷却塔，其设在室外的补水管、冷却水供回水管应采取电伴热保温措施，存水的冷却塔底盘也应设置电伴热设施。冷却塔宜按照运行工况成组布置，在冷却塔进水管、补水管和出水管的低点上应设放水管，以便冬季停运时将管道内的水放空。

【要点说明】

针对供暖室外计算温度在 0℃以下的地区、冬季运行的冷却塔，给出具体的防冻措施和设置部位。

8.1.6 冷却塔连通管的设计要求：当多台冷却塔并联运行、集水盘无法设置连通管时，回水横干管的管径应放大一级，供回水立管的管径应一致。

【要点说明】

受客观条件限制无法设置集水盘的连通管时，放大回水横干管管径是使各集水盘中的水位保持基本一致、防止空气进入循环系统的有效措施。如同时放大回水立管管径，会对管道系统水力条件造成影响。

8.1.7 成品冷却塔的选型应根据冷却塔的技术性能参数、热力特性曲线进行选用。

【要点说明】

提出了冷却塔选用的方法。

【措施要求】

根据循环冷却水量、冷却塔进出水温和当地湿球温度，通过产品的热力特性曲线选定，顺序为湿球温度 τ→水温降 ΔT→出塔温度 t_2→某塔型待修正的冷却水量 Q_a。当水温降 $\Delta T=5$℃或逼近度 $t_2-\tau=5$℃时，修正系数 $K=1$，其他情况下，查热力特性曲线确定 K 值，则选定塔型在给定条件下能达到的冷却水量为 $Q=K\cdot Q_a$。

【计算实例】

湿球温度 $\tau=27.5$℃，水温降 $\Delta T=6$℃，出塔温度 $t_2=33$℃，冷却水量 $Q_b=194\text{m}^3/\text{h}$，选定 200 塔型，根据 $\tau=27.5$℃、$\Delta T=6$℃、$t_2=33$℃，查图 8.1.7-1，得 $Q_a=233\text{m}^3/\text{h}$，当

逼近度 $t_2-\tau=5.5$℃和水温差 $\Delta T=6$℃时，查图 8.1.7-2，得修正系数 $K=0.97$，则 200 塔型能达到的冷却水量为 $Q=0.97\times 233=226\text{m}^3/\text{h}>Q_b=194\text{m}^3/\text{h}$，选用 200 塔型满足要求。

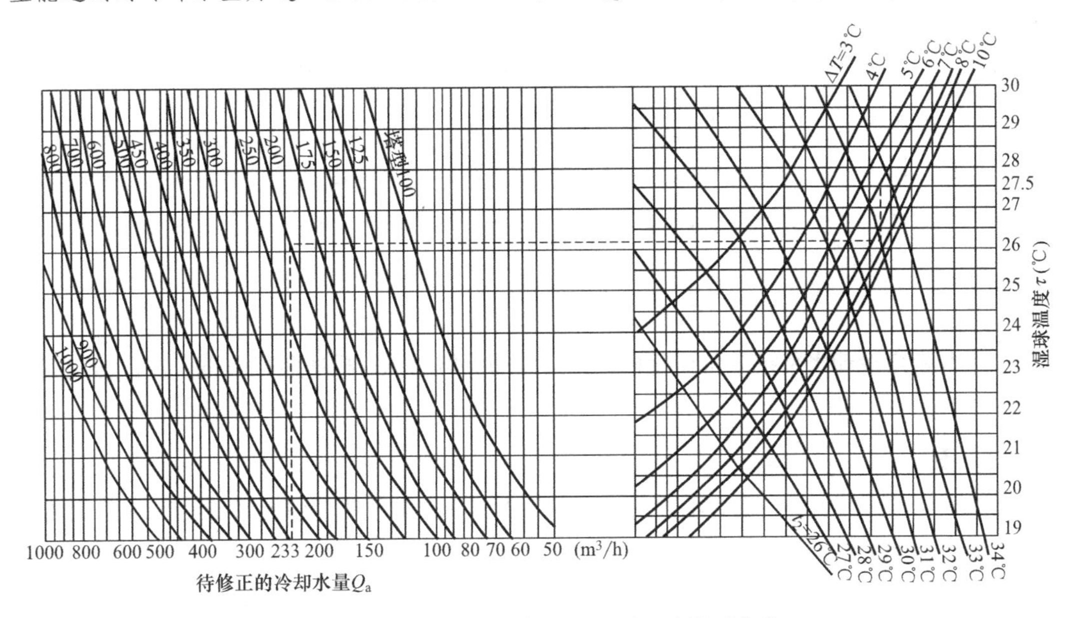

图 8.1.7-1 待修正冷却水量-湿球温度关系曲线

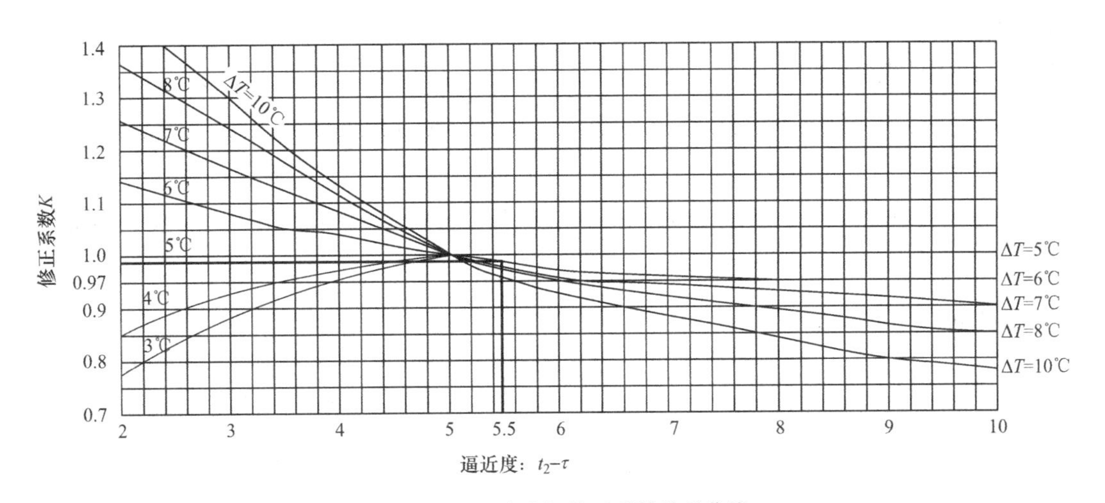

图 8.1.7-2 逼近度-修正系数关系曲线

8.2 24h 租户冷却水系统

8.2.1 24h 租户冷却水系统宜采用闭式冷却塔，当采用开式冷却塔时，应增加中间换热器。

【要点说明】

开式水环路系统水质易受污染，对水环热泵机组效率、安全及使用寿命均有影响。

【措施要求】

中间换热器宜采用板式换热器。总换热量应在设计热负荷的基础上乘以1.15～1.20的附加系数。换热温差宜按2～3℃计算，进出水温度差为5℃。换热器不少于2台，其中一台停运时，其余换热器的换热量不宜小于总换热量的75%。换热器两侧均应采取稳定系统水质的措施，应设置过滤孔径不大于3mm的过滤器，并采用传统的化学加药处理方式或其他物理方式进行水质处理。

8.2.2 24h租户冷却水系统的负荷应根据其具体的机房面积及机房装机容量，按机房装机容量取值。

【要点说明】

《数据中心设计规范》GB 50174—2017第7.2.2条条文说明：空调系统的冷负荷主要是服务器等电子信息设备的散热。电子信息设备发热量大（耗电量中约97%都转化为热量），热密度高，夏天冷负荷大，因此数据中心的空调设计主要考虑夏季冷负荷。租户系统负荷仅需满足机房电子信息设备散热量即可，其他散热量则由大厦的空调系统负担。因此其夏季冷负荷，根据电子信息设备的使用要求，采用同时使用系数修正。单机柜满负荷状态为3.5～7kW。若能提供机房占地面积时，金融类设计负荷不低于350W/m^2。当无以上条件，按办公楼层建筑面积预留时，金融类设计负荷不低于30～60W/m^2。

8.2.3 24h租户冷却水系统的分区原则：系统静水压力大于1.0MPa时，应进行系统分区。

【要点说明】

国产冷机蒸发器和冷凝器的工作压力一般为1.0MPa（国外离心式冷机的普通型为1.0MPa，加强型为1.7MPa）；末端盘管的承压能力一般有1.0MPa和1.7MPa两种；使用机械轴封的水泵壳体的承压能力在1.0MPa以上。在空调水系统设计中，通常按主机、阀门及附属设备承压能力为1.0MPa并考虑系统阻力为300kPa左右确定系统分区界限。对于冷机接在水泵吸入端的空调水系统，系统高度在100m以内可不进行竖向分区，但选用的水泵承压能力要在1.30MPa以上。

【措施要求】

分区方式可采用下列两种形式：

1.各竖向分区分别设置闭式冷却塔、循环泵、定压补水装置，见图8.2.3-1。

2.高低区共用闭式冷却塔，通过板式换热器竖向分区，各分区分设循环泵、定压补水装置，见图8.2.3-2。

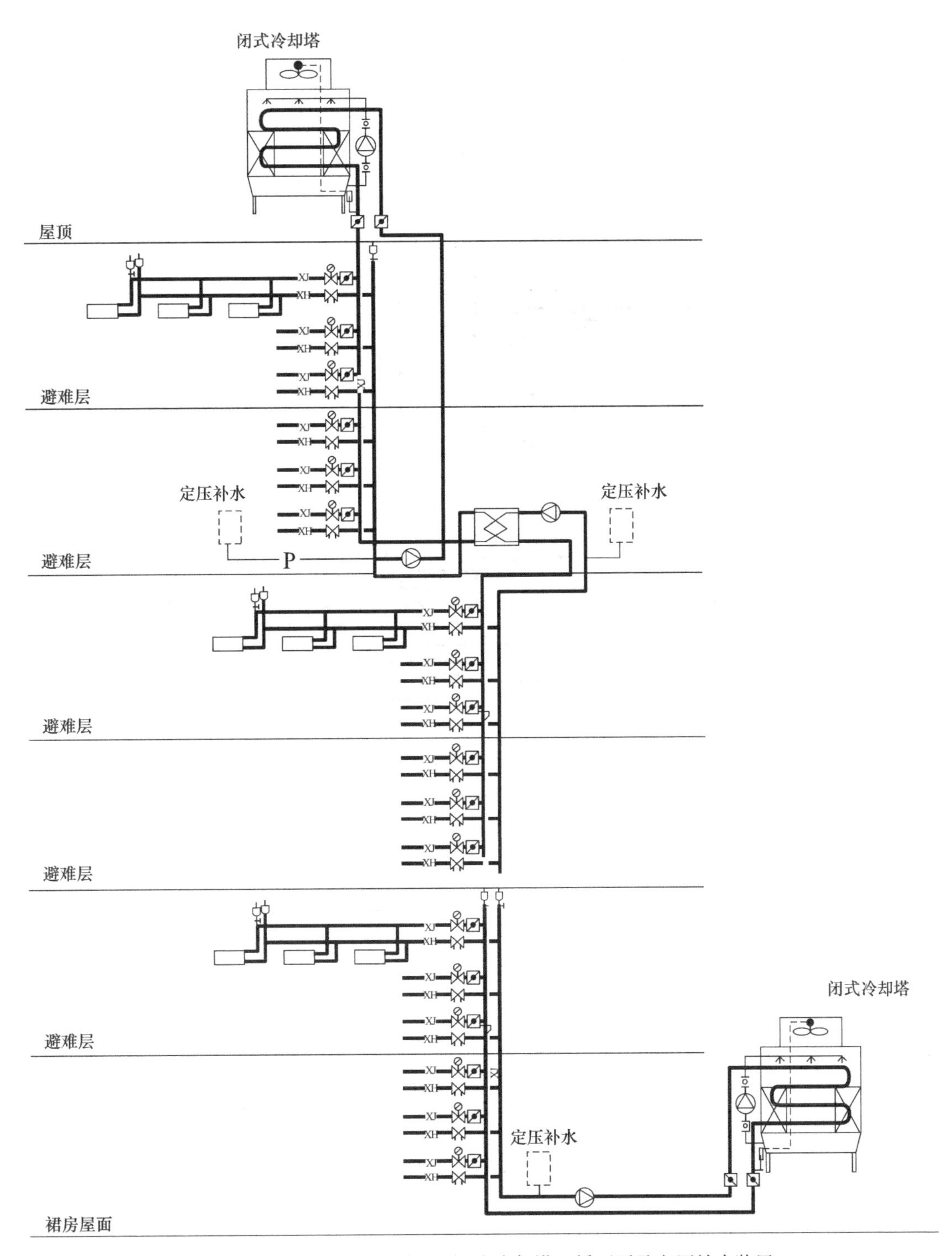

图 8.2.3-1　各分区分别设置闭式冷却塔、循环泵及定压补水装置

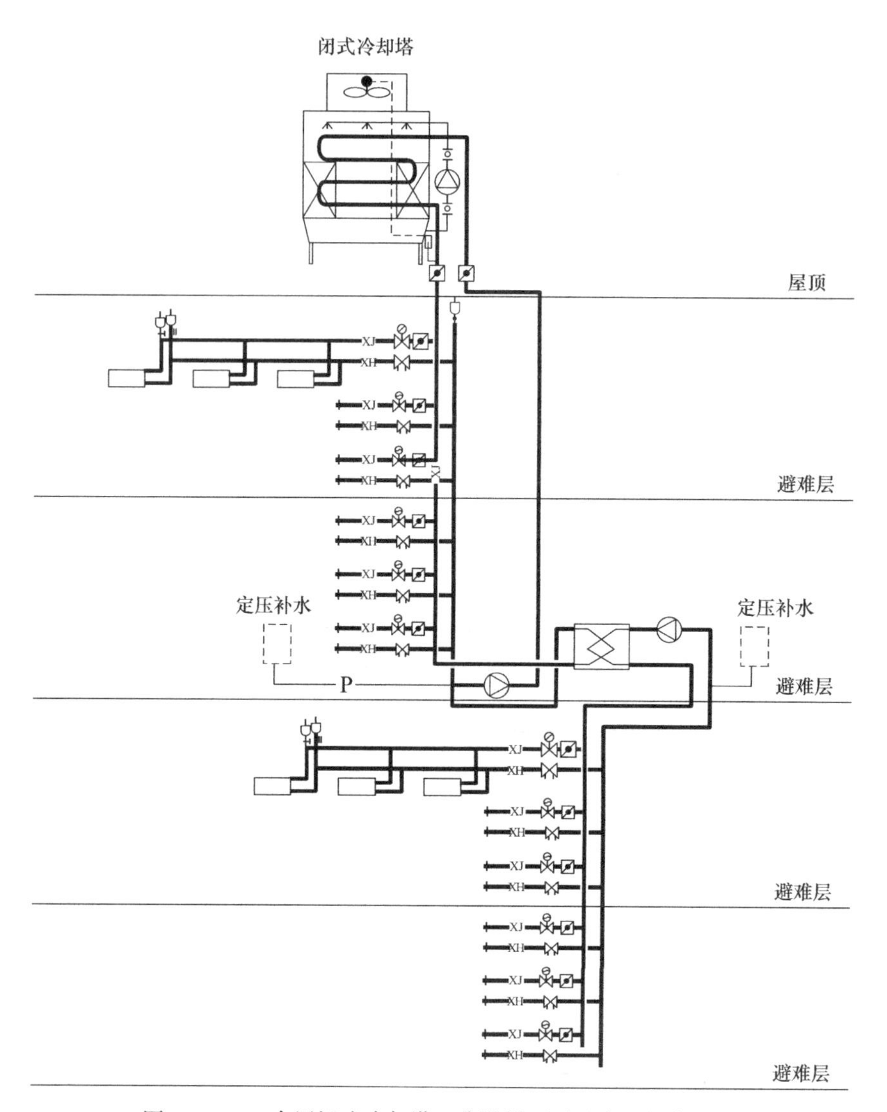

图 8.2.3-2 合用闭式冷却塔、分设循环泵及定压补水装置

第 2 篇　建筑消防

9 消防设计总述

9.1 一 般 规 定

9.1.1 消防设计除执行国家现行规范外，尚应执行地方标准和相关规定。

【要点说明】

国家规范具有普适性，是消防设计必须要执行的法律法规。各地根据当地的具体情况也出台了一些特殊规定（地标或地方政府文件规定），地方特殊规定在当地有效。

【措施要求】

地方规定与国家规范不一致的条款要求，本措施与地方规定不完全一致时，按项目所在地的地方规定执行。

9.1.2 特殊情况下，强制性条文（黑体）与“应”“宜”条文无法同时满足时，应首先执行强制性条文，同时靠近非强制性条文的要求；“应”条文与“宜”条文无法同时满足时，应首先执行“应”条文。

【要点说明】

首先明确，“宜”并不是可不执行，正常情况下是要执行的。但也存在同一本规范的不同条文之间或不同规范之间的不协调。

例1：《建筑设计防火规范》GB 50016—2014（2018年版）（简称“建火规”）第8.3.7条第5、6款，超过一定规模的摄影棚、舞台葡萄架下部设置雨淋系统是强制性条文，且属于严重危险级Ⅱ级，但如果这些场所净空高于8m，《自动喷水灭火系统设计规范》GB 50084—2017（简称“喷规”）中却无可采用的设计参数，可参考“喷规”表5.0.1（“喷规”第5.0.10条第2款），同时参考“喷规”表5.0.2，比较计算流量，取大者。具体取值要求见本措施第11章。

例2：喷头的最大间距和最小间距要求是“应”（“喷规”第7.1节），必须满足；喷头与障碍物的距离要求是“宜”（“喷规”第7.2节），则次之满足。

9.1.3 《消防给水及消火栓系统技术规范》GB 50974—2014（简称“消水规”）中除消

火栓系统专用条款外，其他条款适用于除细水雾灭火系统以外的所有水灭火系统和冷却防护系统。

【要点说明】

细水雾灭火系统的喷头口径只有0.4mm，非常容易被悬浮物或铁锈等杂物堵塞，且喷头工作压力大于10MPa，因此对水质标准、过滤器、管材等都有比其他水灭火系统更严格的要求。

【措施要求】

消火栓系统设计参数及相关规定按“消水规”执行，其他各消防系统设计参数及相关规定按各系统专用规范或规程执行，同时执行“消水规”的通用条文。通用条文与各系统专用规范或规程有矛盾处，执行专用规范或规程。

9.1.4 **现行规范中未涵盖或未明确建筑的消防设计标准，应根据其实际用途或主要功能设置消防设施。**

【要点说明】

有些建筑单从其名称很难判定其建筑性质，无法确定其消防设施，需要分析其实际用途或主要功能，按规范中同类建筑设计消防设施和水量标准。

多层建筑内有多种用途的区域或房间，应按该建筑的主要功能判定消防系统的设置。按同一座建筑内的不同使用功能区域和不同用途房间来区分。不同使用功能区域或场所之间需要进行防火分隔及分别设置疏散楼梯和安全出口，如住宅与商店合建的建筑、幼儿园与商业设施合建的建筑；同一功能的建筑内可能存在多种用途的房间或场所，如办公楼内设有会议室、职工餐厅和厨房、资料室、档案室等，属于办公建筑使用功能。附属在厂房、仓库内的办公室（休息室）属于厂房、仓库的一部分，其消防设施应按厂房、仓库的相关要求执行（例如，对于设置有自动喷水灭火系统的厂房，其附属办公室（休息室）也应设置自动喷水灭火系统）。

【措施要求】

独立的锅炉房、能源站按丁类厂房设置；独立的柴油发电机房、油浸变压器、充有可燃油的高压电容器和多油开关室、数据机房按丙类厂房设置；独立的水泵房按戊类厂房设置；营业性餐饮建筑按商业建筑、学校等独立非营业性食堂按其他建筑设置；社区活动站（非经营性老年活动、曲艺社、棋牌、国学类等）按其他建筑设置；文化类建筑按展览建筑设置；游乐（园）城（儿童体验馆、儿童反斗城等游乐馆类）按娱乐游艺场所（室内消火栓系统设计参数取值参见本措施第10.1.5条）设置；广播电视等传媒类多层建筑和塔下建筑参照展览类建筑设置，具体要求执行《广播电影电视建筑设计防火标准》GY 5067—2017。

9.2 消防系统设置

（Ⅰ）消火栓系统设置场所

以下各条是除“建火规”明确规定设置室内消火栓系统的建筑和场所以外，给出的设置要求。

9.2.1 **建筑高度不大于21m底层有商业网点的住宅建筑，当底层商业网点总建筑体积大于5000m³时，商业网点应设置室内消火栓系统，并应根据“建火规”第5.4.11条住宅部分与商业网点的防火分隔情况，住宅不设置室内消火栓系统。**

【要点说明】

虽然底层有商业网点的住宅属于住宅建筑，但当各商业网点组成总建筑体积超过5000m³的商店时，其火灾风险大于住宅部分，并符合“建火规”第8.2.1条第3款的商店建筑。

【措施要求】

商店部分与住宅部分有完全独立的疏散出口和满足耐火极限的楼板分隔，则商业网点应设置室内消火栓系统，住宅部分可不设置；若两部分没有完全独立的防火分隔设施，则住宅部分也宜同步设置室内消火栓系统。

9.2.2 **建筑高度大于21m的住宅建筑和底层商业合建时，无论底层商业总建筑体积是否小于5000m³，住宅和非住宅部分均应设置室内消火栓系统。**

【要点说明】

此条的“底层商业”不是“商业网点”。按照“建火规”，有可能住宅部分需要设置某类消防设施，而非住宅的公共建筑部分反而不用设置，这种情况确实存在，且这种设置符合规范要求。比如，建筑高度大于21m的住宅建筑，其底层为建筑体积不大于5000m³的商店，根据“建火规”第8.2.1条第2、3款，住宅建筑需要设置室内消火栓系统，但商店并不需要设置室内消火栓系统。

【措施要求】

公共建筑部分的火灾风险大于住宅部分，因此，在类似情况下，仍在非住宅部分设置和住宅部分类似的消防设施，即商店部分也应同步设置室内消火栓系统。

9.2.3 **住宅建筑底部或地下的车库，应根据车库或车位的设置情况，按以下两种情况处置：**

1 各户车位之间不能完全分隔或不同住户的车位共用室内汽车通道的情况，应根据《汽车库、修车库、停车场设计防火规范》GB 50067—2014（简称“车火规”）设置消防设施，并应按住宅建筑与汽车库合建的要求处置；

2 各户车位之间完全分隔，且各户车位不共用室内汽车通道的情况，可按住宅建筑处置，设置消防设施。

【要点说明】

第1款，虽然属于每户使用的独立车位，但没有独立的进出车口，要通过共用车道进出，则定性为汽车库；

第2款，定性为住宅，其附属车位（库）随同住宅类别判定是否设置室内消火栓系统。

【措施要求】

判断住宅车位是否住户专用并独立，分别按汽车库或住宅处置，执行“车火规”或“建火规”。

9.2.4 设有室内消火栓系统的建筑，设备层（不含管道层和建筑屋顶上凸出的局部设备用房、楼梯间等）应设置消火栓；当首层架空层计入建筑高度和层数时，应设置消火栓。

【要点说明】

设备层是指建筑中专为设置机电设备和管道且供人员进入操作用的空间层（来自《民用建筑设计统一标准》GB 50352—2019 第2.0.17条），并通向疏散楼梯。管道层一般空间较小，仅供敷设管道，层高小于2.2m，无人员进出的疏散通道和楼梯，只有检修用的人孔。

“消水规”第7.4.3条“……的各层均应设置消火栓”，且是强制性条文。根据“建火规”附录A第A.0.1条第5、6款和第A.0.2条第2、3款，设置在首层且室内高度不大于2.2m的自行车库、储藏室、开敞空间以及建筑屋顶上凸出的局部设备用房、楼梯间等不计入建筑高度和建筑层数，自然不属于“消水规”第7.4.3条“各层”的范畴。当架空层高度大于2.2m时，甚至有3.7m层高者，有后期封闭为室内空间的可能。3个建议供参考：1）与建筑专业落实建筑高度、建筑面积、防火分区如何划分；2）咨询当地审图机构（各地审图掌握不同）；3）若设置并不困难，就按“消水规”第7.4.3条，均设置消火栓。

【措施要求】

建筑图明确为管道层者，可不设置室内消火栓。层高不大于2.2m的首层开敞架空层，出屋面局部设备用房、楼梯间等可不设置室内消火栓。

9.2.5 老年人照料设施设置室内消火栓系统，并按照病房楼的流量标准设计。

【要点说明】

老年人照料设施的定义见《老年人照料设施建筑设计标准》JGJ 450—2018。非住宅类老年人居住建筑，按老年人照料设施的规定确定。根据“建火规”第8.2.1条第3款，建筑体积大于5000m³的老年人照料设施应设置室内消火栓系统；根据“建火规”第8.3.4条第5款，所有规模的老年人照料设施均应设置自动喷水灭火系统。将会出现仅设置自动喷水灭火系统而无室内消火栓系统的情况。消火栓是常规的消防设施，便于消防人员施救，造价并无明显增加，但大大提高了消防安全性。

【措施要求】

以下两种设置措施，优先考虑第1种：

1.所有规模的老年人照料设施均设置室内消火栓系统，消火栓箱内配套消防软管卷盘；

2.建筑体积不大于5000m³的老年人照料设施可设置消防软管卷盘或轻便消防水龙，不计消防流量。

9.2.6 **建筑体积大于5000m³的托儿所、幼儿园应设置室内消火栓系统，并按照病房楼的流量标准设计。**

【要点说明】

“建火规”未明确幼儿园建筑的室内消火栓系统设置要求，只明确了设置自动喷水灭火系统的规模（大、中型幼儿园）。根据《托儿所、幼儿园建筑设计规范》JGJ 39—2016（2019年版），5～8个班为中型，9～12个班为大型，按照该规范对于每班的最小使用面积及服务管理用房的面积配置指标来推算，5个班的中型幼儿园建筑体积远远大于5000m³。设置自动喷水灭火系统的幼儿园，也设置室内消火栓系统，是符合常规逻辑的。

“消水规”表3.5.2中没有幼儿园的室内消火栓设计流量标准，考虑到老、幼、病人员均是行动不便的弱势群体，故按照病房楼标准取值。

（Ⅱ）自动灭火系统设置场所

以下各条是除“建火规”明确规定设置自动灭火系统的建筑和场所以外，给出的设置要求。

9.2.7 **一类高层公共建筑内可不设置自动喷水的部位：**

1 **局部出屋面总建筑面积不大于屋面投影面积的25%的水箱间和机房小间；**

2 **与游泳池、溜冰场无明显物理分隔的池（场）边区域；**

3 **钢筋混凝土水池正上部；**

4 **其他不宜用水灭火的场所。**

【要点说明】

此条是对“建火规”第8.3.3条第1款的进一步明确或具体化。

第1款，可从两方面说明：1）“建火规”附录A第A.0.1条第5款“这些出屋面小间不计入建筑高度”；第A.0.2条第3款“建筑屋顶上凸出的局部设备用房、楼梯间等不计入建筑层数”。从这两条来理解，出屋面总建筑面积不大于屋面投影面积的25%的机房小间不作为一类高层建筑内的房间。2）一般高位消防水箱不可能高于这些屋面机房小间，如为这些机房小间的灭火设施（喷头）而抬高消防水箱，建筑无法实现；如不抬高消防水箱，则与“消水规”相悖。如项目当地有特殊要求必须设置自动灭火系统，可将这些机房小间当作不宜用水灭火的场所，而设置预制气体灭火设施、干粉自动灭火装置、瓶组式细水雾设施等。也有地区要求一类高层建筑的出屋面小间（如排风机房或排烟机房等）设自动喷水保护，而对高位消防水箱高于其喷头却不要求。但如果是排烟风机与排风风机的合用机房，则根据《建筑防烟排烟系统技术标准》GB 51251—2017第4.4.5条，必须设置自动喷水灭火系统，所以，若以不设喷头为主导思想，则要求排烟风机和排风风机分设机房小间。

第2款，与游泳池、溜冰场位于同一空间的池（场）边区域，属于游泳池、溜冰场的场所。

【措施要求】

高位消防水箱高于灭火设施是“消水规”规定的，“建火规”并没有明确规定面积不大于屋面投影面积25%的出屋面小间要设喷淋，故应执行“消水规”中的“应”。并要求建筑专业命名图名为“屋面平面图”，而不是“屋面设备层平面图”，并给建筑专业提出排烟风机和排风风机分设机房小间的要求。

9.2.8 **二类高层公共建筑内可不设置自动喷水的部位：**

1 **设备机房、卫生间；**

2 **公共居住建筑（宿舍、公寓）的居住空间；**

3 **除底层以外的自动扶梯底部；**

4 **符合本措施第9.2.7条各款情况的部位。**

【要点说明】

第1款，卫生间含客房内卫生间。“建火规”规定二类高层的旅馆客房需设喷头保护，客房内的卫生间是否设喷头，存在不同理解，有的理解卫生间应属于客房的一部分，也应设置喷头保护。根据《旅馆建筑设计规范》JGJ 62—2014的术语“客房部分”是含卫生间的，但第4.2.4条中对客房净面积的计算是不含卫生间的。而“建火规”所指的客房应是客房净空间。

第2款，宿舍、公寓虽然属于人员密集型公共建筑，但居住房间是私密性空间，不属于公共活动用房。此类建筑仅在走道、公共活动区域设置喷头，且属于轻危险级（见“喷规”附录A)。公寓建筑的居住空间含套内卧室、玄关、起居室、书房、厨房、卫生间。根据《宿舍建筑设计规范》JGJ 36—2016 第7.1.7条，居室不属于公共活动用房，可不设置自动喷水灭火系统。

“建火规”没有对公共活动用房的解释，旧版《高层民用建筑设计防火规范》GB 50045—1995（2005年版）对公共活动用房的说明主要指下列场所：

1）商业楼、展览楼、财贸金融楼、综合楼、商住楼的商业部分、电信楼、邮政楼等建筑的营业厅、会议室、办公室、展览厅与走道；

2）教学楼、办公楼、科研楼等建筑中可燃物较多且经常有人停留的场所；

3）旅馆、医院、图书馆、老年建筑、幼儿园；

4）可燃物品库房。

9.2.9 多层公共建筑中（如公寓、宿舍等）规范不明确的建筑，应按“建火规”中功能相近建筑判定是否设置自动灭火系统。

【要点说明】

“建火规”条文说明，以建筑规定的，要求该建筑内凡具有可燃物且适用喷水灭火的场所或部位，均需设置喷头。多层公共建筑多款都是以建筑规定的，而二类高层公共建筑却是以具体设置场所规定的。多层公共建筑的卫生间、机房是否设置喷头，根据两个要点判定：1）二类高层公共建筑的防火级别高于多层公共建筑；2）卫生间、机房内的可燃物数量极少，可认为不具有可燃物。从这两点来看，多层公共建筑的卫生间、机房内可不设置喷头。

【措施要求】

除本措施第9.1.4条外，列出几种“建火规”第8.3.4条中未涵盖的多层公共建筑或场所对应的相近建筑，见表9.2.9。

建筑物名称与建筑性质对应表 **表9.2.9**

建筑物名称	酒店式公寓	普通公寓	健身馆	教学楼	档案馆	航站楼
对应“建火规”功能相近建筑	旅馆建筑	宿舍	体育馆	办公楼	图书馆	展览建筑

除“建火规”第5.4.9条明确的歌舞娱乐放映游艺场所的具体范围外，健身房、保龄球馆、台球馆、汗蒸房、足疗店、有卡拉OK等功能的酒吧店、棋牌室、餐馆属于公共娱乐场所，其消防设施的设置参照“歌舞娱乐放映游艺场所”执行。

9.2.10 **多层办公楼、教学楼等同类建筑应按以下要求设置：**

1 **设有送回风管道的集中空调系统服务的建筑面积大于** $3000m^2$ **时，整座楼除不适宜用水灭火的部位外，均设置自动喷水保护；**

2 **设有送回风管道的集中空调系统服务的建筑面积不大于** $3000m^2$**，且疏散相对独立，当风管不穿越防火分区并采用不燃（或难燃）材料时，可不设置自动灭火系统；**

3 **在各个房间设置独立风管的封闭式空调系统，当风管采用不燃（或难燃）材料时，可不设置自动灭火系统。**

【要点说明】

本条是对“建火规”第 8.3.4 条第 3 款的进一步明确和具体化。

按空气来源分类，集中空调系统可分为直流式系统、混合式系统和封闭式系统：

1）直流式系统（全新风式空调系统）：处理的空气全部来自室外，空气经处理后送入室内，然后全部排出室外。办公建筑通常不会采用这种系统。

2）混合式系统（新风、回风混合式空调系统）：采用部分回风与部分室外新风混合后经处理送入室内，这种系统较多应用于中高档的办公建筑中，“建火规”所指的送回风道（管）的集中空调系统，通常就是这种系统。

3）封闭式系统（全回风式空调系统）：处理的空气全部来自空调房间本身，没有房间以外的空气补充，完全为本房间内的再循环空气。这种系统具备节能和方便分散控制等优点，通常依靠自身外窗补充新鲜空气，目前已较广泛使用（见图 9.2.10）。这种空调方式，当风管采用不燃（或难燃）材料时，本身的火灾危险并不大，且不存在通过风管向其他房间传播火灾的风险。

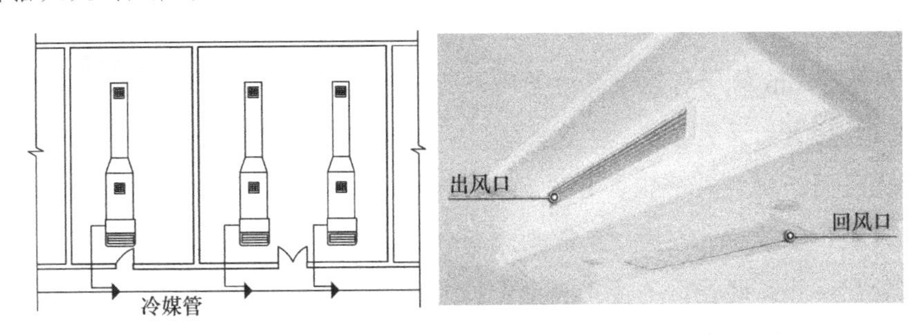

图 9.2.10 各房间风管不连通的封闭式集中空调系统末端

（图片来源：消防资源网）

【措施要求】

房间风管不连通的封闭式集中空调系统，不需要按“建火规”第 8.3.4 条第 3 款的要求设置自动灭火系统。

9.2.11 **建筑高度不大于 100m 的住宅地下库房，按以下要求设置：**

1 **住宅地下通向地下车库时，楼座下部的库房也设置自动喷水灭火系统；**

2 **无地下车库的独栋住宅，楼座下部的库房及其他附属用房不设置自动喷水灭火系统。**

【要点说明】

判定住宅楼座地下的库房是自用还是公用。

【措施要求】

即使建筑图的库房名称为"戊类库房"，只要有地下车库，且从库房层的疏散走道通向地下车库，戊类库房也一并设置自动喷水灭火系统；无地下车库或与地下车库不相通的住宅地下部分属于住宅的配套用房或住户自用房，按住宅的相关要求执行。江苏省内项目执行地标《住宅设计标准》DGJ32/J 26—2017：总建筑面积大于500m^{2}的住宅建筑地下非机动车库和地下储物间应设置自动喷水灭火系统。地下非机动车库的火灾危险等级应为中危险级Ⅰ级；地下储物间的火灾危险等级应为中危险级Ⅱ级。

9.2.12 **住宅建筑底部商店部分的总建筑面积大于3000m^{2}或任一层建筑面积大于1500m^{2}时，商店部分应设置自动喷水灭火系统。**

【要点说明】

住宅底层即使是分隔单元的商业服务网点，但整层均是小商店，也属于商店建筑，按"建火规"第8.3.4条第2款的规定设置自动喷水灭火系统。与住宅是否设置自动喷水灭火系统无关。

9.2.13 **民用建筑内净空高度18m以下的场所优先采用自动喷水灭火系统，确有困难时，可设置大空间智能灭火装置等其他自动水灭火系统。**

【要点说明】

净空高度大于8m的场所属于高大空间，而8～18m高大空间场所不排除采用自动喷水灭火系统以外的自动灭火系统。"建火规"第8.3.5条："难以设置自动喷水灭火系统的……等高大空间场所，应设置其他自动灭火系统，并宜采用固定消防炮等灭火系统"。满足"难以设置"和"高大空间场所"两个条件，可以设置大空间智能灭火系统。高大净空仓库内有货架及物品遮挡，不适用自动扫描大空间智能灭火系统。

需要思考的是18m以下高大空间场所采用大空间智能灭火装置替代时，是否应满足自动喷水灭火系统要求的喷水强度？如何满足？仍未解决，因此不推荐替代的设置方式。18m以上高大空间场所不用考虑自喷强度。

【措施要求】

"难以设置"的判定条件：玻璃天窗、建筑空间不允许管道明露的无吊顶区域等。

9.2.14 **设有自动喷水灭火系统的剧院、会堂舞台葡萄架下部和演播室、摄影棚应设置雨淋系统。**

【要点说明】

建筑内有剧院、会堂、演播室、摄影棚时，只要该建筑达到了“建火规”第 8.3.3 条、第 8.3.4 条设置自动喷水灭火系统的要求，根据“喷规”第 4.2.6 条和附录 A，舞台葡萄架下部和演播室、摄影棚（属于严重危险Ⅱ级）应设置雨淋系统，而与剧院、会堂的级别和座位数无关，也与演播室、摄影棚的建筑面积无关。

葡萄架是在舞台上方用于安装幕布、灯光、音响等大功率发热、发光等设备的架子，它由一排排形状似葡萄架子的钢制构件组成。

【措施要求】

设有自动喷水灭火系统的剧场，舞台顶棚采用金属构件时，应设置保护金属构件的闭式自动喷水灭火系统，且设独立的报警阀组；总用水量按自动喷水灭火系统与舞台葡萄架下的雨淋系统不同时作用计算。

9.2.15 **燃油或燃气锅炉、柴油发电机、油浸变压器、充有可燃油的高压电容器和多油开关等房间应按下列情况设置自动灭火系统：**

1 在无冰冻季的地区，设置在有自动喷水灭火系统的民用建筑内时，应设置自动喷水灭火系统；在寒冷地区可采用水喷雾灭火系统（见本措施第 12.1.1 条）；

2 设置在未设自动喷水灭火系统的民用建筑内时，可设置推车式 ABC 干粉灭火器或气体灭火器；

3 独立设置时，应设置水喷雾、细水雾或气体灭火系统。

【要点说明】

有些地方规定，这些房间采用水喷雾灭火系统。从灭火机理来说，水喷雾灭火系统对含油液体火灾的灭火效率更好。“建火规”第 5.4.12 条第 8 款和第 5.4.13 条第 6 款为强制性条文是出于灭火系统的统一性及经济性的考虑。项目当地无特殊要求者，“院公司”统一执行“建火规”的强制性条文。在有冰冻可能的寒冷地区采用水喷雾灭火系统的原因见本措施第 12.1.1 条【要点说明】。

“建火规”第 5.4.12 条条文说明：“当上述设备机房规模较大时，则可设置水喷雾、细水雾或气体灭火系统”，但并未对“规模较大”予以量化，大容量的机组通常是独立设置站房，这也与“建火规”第 8.3.8 条基本吻合。

9.2.16 **排烟风机与排风风机合用机房内应设置自动喷水灭火系统。**

【要点说明】

本条是根据《建筑防烟排烟系统技术标准》GB 51251—2017 第 4.4.5 条第 1 款“对于排烟系统与通风空气调节系统共用的系统，其排烟风机与排风风机的合用机房内应设置自动喷水灭火系统”提出的。

【措施要求】

当建筑内无自动喷水灭火系统或出屋面小间无法设置时，应协调建筑、暖通专业设置排烟风机专用机房。

9.2.17 **气体灭火系统等特殊消防设施设置：**

1 设置在重要部位和场所中的特殊重要设备间应设置气体灭火系统或细水雾灭火系统。

2 一、二类高层公共建筑及建筑高度大于100m的住宅建筑的消防控制室内应设置气体自动灭火设施。

【要点说明】

第1款，判定特殊重要设备间的两个要点：1）设置在重要部位和场所；2）发生火灾后将严重影响生产和生活。住宅小区的配电室不属于此类，可不设置气体灭火系统。

第2款，随着技术发展，消防控制室已不仅仅放置单一的消防报警联动控制设备，应急照明疏散指示、防火门监控、电气火灾监控、消防电源监控等各类系统的控制主机均设置在消防控制室。从功能属性上看，消防控制室属于有人值班的办公室，实际上，除电气火灾外，消防控制室还可能存在其他火灾风险（比如纸质记录资料、办公文件等）。作为建筑消防设施的神经中枢，消防控制室应依据相关规范要求设置自动灭火系统；消防控制室主要由电气设备组成，关系整体大楼的消防安全，属于严禁水渍损害的场所，自动喷水灭火系统存在误喷风险。

细水雾灭火系统以水为介质，属于自动灭火系统，不属于气体灭火系统，不能完全替代气体灭火系统，也不能完全替代自动喷水灭火系统。

【措施要求】

工业建筑：化工厂中央控制室；单台容量300MW机组及以上容量的发电厂电子设备间、控制室、计算机房及继电器室等。民用建筑：重要公共建筑、高层公共建筑中的配电室；医院建筑中的医疗设备间（核磁室、CT室、导管室等）、配电室等。以上房间属于特殊贵重设备间。手术室不设置自动灭火系统（包括水消防和气体消防），而是采用移动气体灭火器。属于“建火规”第8.3.9条第1、4、5、8款属性的场所适用气体灭火系统或细水雾灭火系统；而第2、3、6、7款属性的场所仅适用气体灭火系统。

9.3 消 防 水 源

9.3.1 **市政两路供水和一路供水：**

1 以下情况属于两路消防供水：

1）单水源（一座水厂）接出两条输水干管向市政环状给水管网输水，从环状给水管网上接出不少于两条引入管进入用地红线，各引入管之间有阀门分隔；

2）多水源（多座水厂）各接出一条输水干管向市政环状给水管网输水，从环状给水管网上接出不少于两条引入管进入用地红线，各引入管之间有阀门分隔；

3）一路市政供水和一眼地下井水。

【要点说明】

第1）款，市政环状给水管网的阀门两侧可认为来自两条不同的市政给水干管，即使在同一条市政路上。示意图见图9.3.1-1，引入管①～④任何两条均满足两路消防供水要求；引入管④、⑤，只要市政给水管在其接出点之间有阀门，此两条引入管也满足两路消防供水要求，但一块用地同侧的一根市政给水管有两根接出管的情况一般很少，需要业主提供详细的市政管道施工图、竣工图或规划图等书面资料，设计人员判定落实，规避“假两路”给设计人员带来的责任风险。

第3）款，由一路市政供水和一眼地下井水组成两路供水，井水的最小出流量和深井泵的扬程应满足消防要求，且两路供水管网应独立成环状，并分别交叉设置室外消火栓，示意图见图9.3.1-2。

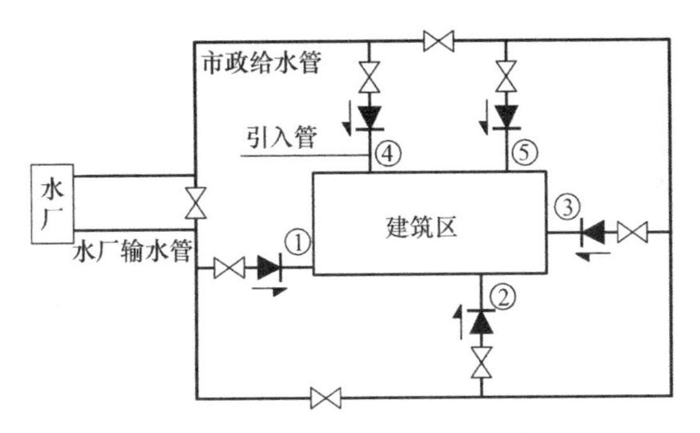

图9.3.1-1　市政给水管网的两路水源

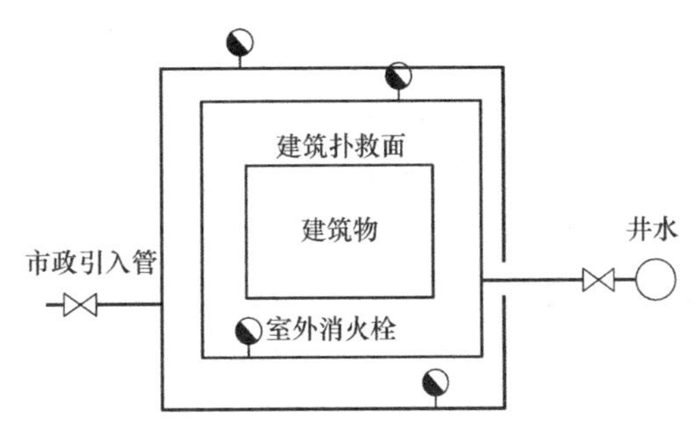

图9.3.1-2　市政供水和地下井水组成的两路水源

2　以下情况属于一路消防供水：

1）市政给水管网为枝状，从此管网上接出2根以上引入管；

2）市政给水管网为环状，从此管网上接出1根引入管；

3）市政给水管网为环状，为此管网输水的水厂只有1条输水干管；

4）市政给水管网为环状，从此管网的一侧接出2根引入管（中间无阀门）。

【要点说明】

第3）款的情况一般是不存在的，中小城镇可能会有。仅根据建设单位提供的项目周边给水管网，设计人员很难判断，还需咨询当地供水部门。

3 市政供水管网最低供水压力为0.18MPa，小区引入管处的平时运行工作压力不小于0.14MPa，且符合以下条件之一时，可采用一路消防供水，并可不设置室外消防贮水池。

1）室外消火栓设计流量不大于20L/s的工业建筑、公共建筑及其建筑群区；

2）建筑高度不大于50m的住宅建筑及由其组成的住宅小区。

【要点说明】

项目周边的市政道路（市政管道）与项目区域一般有距离和高差的关系，不能简单地用市政管网的压力来判断，而应具体到建筑红线的引入管处的平时运行工作压力。平时运行工作压力是在仅供应生活用水工况下的供水压力；火灾时，供水量增大，管网水头损失增大，需按生活和消防合用系统的设计流量（设计流量按“消水规”第3.1.2条第3款确定）进行水力计算，按满足合用管网的最不利室外消火栓出流量不小于15L/s，供水压力从地面算起不小于0.1MPa，流速不大于2.5m/s，来确定合用管道的管径（参见本措施第10.2.2条【计算实例】）。

室外消火栓设计流量以单座建筑体积或成组布置的相邻两座建筑体积之和确定的，如建筑群区和住宅小区内的所有建筑都属于1）款和2）款，则也可不设置室外消防贮水池。

住宅建筑的室外消火栓设计流量均为15L/s，满足1）款，高层公共建筑是以50m为界分为一、二类高层公共建筑，而高层公共建筑的室外消火栓设计流量最小为25L/s，这样，高层公共建筑则排除在外；只有住宅在条件之内，而住宅是以54m为界分为一、二类高层住宅，51～54m的住宅虽然归为二类高层住宅，但在只有一路消防供水的情况下，仍需设置室外消防贮水池。

【措施要求】

首先通过水力计算确定最不利室外消火栓出流量和供水压力。

满足第1）、2）款的建筑物（耐火等级一、二级）有：工业建筑：丁、戊类厂房和仓库，建筑体积≤5000m^{3}的甲、乙、丙类厂房，建筑体积≤3000m^{3}的甲、乙、丙类仓库；民用建筑：住宅，建筑体积≤5000m^{3}的单多层公共建筑，建筑体积≤20000m^{3}的地下建筑（含地铁）和人防工程。耐火等级三级以下的建筑物一般很少涉及，不再列出，可查“消水规”表3.3.2。

9.3.2 天然水源和其他水源：

1 地下井水作为消防水源时，一个井眼相当于一路供水，两个井眼相当于两路供水；

2 建筑周边无市政给水管网，而有可靠枯水流量保证率的地表水时，可作为室外消防水源，且每个取水口相当于一个室外消火栓；

3 不宜采用雨水清水池、中水清水池作为消防水池，不应采用人工水景池作为消防水池；如需采用游泳池作为消防水池，应有2个及以上容积均满足消防贮水量的泳池，且

能够1用1备（各泳池不同时清洗泄空），或作为备用水源；

4 空调系统的蓄冷贮水可作为消防用水。

【要点说明】

第1款，设计输入条件必须取得井眼的出流量和供水压力，且应满足消防要求。

第2款，在地表水域的某一地点，经过长期对水位的观测后得出的，在一年或若干年中水域枯水期的平均水位，称为枯水位。消防车、固定或移动消防水泵在枯水位的抽水量称为枯水流量，枯水流量保证率宜为90%～97%。必须从当地水文部门获取天然水源资料作为设计输入条件。到达地表水取水口的消防车道和回车场应按本措施第9.4.7条，给水排水专业提资，由规划专业实施。一般情况下，取水口和取水泵不在红线设计范围内，设计范围必须明确，并说明有关基本条件。

第3款，由于雨水清水池、中水清水池、人工水景池属于不稳定水源，水质也很难保证，不推荐将其作为消防水池。游泳池作为消防水池时，必须有两座泳池，每座容积均能满足消防用水量，且不能同时放空清洗。

第4款，蓄冷是空调制冷系统节能的重要环节。水蓄冷技术是利用水的物理特性，通过水的显热变化实现冷量的贮存（一般蓄水温度在4～14℃）。节能原理就是在电力负荷低的夜间，用电动制冷机制冷并将冷量以冷水的形式贮存起来；在电力高峰期的白天，不开或少开冷机，充分利用夜间贮存的冷量进行供冷，从而达到电力移峰填谷的目的。水蓄冷技术利用的是水的温度变化产生的冷量，水量并不变化；而消防灭火用的是水量，两者有效的结合利用，是社会效益和经济效益的双重体现。对于采用电制冷主机+蓄冷水罐（槽）为冷源的空调系统方案的航站楼等大型公共建筑，显性（建设消防水池的土建投资）和隐性（节省消防水池的占地面积）经济效益是非常明显的。给水排水专业人员不但要了解水蓄冷技术的基本原理，更重要的是在工程设计中与暖通专业密切配合，确保消防用水的安全措施各环节落实到位。

9.4 消防水池和消防水箱

（Ⅰ）消防水池容积和设置

9.4.1 需要设置消防水池的情况下，消防水池有效容积应按同一部位同时作用的消防系统在规范规定的灭火时间内的全部消防用水量，不宜考虑火灾用水时间内的连续补水折减量。

【要点说明】

消防水池有低位消防水池（设在地下室或室外埋地）和高位消防水池（设在自然地形的高处或设在超高层建筑的最高处）。

低位消防水池："消水规"第4.3.4条给出了减量条件，归纳为3点：1）保证连续补水（市政两路供水，消防水池两路补水且建筑有独立引入管）；2）补水量平均流速按≤1.5m/s计算；3）折减后的有效容积不小于100m^3或50m^3（仅有一种水消防系统时）。

高位消防水池："消水规"第4.3.11条第4款给出的减量条件是"火灾时补水可靠"，对其解读归纳为4点：1）有可靠的消防补水设备，即压力和流量均能满足要求的消防供水泵；2）可靠的消防电源；3）两条环状输水管道，每条输水能力不小于70%的消防总流量；4）减量后的总有效容积不小于消防总用水量的50%。

【措施要求】

虽然"消水规"为消防水池容积减量开了口，但在专业配合提资阶段，特别是初设阶段和施工图前期，不应考虑减量。既有改造项目因结构条件限制时可考虑减量。按一根$DN100$进水管的补水流量Q_b＝3600×进水管断面积（m^2）×平均流速（1.5m/s）＝3600×0.00785×1.5＝42.39m^3/h，减量火灾延续时间内的补水量。保证连续补水条件的图示见图9.4.1。

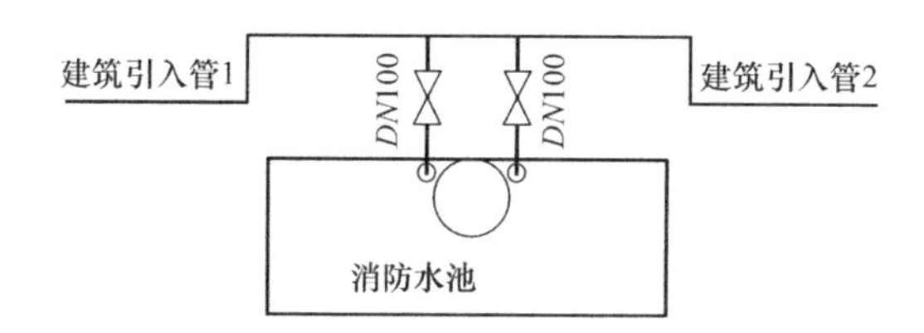

图9.4.1 可减量火灾延续时间内补水量的水池进水管

9.4.2 消防水池不宜直接利用承重结构作为池体。

【要点说明】

消防水池与结构本体脱开是从保证结构安全出发，而不是从影响水质方面考虑的。建筑本体的剪力墙和楼板是保证结构安全的关键体系，结构变形可能导致池壁渗漏，影响结构安全。本措施规定"不宜"，是因为现行规范并没有此要求，"院公司"的设计项目首先考虑不要利用结构本体作为池体。什么情况下可以利用呢？要根据结构专业的要求，但要注意下层和毗邻房间为电气用房、精密仪器间、文物库、档案库、电梯机房等时，其墙体和楼板不得作为消防水池底板和池壁。

9.4.3 室外埋地消防水池的就地水位显示仪表和溢流管、排水设施按以下设置：

1 就地水位显示可采用投入式液位变送器、超声波液位计等电子水位显示仪表，水位显示仪表设在人孔井筒的侧壁，距井盖下不大于300mm；

2 溢流管设在人孔井筒的侧壁，管底标高低于水位显示仪表，溢流至就近的检查井，管口设防返水、防虫鼠重锤板；

3 消防水池排空采用移动或固定潜水泵提升至雨水检查井，潜水泵的流量按24h排

空池水配置。

【要点说明】

此条是对“消水规”第4.3.9条的进一步明确。本条是强制性条文，室内、室外消防水池均应执行。室内消防水池容易做到，室外埋地消防水池较难做到第4.3.9条第2、3款，因此提出上述的统一做法。

【措施要求】

第1款必须在图中注明并向电专业提资。水位显示仪表和溢流管、进水管的图示见图9.4.3。最高溢流水位应根据推开重锤所需水头，同时不得淹没水位显示仪表盘确定。

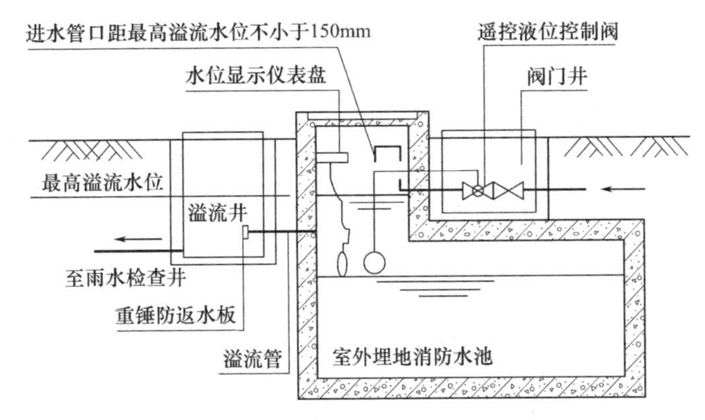

图9.4.3 室外埋地消防水池水位显示仪表、溢流管、进水管做法

9.4.4 **消防水池内底不应低于消防泵房地面标高。消防水池应设最高报警水位和最低报警水位，并标注设计最高正常水位和最低有效水位。**

【要点说明】

消防水池内底过低，导致无效水量过大，且增大了结构荷载。《民用建筑设计统一标准》GB 50352—2019第8.1.9条已明确规定：“消防水池内底应高于或等于消防泵房地面标高”，为给水排水专业给建筑专业提资提供了法规依据。

消防水池最低有效水位至设计最高正常水位是计算有效水量的有效水位，最低有效水位一直以来都存在争议。最低有效水位与最低报警水位概念不同。

消防水池设置各种水位的目的是保证消防水池不因放空或各种因素漏水而造成有效灭火水源不足。为了使消防水泵自灌吸水，消防水泵应经常充满水，以保证及时启动供水。平时，消防水池即使有漏水，也应始终满足消防水池水位高于泵体，此即为最低报警水位，概念上等同自灌水位。各水位关系如下：

设计最高正常水位：计算有效容积的最高水位。

最高报警水位：即为溢流水位（高于正常水位50～100mm)。

最低报警水位：低于正常水位100mm处，且应高于卧式泵的泵体、立式泵的第一级叶轮。

最低有效水位：在满足消防水池内底不低于消防泵房地面标高的条件下，按消防水泵吸水喇叭口以上600mm，并高于消防水池内底不小于100mm确定；当消防水池（箱）无法设置吸水井，消防水泵吸水管上设置旋流防止器时，按最低有效水位为旋流防止器顶部以上200mm确定。

超低报警水位：同最低有效水位。

最高和最低报警水位均为平时信号，消防工况下，随着消防水泵的启动而失效。

有效计算容积：消防水池设计最高水位至最低有效水位之间所含容积。

【措施要求】

系统图和水池、水箱详图剖面中，均应标注水位及名称，见图9.4.4。

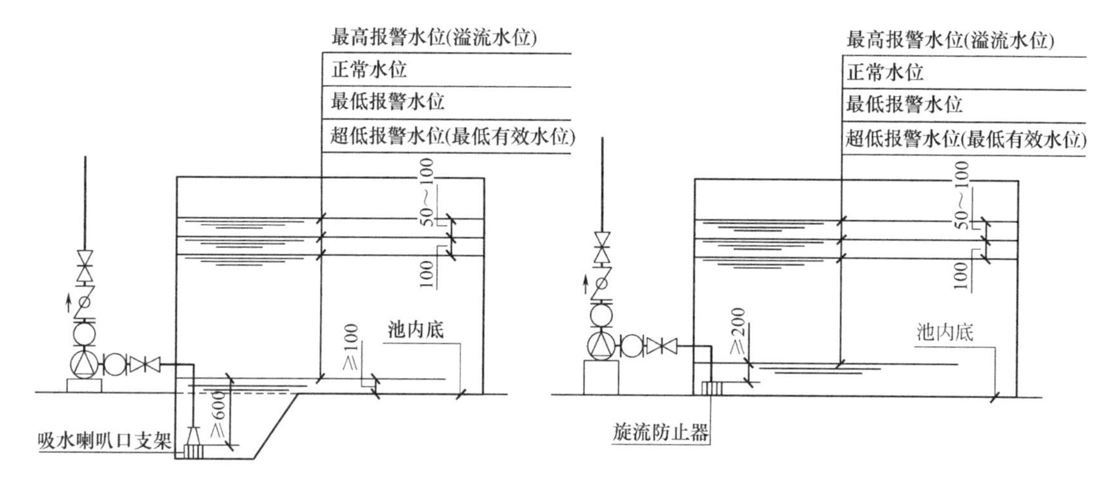

图9.4.4 水池水位名称和关系

9.4.5 两座和两格消防水池容积应基本相同，在使用中水位应保持一致，并不同时泄空清洗。设有水泵的吸水总管时，每格（座）低位消防水池应设置两根出水管。

【要点说明】

本条是对“消水规”第4.3.6条的统一做法。

“消水规”第4.3.6条未对两格（座）消防水池容积给出要求，第4.3.11条第5款对高位消防水池两格（座）容积相等做出了要求，本措施给出统一要求，本要求适用于低位和高位消防水池。

“消水规”第4.3.6条对每格（座）消防水池只要求设置独立的出水管，第5.1.13条第1款要求1组消防水泵的吸水管不应少于2条，水泵吸水管和水池出水管的概念见图9.4.5。为了减小90°弯管和吸水喇叭口的高度，本措施给出每格（座）低位消防水池应设置两根出水管的统一要求。

“两格”是指共用分隔墙，“两座”是指各自有独立的池体（含池壁、池底和池顶盖），相邻两座池壁间的间距应满足分别浇筑混凝土搭建模板的要求。想要保持两座（格）水位始终一致，有效水量全部被利用，就必须设置连通管，不可利用水泵的吸水总管代替连通管。这是因为吸水总管存在流动阻力，在消防水泵吸水运行时，两座（格）水位或多或少会存在水位差；连通管不存在流动阻力，只是平衡两座（格）水位，其管径不必与吸水总管同径，应减小管道转弯和阀门所占空间，连通管管径以 *DN*200 为宜。

《“消水规”实施指南》P70 给出的几种图示中，推荐图（*c*）、（*f*）的做法。有异议提出图（*f*），当一格消防水池检修时，消防水泵不再具备 1 用 1 备功能（这种概率很小），但满足每座（格）消防水池设独立出水管且满足最低有效水位设连通管的要求。

【措施要求】

连通管内底不应高于最低有效水位，每座（格）水池的出水管、连通管做法见图 9.4.5，推荐（*a*）的做法。

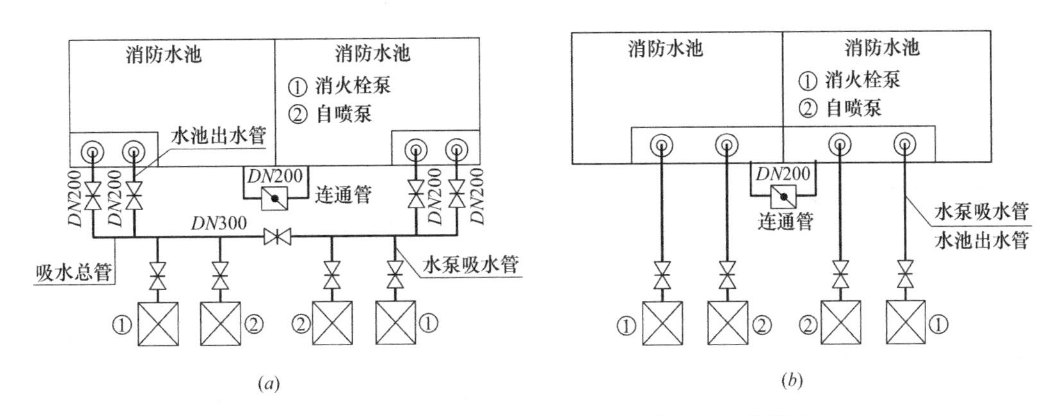

图 9.4.5　每座（格）消防水池的出水管、连通管做法

9.4.6　消防水池的进水管、溢流管、泄水管等管径及相关要求按表 9.4.6 执行。

消防水池相关要求　　　　表 9.4.6

项目	低位消防水池(4.3 节)	高位消防水池(4.3 节)
分格(座)	4.3.6[①]　总蓄水有效容积大于 500m³ 时，宜设两格；当大于 1000m³ 时，应设置为两座。两格(座)均能独立使用 (注意：对两格(座)是否相等无要求)	4.3.11/5　总有效容积大于 200m³ 时，宜设置蓄水有效容积相等且可独立使用的两格；当建筑高度大于 100m 时应设置独立的两座，且每格或座应有一条独立的出水管向系统供水 (注意：对两格(座)要求有效容积相等)
进水管	统一采用 *DN*100，适用于所有容积的消防水池。 4.3.3　应根据其有效容积和补水时间确定，补水时间不宜大于 48h，但当消防水池有效总容积大于 2000m³ 时不应大于 96h，且不应小于 *DN*100	管径根据转输泵总流量确定。 4.3.11/3　向高位消防水池供水的给水管不应少于两条(此指转输泵出水管。对平时生活给水补水管无要求)

续表

项目	低位消防水池(4.3节)	高位消防水池(4.3节)
出水管	**4.3.9/1 出水管应保证消防水池的有效容积能被全部利用。** **5.1.13/4 最低有效水位的要求**②	同低位消防水池
溢流管	统一采用DN150,适用于所有容积的消防水池。 **4.3.9/3 设置溢流水管,并应采用间接排水;** 4.3.10/2 应采取防止虫鼠等进入消防水池的技术措施	同低位消防水池
泄水管	统一采用DN100,适用于所有容积的消防水池。 **4.3.9/3 设置排水设施,并应采用间接排水**	同低位消防水池
通气管	4.3.10/1、2 应设置通气管;应采取防止虫鼠等进入消防水池的技术措施。 统一采用DN100。每格水池2根,管口高差300mm	同低位消防水池
水位显示	**4.3.9/2 应设置就地水位显示装置,并应在消防控制中心或值班室等地点设置显示消防水池水位的装置,同时应有最高和最低报警水位**	同低位消防水池
设置位置和场所	**地下二层及以上且室内外地坪高差不大于−10m的楼层**	4.3.11/6 设置在建筑物内时,应采用耐火极限不低于2.00h的隔墙和1.50h的楼板与其他部位隔开,并应设甲级防火门(意即可以放在室外,但应按5.2.4高位消防水箱的防冻、隔热措施执行)
材质	无条文要求,参见5.2.3高位消防水箱的材质要求	无条文要求,参见5.2.3高位消防水箱的材质要求

① 对应“消水规”中的条文号;
② 黑体字为“消水规”中的强制性条文。

【要点说明】

进水管管径是根据“消水规”第4.3.3条要求的补水时间,计算得出补水流量,按流速1.5m/s确定的。对于规范条文中没有具体管径要求的,本措施给出统一规定。

9.4.7 **贮存室外消防用水量的消防水池应满足以下要求:**

1 **设置在室外的消防水池最低有效水位不应低于消防车取水井口地面(消防车停车地面)5.0m;设置在室内的消防水池最低有效水位不应低于消防车取水井口地面(消防车停车地面)4.5m,且消防水池与取水井的连通管管径不应小于DN200,管长不宜大于50m,管顶位于消防水池最低有效水位以下;**

2 **当室外消防水池(不含设置在室内的消防水池)设置消防车取水口(井)时,应设置消防车到达取水口(井)的消防车道和消防车回车场地。**

【要点说明】

第1款，吸水高度不应大于6.0m，并不仅仅是室外地坪与消防水池最低有效水位的几何高差，还应考虑车载泵吸水口的高度和消防车吸水时连通管产生的水力坡降。消防水池最低有效水位相对于取水口地面的最大高差为：Z=6m－连通管水力损失h－消防车车载泵吸水口距取水井口地面高度H。按H=1.0m、h=0.5m（按车载泵流量为15L/s、DN200、L=50m计算，h<0.5m），故规定Z=4.5m。如连通管管长大于50m，则应增大管径，经计算水头损失，满足消防水池最低有效水位距消防车取水井口地面高差的要求。

还需注意的是，吸水高度6m是相对于常规大气压10m H_2O的地区。高海拔、低气压地区车载泵的吸水高度达不到6m（见表9.4.7），需要按当地的海拔高度确定消防水池最低有效水位。

海拔高度与最大吸水高度的关系 **表9.4.7**

海拔高度(m)	大气压(mH_2O)	最大吸水高度(m)
0	10.3	6.0
200	10.1	6.0
300	10.0	6.0
500	9.7	5.7
700	9.5	5.5
1000	9.2	5.2
1500	8.6	4.6
2000	8.4	4.4
3000	6.3	2.3

第2款，来自《民用建筑设计统一标准》GB 50352—2019第5.5.13条。“消水规”第4.4.7条是“设有消防车取水口的天然水源，应设置消防车到达取水口的消防车道和消防车回车场或回车道”，对消防水池取水口没有这样的要求。设置在室内的消防水池接出连通管道设置取水口的做法是由于室外场地有限，没有条件在室外设消防水池，自然设消防车道和消防车回车场也难于实施。所以，此要求不含设置在室内的消防水池接出连通管道设置取水口的情况。

【措施要求】

贮存室外消防用水量并设在室外时，给水排水专业与总图专业配合，确定消防水池位置，由总图专业确保消防车可以到达的回车场地。

9.4.8 **集中临时高压消防给水系统消防水池按下列范围设置：**

1 **每座消防水池服务的住宅小区总建筑面积不宜大于50万m^2，不应大于60万m^2，**

且消防水池应位于所服务的区域内。消防供水管道不宜穿越市政道路；

2 园艺博览园等公园类的消防供水服务范围的最大保护半径不宜超过1200m，且保护占地面积不宜大于200hm²。

【要点说明】

本条是对“消水规”第6.1.11条的进一步统一。

“集中系统”指消防水池、消防水泵、管网、消防水泵接合器、消防水箱和稳压装置等合用的消防设施。

“消水规”第3.1.1条第3款规定了仓库和民用建筑同一时间内的火灾起数为1起。小区设置多座消防水池，与火灾起数无关，是基于小区分期和分区建设，也是为了减小系统规模，减少管网渗漏，增加系统的安全可靠性。

第2款，近年园艺区建设增多，其占地面积大而总建筑面积小。本措施参照工矿企业的服务规模设计。

（Ⅱ）消防水箱容积和设置

9.4.9 采用临时高压消防给水系统的以下建筑必须设置高位消防水箱：

1 高层民用建筑（建筑高度大于27m的住宅和建筑高度大于24m的公共建筑）；

2 总建筑面积大于1万m² 且自然层数超过2层的多层公共建筑；

3 除1、2款以外的其他重要建筑；

4 汽车库、修车库。

【要点说明】

本条是对“消水规”第6.1.9条第1款的统一解读。此为强制性条文，应慎重执行。

第2款，“且”前后两个条件同时满足时，毋庸置疑要设置；但后一个条件是层数而不是建筑高度，似乎是匪夷所思。“建筑高度”很好判断，而“超过2层”，此处的层数如何理解？夹层、地下层是否计入层数？从“建火规”附录A第A.0.2条理解，建筑层数是按建筑的自然层数计算，室内顶板高出室外地坪大于1.5m的地下室才计入建筑层数。单层主体多层建筑，其局部夹层不计入建筑层数。第一个条件（总建筑面积）是含地下的总建筑面积，“且”前后两个条件不具有逻辑关系（不是总建筑面积对应的建筑层数）。总建筑面积大于1万m²，而自然层数不超过2层，也不能简单地认为可不设置高位消防水箱，应判断是否属于第3款的重要建筑。

第3款，发生火灾可能造成重大人员伤亡、重大财产损失、严重社会影响的建筑定义为重要建筑。含民用和工业（仓库和厂房）建筑。参考《汽车加油加气站设计与施工规范》GB 50156—2012（2014年版）对重要公共建筑的定义，有以下几类：

1）地市级及以上的党政机关办公楼。

2）设计使用人数或座位数超过1500人（座）的体育馆、会堂、影剧院、娱乐场所、车站、证券交易所等人员密集的公共室内场所。

3）藏书量超过50万册的图书馆；地市级及以上的文物古迹、博物馆、展览馆、档案馆等建筑物。

4）省级及以上的银行等金融机构办公楼，省级及以上的广播电视建筑。

5）设计使用人数超过5000人的露天体育场、露天游泳场和其他露天公众聚会娱乐场所。

6）使用人数超过500人的中小学校及其他未成年人学校；使用人数超过200人的幼儿园、托儿所、残障人员康复设施；150张床位及以上的养老院、医院的门诊楼和住院楼。

7）总建筑面积超过2万m^2的商店（商场）建筑，商业营业场所的建筑面积超过1.5万m^2的综合楼。

第4款，无论是附属在建筑地下的汽车库，还是独立的地上或地下汽车库，均应执行“车火规”第7.1.13条，设置高位消防水箱。

【措施要求】

总建筑面积按地下、地上总和计；建筑层数按自然层数计（室内顶板高出室外地坪不大于1.5m的地下室不计入建筑层数）。

9.4.10 **除本措施第9.4.9条以外的建筑，当设有消防水池、消防水泵、两路供水、双电源供电等安全可靠的供水系统或采用常高压消防供水系统时，以下建筑可不设置高位消防水箱，但应设带有气压水罐的稳压装置，且不可用市政给水管网直接稳压：**

1 **建筑高度大于21m且小于27m的住宅建筑；**

2 **非重要地下建筑；**

3 **大跨度、大空间、平屋面建筑；**

4 **临时建筑。**

【要点说明】

本条是对“消水规”第6.1.9条第2款的进一步解读，规范条文中“但”字后面的意思，给了一些可不设置高位消防水箱的模糊条件，本措施给予具体明确，在“院公司”执行。当然还是应以专题论证的结论为准。另外，不必设置贮存全部初期消防用水量的气压水罐，但考虑到稳压泵启动次数的限制，还是需根据计算设适量调节水容积的气压水罐。

【措施要求】

稳压泵流量和启停压力根据“消水规”第5.3.3条计算，消火栓系统气压水罐容积根据“消水规”第5.3.4条计算（详见本措施第9.5.1条）；自动喷水灭火系统气压水罐容积根据“喷规”第10.3.3条计算。

9.4.11 除针对特殊项目的消防专家论证结论对高位消防水箱容积有特殊要求外，均按“消水规”第5.2.1条规定的最小有效容积设置。

【要点说明】

消防专家论证结论只对论证的项目有效，不具有普适性。“消水规”第5.2.1条“应满足初期火灾消防用水量的要求”无实际意义，设计中无需考虑，直接采用第1～6款的最小有效容积。这几款虽不是强制性条文，但第5.2.6条第1款涉及高位消防水箱的有效容积为强制性条文，因此第5.2.1条的有效容积也要强制执行。

【措施要求】

为便于查阅，结合“消水规”第5.2.2条的最小静压，整理出表9.4.11。

高位消防水箱最小有效容积和最小静压 **表9.4.11**

建筑分类	建筑高度(总建筑面积或室内消防流量)	最小有效容积(m^3)	最不利灭火设施最小静水压力(MPa)①
一类高层公共建筑	≤100m	36	0.10
	>100m,且≤150m	50	0.15
	>150m	100	0.15
二类高层公共建筑、多层公共建筑		18	0.07
一类高层住宅	>54m,且≤100m	18	0.07
	>100m	36	0.07
二类高层住宅	>27m,且≤54m	12	0.07
多层住宅	>21m,且≤27m	6	宜0.07
商店建筑	>1万m^2,且<3万m^2	36	同公共建筑
	≥3万m^2	50	
工业建筑	≤25L/s	12	宜0.07(建筑体积<2万m^3) 0.10(建筑体积≥2万m^3)
	>25L/s	18	
自动水灭火系统			0.10①

① 除注明外，均为消火栓系统最小静压。

9.4.12 一、二类高层综合楼（含有商业功能部分）的高位消防水箱容积，其商业部分按商店建筑考虑。

【要点说明】

不同功能部分与不同用途区域是不同的概念，综合楼的不同功能部分，水平与竖向均采取防火分隔措施，并各自有独立的疏散设施，互不连通；建筑中的不同用途区域或房间，是为该建筑功能服务的，可以有防火分区分隔，也可以与其他区域或房间共用防火分区，但无独立的疏散通道，如：办公楼内的会议室、职工餐饮等，交通建筑中为旅客服务的商店，体育场（馆）中为观众服务的商店等。

【措施要求】

含有商业功能的一类高层综合楼，如整栋楼为整体的消防系统，其高位消防水箱容积取“消水规”第5.2.1条第1款和第6款的大值；如商业功能部分为独立的消防系统，则其高位消防水箱容积根据商业部分的建筑面积按“消水规”第5.2.1条第6款取值。

含有商业功能的二类高层综合楼，如整栋楼为整体的消防系统，其高位消防水箱容积取“消水规”第5.2.1条第2款和第6款的大值；如商业功能部分为独立的消防系统，则其高位消防水箱容积根据商业部分的建筑面积按“消水规”第5.2.1条第6款取值。

为便于查阅，整理出表9.4.12。

一、二类高层综合楼高位消防水箱最小有效容积（m^3） 表9.4.12

<table>
<tr><th>建筑分类</th><th>商业功能总建筑面积/(m^2)</th><th>整体的消防系统</th><th>商业独立的消防系统</th><th>备注</th></tr>
<tr><td rowspan="3">一类高层综合楼（建筑高度≤100m）[3]</td><td>≤10000</td><td>36</td><td>18※</td><td rowspan="6">如商业部分为一类高层[2]，则任何情况下均不小于36m^3</td></tr>
<tr><td>＞10000，且＜30000</td><td>36</td><td>36</td></tr>
<tr><td>＞(≥[1])30000</td><td>50</td><td>50</td></tr>
<tr><td rowspan="3">二类高层综合楼</td><td>≤10000</td><td>18</td><td>18※</td></tr>
<tr><td>＞10000，且＜30000</td><td>36</td><td>36</td></tr>
<tr><td>＞(≥[1])30000</td><td>50</td><td>50</td></tr>
</table>

① “消水规”第5.2.1条第6款缺少总建筑面积等于30000m^2的高位消防水箱容积取值，将此归到大于30000m^2的一档；

② 商业裙房楼板标高在24m以上的任何一层建筑面积大于1000m^2，为一类高层；

③ ＞100m的高层综合楼按表9.4.11取值。

9.4.13 超高层建筑群采用集中转输消防泵和转输水箱串联供水系统时，转输水箱有效容积应根据转输管道总长度按表9.4.13确定，当转输管道总长度大于1700m，又无条件增大转输水箱容积时，可采取对转输管系充水、补水稳压的技术措施。

【要点说明】

本条来自“院公司”业务建设课题结论。

现行消防规范对于转输管网并没有相关充水要求。由于转输管网存在漏损现象，且平时无补水措施；平时消防泵的自动巡检是在低速运转，只是检查消防泵的运转，并不出水。长此以往存在转输管网全部漏空的可能。对于超高层建筑群集中消防给水一级转输系统，如果转输管网形成空管，恰逢某栋超高层建筑发生火灾，则转输消防泵动作后首先给转输管网（通常容积较大）充水，转输管网容积越大，充水时间越长，则无法及时为转输水箱补水，延误救火时机。

【措施要求】

转输水箱最小有效容积与转输管道最大总长度的关系　　表 9.4.13

转输水箱最小有效容积(m^3)	60	70	80	90	100
转输管道最大总长度(m)	1700	2000	2300	2600	2900

注：转输管道管径为 *DN*200。

转输管系充水、补水稳压可采取以下措施之一：

1）设置转输管系稳压装置，稳压泵流量不小于5L/s，配置气压水罐有效容积不小于600L。转输水箱进水管上设置与转输消防泵联动开启的常闭电动阀，设计压力应保证最高转输水箱进水管口在准工作状态时的静压不小于0.05MPa。

2）转输水箱设置重力稳压管对一级转输管网进行重力充水。

平时对转输管系充水只是为了防止管道内空管而延误向转输水箱供水的及时性，并无稳压压力的要求；是安全、经济、简单的措施，推荐采用。见图 9.4.13。

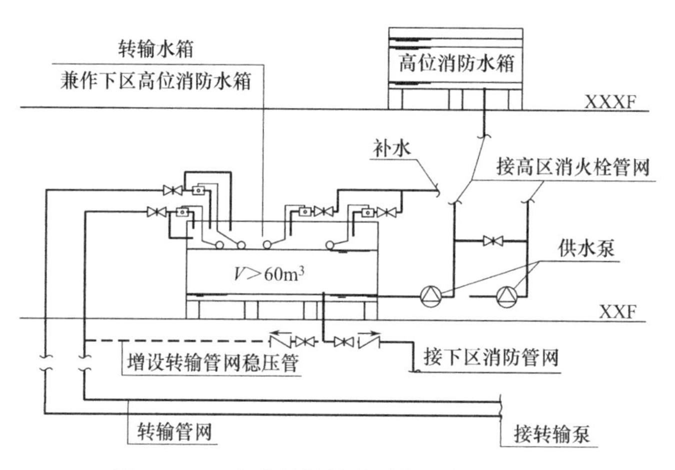

图 9.4.13　集中转输管道系统充水稳压措施

9.4.14　高位消防水箱最低有效水位应高于用于救火的最高消火栓栓口和自动喷水灭火系统的喷头。不能满足表 9.4.11 的最低静压要求时，应设带有气压水罐的稳压装置。

【要点说明】

在工程设计中，应与土建专业配合，使高位消防水箱高于自动喷水灭火设施（可不考虑固定水炮和大空间智能灭火装置），如高于喷头确有困难，应首先满足喷头的设置，采取其他保证喷头最低工作压力的稳压措施，并报当地消防主管部门审批。固定水炮和大空间智能灭火装置等自动水灭火装置的稳压可参考《自动消防炮灭火系统技术规程》CECS 245：2008、《大空间智能型主动喷水灭火系统技术规程》CECS 263：2009。

稳压泵启停压力计算详见本措施第 9.5.1 条。

【措施要求】

特殊条件下可按高位消防水箱常水位高于最高消火栓栓口和自动喷水灭火系统的喷头。

9.4.15 高位消防水箱的进水管、溢流管、泄水管管径根据水箱有效容积按表 9.4.15-1 配置。

高位消防水箱最小配管管径　　表 9.4.15-1

高位消防水箱有效容积 (m^3)	进水管进水量 (m^3/h)	最小进水管管径 (mm)	最小溢流管管径 (mm)	最小泄水管管径 (mm)
6	0.75	32	100	50
12	1.50	32(40)	100	50
18	2.25	32(40)	100	50
36	4.50	40(50)	100	50
50	6.25	50	100	50
100	12.50	65(80)	150(200)	100

注：1. 出水管管径为 *DN*100，旋流防止器接管应从水箱底部接出；
2. 进水管口的最低点高出溢流水位应为 150mm，当采用非生活饮用水补水时，最小可为 100mm；
3. （ ）中为南京市要求。

【要点说明】

本条是对“消水规”第 5.2.6 条各款的进一步明确。

第 6 款对进水管口的空气间隙要求“不应小于 100mm，不应大于 150mm”与“建水标”第 3.3.6 条第 1 款“不应小于 150mm”不一致，我们解读为“消水规”是针对非饮用水补水，150mm 的空气间隙适用于任何补水，这样完全满足了两本规范。

第 9 款，各容积的高位消防水箱出水管均采用 *DN*100，可忽略“出水管管径应满足消防给水设计流量的出水要求”。高位消防水箱的定义是：设置在高处直接向水灭火设施重力供应初期火灾用水量。有两个要点：直接重力供水、初期火灾。故高位消防水箱的作用只是应对初期火灾，初期投入扑救火灾的一般是 2 支水枪、4 个喷头，并不是消防系统全部流量。

第 2 款（强制性条文，针对稳压泵）和第 10 款（一般条文，针对重力出水）的关系：第 2 款是根据出水管喇叭口或旋流防止器的安装高度来确定高位消防水箱的最低有效水位。第 10 款则是要求出水管应位于最低水位以下。*DN*100 管道的旋流防止器盘体高 54mm（永泉产品尺寸见表 9.4.15-2 和图 9.4.15-1），则高位消防水箱底部至最低有效水位的高度至少为 205mm。

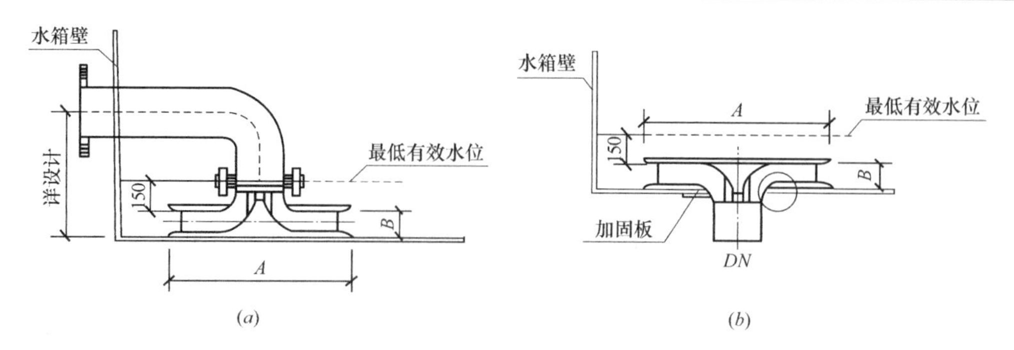

图 9.4.15-1 旋流防止器构造图

(a) 旋流防止器正装图；(b) 旋流防止器倒装图

尺寸表（mm） 表 9.4.15-2

DN	A	B
80	220	44
100	423	54
150	623	79
200	827	101
250	1030	130

【措施要求】

高位消防水箱的稳压泵吸水管和重力出水管均从水箱底部接出，并均设旋流防止器，避免上翻弯管和侧出管。见图 9.4.15-2。

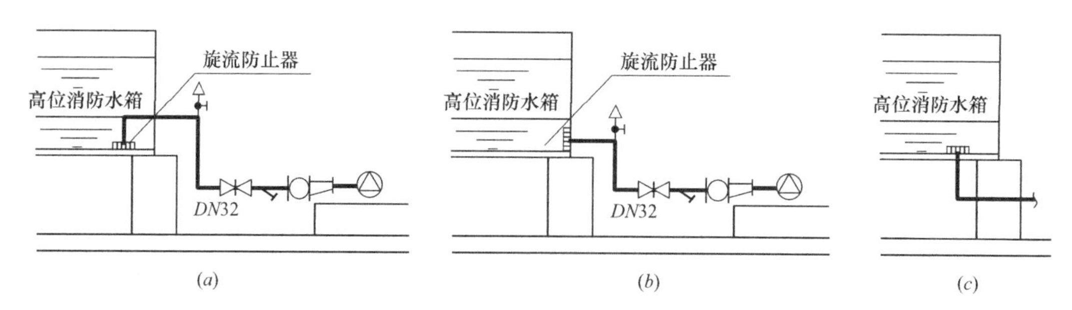

图 9.4.15-2 高位消防水箱出水管接法

(a) 不宜；(b) 错误；(c) 正确

9.4.16 高位消防水箱、转输水箱、减压水箱配管及相关要求按表 9.4.16 执行。

消防水箱相关要求 表 9.4.16

项目	高位消防水箱(5.2节)	转输水箱(6.2节)	减压水箱(6.2节)
有效容积	5.2.1 根据建筑性质和规模，分别取：$6m^3$、$12m^3$、$18m^3$、$36m^3$、$50m^3$、$100m^3$	6.2.3/1 有效贮水容积不应小于 $60m^3$，可作为下区的高位消防水箱(注意：未要求加大容积，但执行本措施第 9.4.13 条)	6.2.5/3 有效容积不应小于 $18m^3$

续表

项目	高位消防水箱(5.2节)	转输水箱(6.2节)	减压水箱(6.2节)
分格(座)	无条文要求 (可不分格)	无条文要求 (可不分格)	6.2.5/3 宜分为两格 (两格容积应基本一致)
进水管	5.2.6/5 管径应满足消防水箱8h充满水的要求,但管径不应小于$DN32$,进水管宜设置液位阀或浮球阀(管径按本措施第9.4.15条); 5.2.6/6 进水管应在溢流水位以上接入,进水管口的最低点高出溢流边缘的高度应等于进水管管径,但最小不应小于100mm,最大不应大于150mm; 5.2.6/7 当进水管为淹没出流时,应在进水管上设置防止倒流的措施(见“消水规”条文)。但当采用生活给水系统补水时,进水管不应淹没出流	无条文要求 1.参考消防水池、高位消防水箱的相关要求; 2.转输进水管按转输泵流量经管道水力计算确定,并不小于$DN200$; 3.生活给水管补充水箱平时的渗漏水,管径采用$DN32$	6.2.5/4 应有两条进水管,且每条进水管应满足消防给水系统所需消防用水量的要求(管径同出水管); 6.2.5/5 进水管的水位控制应可靠,宜采用水位控制阀(遥控浮球阀); 6.2.5/6 进水管应设置防冲击和溢水的技术措施(进水管上设减压阀,阀后压力0.3MPa,或管口淹没出流,并设导流筒,做法见国标图集《矩形给水箱》12S101),并宜在进水管上设置紧急关闭阀门(遥控浮球阀前设常开电动阀,紧急情况下在消防控制中心关闭) (无需设平时补水管)
出水管	**5.2.6/2 最低有效水位应根据出水管喇叭口和防止旋流器的淹没深度确定,当采用出水管喇叭口时应按消防水池的规定;当采用防止旋流器时不应小于150mm的保护高度;** 5.2.6/10 出水管应位于高位消防水箱最低水位以下,并应设置防止消防用水进入高位消防水箱的止回阀; 5.2.6/9 出水管管径应满足消防给水设计流量的出水要求,且不应小于$DN100$	无条文要求 1.参考消防水池、高位消防水箱的相关要求; 2.水泵吸水管参考消防水池,重力出水管参考高位消防水箱	6.2.5/4 应有两条出水管,且每条出水管应满足消防给水系统所需消防用水量的要求; 其他要求同消防水池、高位消防水箱
溢流管	5.2.6/8 管径不应小于进水管直径的2倍,且不应小于$DN100$(管径按本措施第9.4.15条确定)	6.2.3/2 溢流管宜连接到消防水池(管径无条文要求,按不小于进水管管径)	6.2.5/6 溢流水宜回流到消防水池(管径无条文要求,按不小于进水管管径)
泄水管	同低位消防水池(管径按本措施第9.4.15条确定)	无条文要求 参考消防水池、高位消防水箱的相关要求	6.2.5/1 同消防水池、高位消防水箱的相关要求
通气管	同低位消防水池	无条文要求 参考消防水池、高位消防水箱的相关要求	6.2.5/2 同低位消防水池

续表

项目	高位消防水箱(5.2节)	转输水箱(6.2节)	减压水箱(6.2节)
水位显示	同低位消防水池	无条文要求 参考消防水池、高位消防水箱的相关要求	6.2.5/1 同消防水池、高位消防水箱的相关要求
材质	5.2.3 可采用热浸锌镀锌钢板、钢筋混凝土、不锈钢板等	无条文要求 (同高位消防水箱)	无条文要求 (同高位消防水箱)

注：表中编号对应“消水规”中的条文号；黑体字为“消水规”中的强制性条文。

【要点说明】

除本措施第9.4.15条外，结合“消水规”分散在各条款的要求，汇总成表9.4.16，便于设计人员查找。对于规范条文中没有具体管径和相关要求的，本措施给出统一规定。

各消防水箱的水位名称和要求见图9.4.4。

9.5 稳压装置

9.5.1 **稳压泵按流量为1～1.5L/s、扬程为启停压力的平均值选泵。配套气压水罐的工作压力比α_b为0.8，有效水容积（调节容积）不小于150L。**

【要点说明】

稳压泵的作用是补充管网的正常泄漏量和系统自动启动流量，正常泄漏量与管道的材质、接口、施工质量等相关，无法精确计算；通常，室外埋地管网比室内管网漏损量大，大管网比小管网漏损量大，与系统总设计流量有一定关系，但不是绝对关系，如开式的雨淋系统，设计流量很大，但报警阀前的管网并不大。自动喷水灭火系统的报警阀压力开关需要在一定流量下才能启动，稳压泵向系统补水稳压时，只需报警阀启动，而不需压力开关报警。根据报警阀的产品标准《自动喷水灭火系统第2部分：湿式报警阀、延迟器、水力警铃》GB 5135.2—2003，报警阀在最低0.14MPa时动作，系统侧出流量为0.25L/s，出流量大于1L/s时，报警阀的压力开关和水力警铃即可发出报警信号。稳压泵启动向系统补水稳压时，是平时工况，而非消防工况，无需压力开关和水力警铃报警。所以，稳压泵流量不宜偏大，同时考虑满足“消水规”第5.3.2条第2款“稳压泵流量不宜小于1L/s”的要求，规定稳压泵流量为1～1.5L/s是合理的。

消防系统宜独立设置稳压装置，如多系统合用稳压装置，启动加压泵的控制关系应清晰，避免未出流喷水的系统加压泵启动，导致超压而损坏管道。且加压泵启动后，联动关闭稳压泵问题尚不好解决，只有合用稳压装置的所有系统加压泵都启动后，才能联动关闭稳压泵。

稳压泵的启停压力开关设在稳压泵出水管上，与稳压泵同一高度。

稳压泵启动压力（MPa）：

$$P_1 > 0.15 \pm 0.01H_1$$

H_1：高位消防水箱（或低位消防水池）最低有效水位至最不利灭火用水出流点的高差；

“—”指消防水箱（池）高于最不利灭火用水出流点，反之则“+”。

稳压泵停止压力（MPa）：

$$P_2 = \frac{P_1 + 0.1(1-\alpha_b)}{\alpha_b}$$

加压泵启动压力（MPa）（压力开关设在加压泵出水管上）：

$$P = P_1 \pm 0.01H - 0.07$$

H：高位消防水箱（或低位消防水池）最低有效水位至加压泵出水管上压力开关设置点的高差；“—”指消防水箱（池）最低有效水位低于压力开关设置点，反之则“+”。

【计算实例】

分两种情况计算稳压装置选型参数：

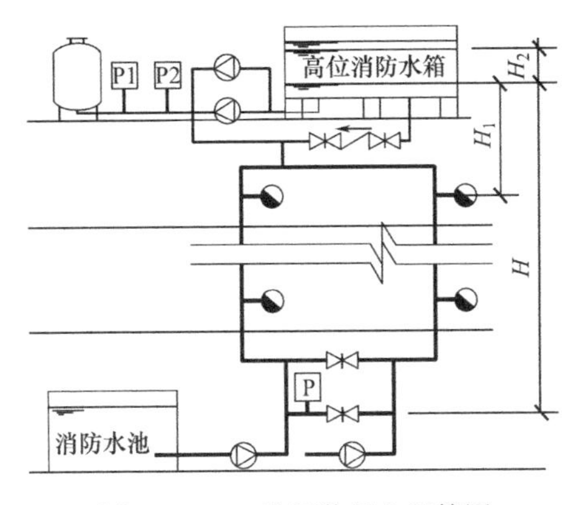

图 9.5.1-1　稳压装置上置简图

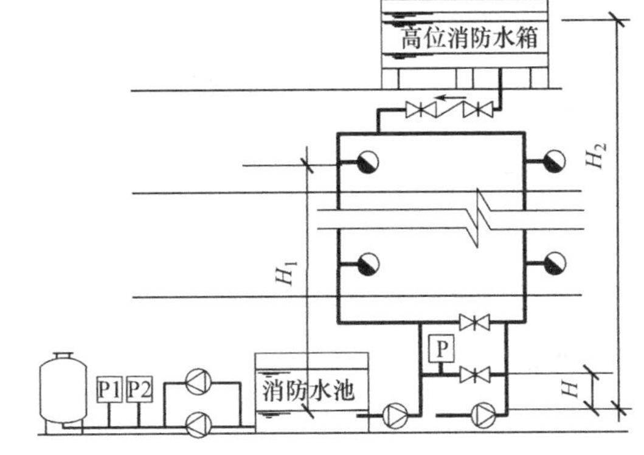

图 9.5.1-2　稳压装置下置简图

1. 稳压装置上置（从高位消防水箱吸水），计算简图见图 9.5.1-1。

例：$H_1=4$m，$H=50$m，$\alpha_b=0.8$。

1）稳压泵启动压力：$P_1>0.15-0.01\times4=0.11$MPa（取 0.12MPa）

稳压泵停止压力：$P_2=\dfrac{0.12+0.1(1-0.8)}{0.8}=0.175$MPa（取 0.18MPa）

稳压泵扬程：$h_b=\dfrac{0.12+0.18}{2}=0.15$MPa

稳压泵流量：$q_b=1.0$L/s

加压泵启动压力：$P=0.12+0.01\times50-0.07=0.55$MPa

2）气压水罐：有效容积（调节容积）$V_{q1}=\frac{\alpha_a q_b}{4n}$；总容积 $V_q=\frac{\beta V_{q1}}{1-\alpha_b}$

式中 V_{q1}——气压水罐有效容积（m^3）；

V_q——气压水罐总容积（m^3）；

α_a——安全系数，宜为1.0～1.3（取1.3）；

α_b——气压水罐内的工作压力比（绝对压力），宜为0.65～0.85（取0.8）；

q_b——稳压泵流量（m^3/h）；

n——稳压泵每小时启动次数（根据“消水规”第5.3.4条取15次）；

β——隔膜式气压水罐容积系数，取1.05。

$$V_{q1}=\frac{\alpha_a q_b}{4n}=\frac{1.3\times3.6}{4\times15}=0.078m^3=78L$$（根据“消水规”第5.3.4条取150L）

$$V_q=\frac{\beta V_{q1}}{1-\alpha_b}=\frac{1.05\times0.15}{1-0.8}=0.79m^3$$（取800L）

2.稳压装置下置（从低位消防水池吸水），计算简图见图9.5.1-2。

例：$H_1=50m$，$H=2m$，$\alpha_b=0.8$。

1）稳压泵启动压力：$P_1>0.15+0.01\times50=0.65MPa$（取0.70MPa）

稳压泵停止压力：$P_2=\frac{0.7+0.1(1-0.8)}{0.8}=0.90MPa$（取0.90MPa）

稳压泵扬程：$h_b=\frac{0.70+0.90}{2}=0.80MPa$

稳压泵流量：$q_b=1.0L/s$

加压泵启动压力：$P=0.70-0.01\times2-0.07=0.61MPa$

2）气压水罐：同上置。

【措施要求】

除当地允许外，任何情况下不应采用市政自来水压力直接给消防系统稳压的方式。

为方便查询，根据“消水规”第5.3.2条、第5.3.3条、第5.3.4条的要求，计算整理出系统总流量、稳压泵流量、扬程、启停压力、气压水罐总容积列于表9.5.1。设备表中应列出气压水罐内的工作压力比α_b和有效容积等技术参数。

稳压装置技术参数配置表 **表9.5.1**

系统总流量(L/s)	稳压泵流量(L/s)	稳压泵启、停压力(MPa)	稳压泵扬程(MPa)	气压水罐内的工作压力比α_b	气压水罐有效容积(L)	气压水罐总容积(L)
≤100	1.0～1.2	0.10、0.13	0.12	0.8	150	800
		0.15、0.21	0.18			
		0.20、0.28	0.24			
		0.25、0.34	0.30			

续表

系统总流量(L/s)	稳压泵流量(L/s)	稳压泵启、停压力(MPa)	稳压泵扬程(MPa)	气压水罐内的工作压力比 α_b	气压水罐有效容积(L)	气压水罐总容积(L)
>100	1.2～1.5	0.10、0.13	0.12	0.8	150	800
		0.15、0.21	0.18			
		0.20、0.28	0.24			
		0.25、0.34	0.30			

注：1. 供水干管埋地敷设的小区集中消防系统，稳压泵流量取大值；
2. 单栋建筑的消火栓系统稳压泵流量取 1L/s；
3. 不同消防系统合用稳压泵时，系统总流量不宜大于 100L/s。

9.5.2 设有高位消防水箱的稳压装置宜设置在高位消防水箱同侧或其下方，并从高位消防水箱吸水。

【要点说明】

标准图有稳压装置上置和下置两种形式。上置稳压装置可以很好地利用高位消防水箱的水量和其静压，减小稳压泵扬程，节电节能。下置稳压装置一般是设在低位消防泵房内，稳压泵从消防水池吸水，高位消防水箱则成为形式，稳压泵扬程高，配电容量也较前者大。

【措施要求】

不推荐采用稳压装置下置方式。

9.6 消防水泵接合器

9.6.1 除“消水规”第 5.4.1 条第 1～5 款设置消防水泵接合器的要求外，以下建筑的室内消火栓系统应设置消防水泵接合器：

1 地上不超过 5 层的公共建筑，其地下室超过 2 层或地下建筑面积大于 1 万 m^2；

2 附属有停车数大于 5 辆的地下或半地下汽车库的建筑，4 层以上的汽车楼。

【要点说明】

本条是基于建筑不同部位的室内消火栓为同一系统而做出的规定。

1.“消水规”第 5.4.1 条第 1～5 款是并列关系，满足之一，就应设置；其中第 3 款的“超过 2 层或建筑面积大于 10000m^2 的地下或半地下建筑（室）”不仅仅是独立的地下建筑，也包括地上建筑附属地下室。所以，即使地面以上不超过 5 层，只要其地下室超过 2 层或地下建筑面积大于 1 万 m^2，室内消火栓系统就要设消防水泵接合器。

2.“车火规”第 7.1.2 条规定停车数大于 5 辆的汽车库（含地上、地下车库）应设置消火栓系统；第7.1.12条对水泵接合器的设置明确为地下或半地下汽车库。本条第2款是综合“车火规”这两条，给出的统一措施要求。

9.6.2 消防水泵接合器设置数量除按系统设计流量计算确定外，尚应按以下要求设置：

1 自动喷水、水喷雾、大空间等不同作用的系统合用加压泵时，可按最大一个系统的设计流量确定消防水泵接合器的数量；

2 雨淋、水幕等同时作用的系统合用加压泵时，应按总系统的设计流量确定消防水泵接合器的数量；

3 每个系统消防水泵接合器不宜集中设置，并列集中设置数量不宜多于2套；

4 每个系统消防水泵接合器数量可不多于4套；

5 多栋建筑集中供水系统，每个系统在每栋建筑40m范围内宜至少有1套消防水泵接合器，且相邻建筑可共用。

【要点说明】

第2款，同时作用的系统，所需消防水泵接合器总数量不应局限于4套。

第3款，消防水泵接合器是由消防车供水，若过于集中设置，则消防车停靠困难；每辆消防车供水流量一般为10～15L/s，每个消防水泵接合器的流量也是10～15L/s，同时向同一位置的3套消防水泵接合器供水时，对应停靠3辆消防车，停放场地往往存在困难。另外，分散设置能保证某处消防水泵接合器无法使用时，另一处消防水泵接合器有50%～60%的必要供水措施。

第5款，“消水规”第5.4.4条只是要求在每座建筑附近设置，并没有对“附近”进行量化，也不要求每座建筑均按系统流量配置。本款予以统一量化，是基于两点：1）消防水泵接合器距室外消火栓宜为15～40m，目的是便于消防车从室外消火栓取水和通过消防水泵接合器向室内系统供水时快速便捷的连接；2）参考“消水规”第6.1.5条，为消防水泵接合器供水的室外消火栓距建筑外墙5～40m。所以在每栋建筑附近的消防水泵接合器也以距外墙40m为宜，且每个消防系统至少有1套，不必每处都按系统流量满额设置，总数量不少于系统设计流量所需即可。

9.6.3 竖向分区供水的消防给水系统，消防水泵接合器设置原则：

1 采用消防水泵分区的系统，高、低区必须分别设置；

2 由减压阀分区的系统，有困难时，消防水泵接合器可仅连接在减压阀上游管段上。

【要点说明】

消防水泵接合器是水灭火系统的第三供水源接口，是在建筑内消防水泵出现故障或消防水池贮水用尽时的外部供水措施。消防车通过消防水泵接合器向室内系统供水时，是否必须达到最不利消火栓栓口动压0.35MPa或其他水灭火设施的工作压力，现行规范并未明确，也是值得商榷的问题。

高、低区管网通过减压阀连通，从通过消防水泵接合器供水原理上来说，只要消防车供水压力能满足高区供水，则经过减压阀也能满足低区供水。有质疑提出："消防站得到某建筑低区部位失火的报警指令，有可能出动低压消防车到现场，再经过减压阀供水到低区管网，供水压力就降低了"。采用先导式可调减压阀分区是不存在这种情况的，先导式可调减压阀阀后压力设定值不受阀前压力变化的影响，只有在通过流量大于设计流量时，阀后压力才会低于设定压力值。设计中注意三点，就不会出现上述担心：1）采用先导式可调减压阀分区；2）减压阀的设置位置应低于城市消防车的供水高度；3）消防水泵接合器处设置铭牌标明供水范围和额定压力。1）、3）两点也是"消水规"第6.2.4条第5款（系统压力超过1.2MPa时，宜采用先导式可调减压阀）和第5.4.9条明确的。

【措施要求】

有条件时，由减压阀分区的高、低区分别设置消防水泵接合器。当消防水泵接合器仅连接在减压阀上游管段上时，应采用先导式可调减压阀进行分区；消防水泵接合器处设置标明系统名称、供水区域和额定压力（系统图、总平面图、设计说明）的永久铭牌。

9.6.4 **室内、外消火栓合用管网系统，消防水泵接合器的设置位置应能满足消防车向室内管网系统可靠供水。**

【要点说明】

消防水泵接合器的作用是消防车向室内管网供水。消防车取水水源：1）室外消火栓；2）外水源。室外消火栓的作用：1）供消防车取水；2）直接对建筑外实施灭火。消防水泵接合器附近40m以内宜有室外消火栓，目的是便于消防车从室外消火栓取水和通过消防水泵接合器向室内系统供水时快速便捷的连接，即边取水边向室内管网供水，要确保消防车供水通过消防水泵接合器进入室内管网后不会回流至室外管网，才能可靠向室内管网供水。

【措施要求】

室内、外消火栓合用管网系统，引入建筑内的消防管道上应设止回阀，消防水泵接合器应连接在止回阀下游管段上。见图9.6.4。

9.6.5 **超高层建筑的手抬泵吸水和压水接口的设置位置：**

1 转输泵房高区加压泵或二、三级转输泵的吸水管和出水管上分别设手抬泵吸水和压水接口；

2 转输泵房以上每70m高差范围内分别设手抬泵吸水和压水接口，且应设置在方便操作的地点；吸水和压水接口在管道上的连接不能影响高位消防水箱和稳压泵的压力向供水管网的传递。

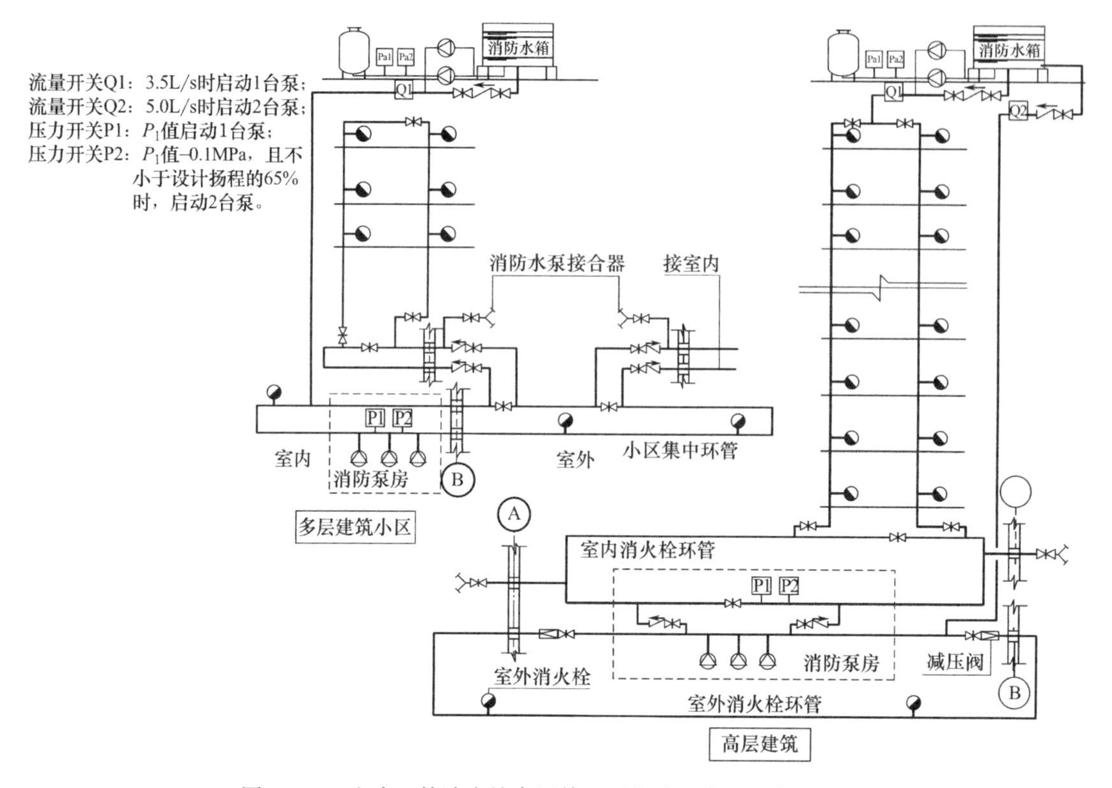

图 9.6.4 室内、外消火栓合用管网系统消防水泵接合器连接

【要点说明】

超高层建筑的消防水泵接合器分两个层级：第一层级是转输泵房以下楼层范围的供水分区，城市消防车的供水压力一般为 1.0～1.8MPa，均能满足转输泵房以下楼层范围的供水分区，只需设置与系统管网直接连接和与一级转输泵出水干管连接的消防水泵接合器即可，不需再在中间设手抬泵接力接口。至于消防车通过消防水泵接合器供水时是否必须满足系统设计工作压力，参见第 9.6.3 条【要点说明】。第二层级是转输泵房以上楼层范围的供水分区，该层级范围各分区则需手抬泵或移动泵接力供水。

手抬泵体积小、质量轻（最大质量小于 100kg），便于移动。其启动动力为柴油或汽油，靠人工拉动启动绳或扳动操作板的启动开关来启动，最大能力的手抬泵流量 Q=25～30L/s，扬程 H=100～80m。现行规范并没有规定由消防车及手抬泵接力供水时的压力要求，以超高层建筑消防安全从严为原则，统一规定竖向接力接口的间距，以期达到手抬泵接力供水时，仍有一定的压力。

【措施要求】

设备表中列出手抬泵参数；图面上用消防水泵接合器表示手抬泵吸水和压水接口。系统图示见图 9.6.5-1、图 9.6.5-2（自动喷水灭火系统同理）。

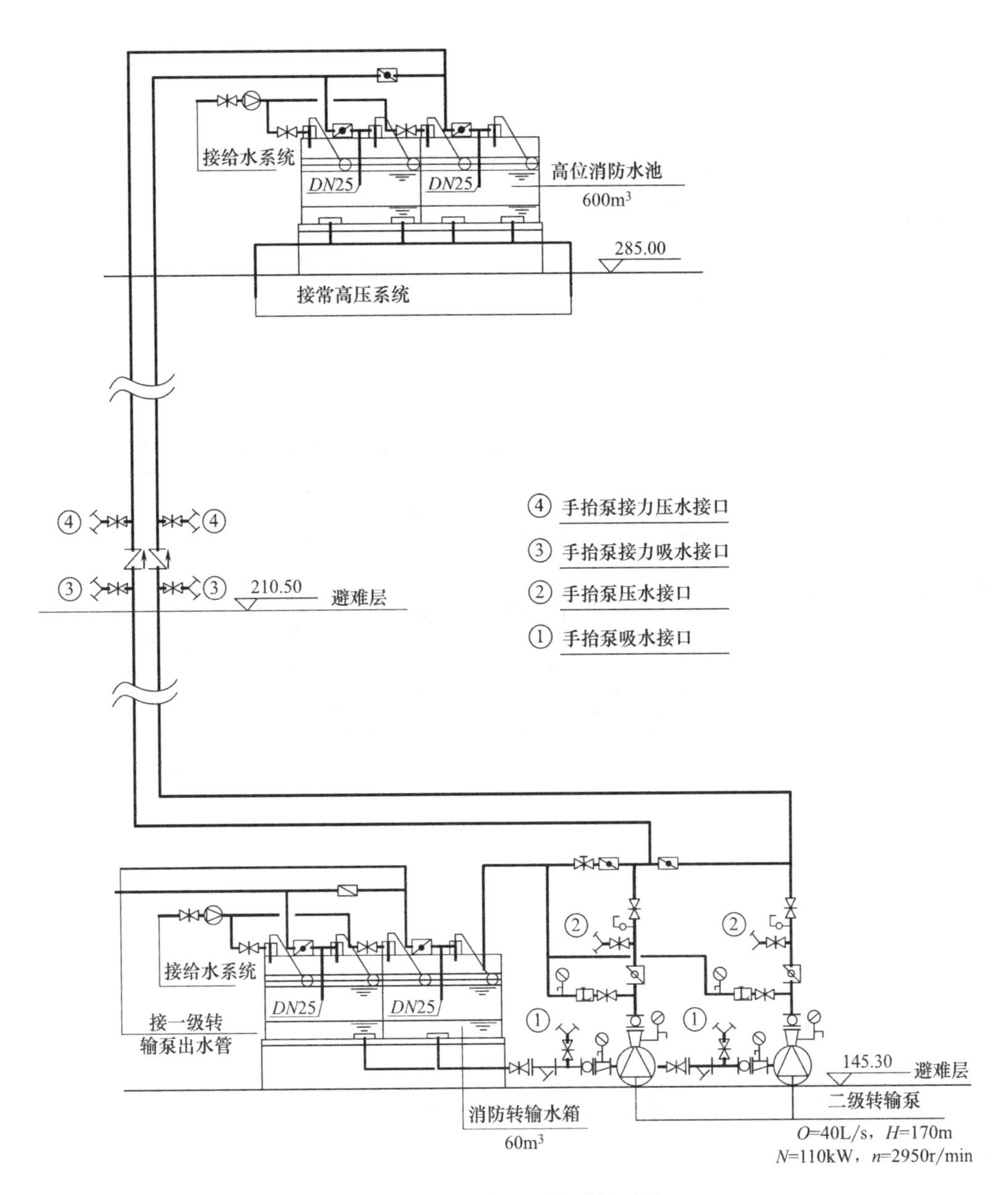

图 9.6.5-1 常高压系统手抬泵接口

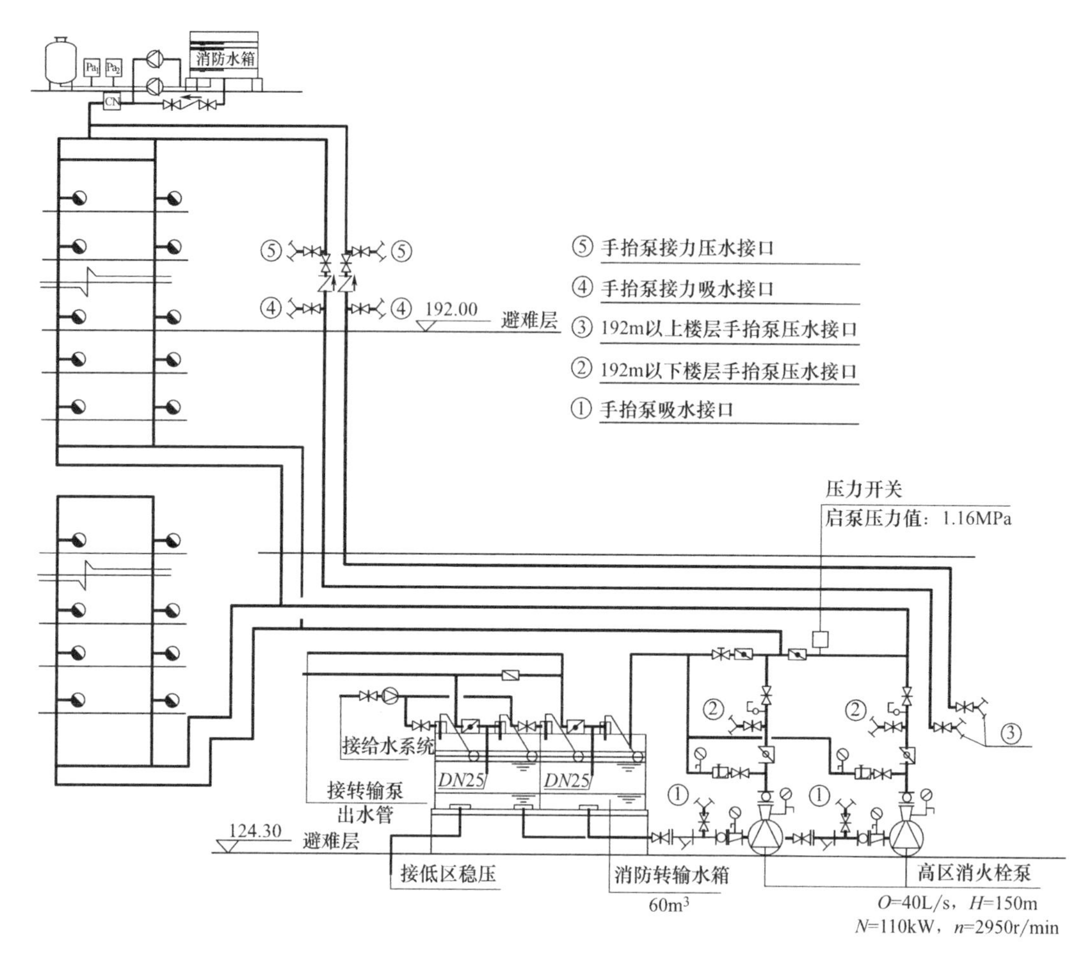

图 9.6.5-2 临时高压系统手抬泵接口

9.7 消防水泵及消防泵房

9.7.1 除建筑高度小于54m的单栋住宅可不设置备用泵外，均应设置备用泵。设置单台消防水泵时，仍应设两条吸水管和两条出水管。

【要点说明】

本条是对“消水规”第5.1.10条、第5.1.13条第1、3款、第8.1.2条第1款的统一说明。

“消水规”第5.1.10条规定了两款可不设置备用泵的建筑，但两款内容却是互相矛盾的，如根据第1款，建筑体积>20000m³的甲、乙、丙类厂房和仓库（室外消防给水设计流量大于25L/s）应设置备用泵，而根据第2款，建筑高度≤24m的甲、乙、丁、戊类厂房和仓库（室内消防给水设计流量10L/s）可不设置备用泵。问题来了，建筑高度≤24m而体积>20000m³的甲、乙类厂房和仓库怎么办？从安全出发，一般要从严执行。类似这种情况还有一些公共建筑。

根据“消水规”第8.1.2条第1款，向两栋或两栋以上建筑供水时，消防给水应采用环状给水管网，由一台消防水泵向环状给水管网供水，实际意义不大，住宅小区的集中消防系统也应设置备用泵。所以，只有建筑高度小于54m（不含等于）的单栋住宅同时符合“消水规”第5.1.10条第1、2款和第8.1.2条第1款。虽然一台消防水泵设两条出水管意义不大，但鉴于“消水规”第5.1.13条第1、3款是强制性条文，所以必须执行。

【措施要求】

单台消防水泵的吸水管、出水管图示表达见图9.7.1。

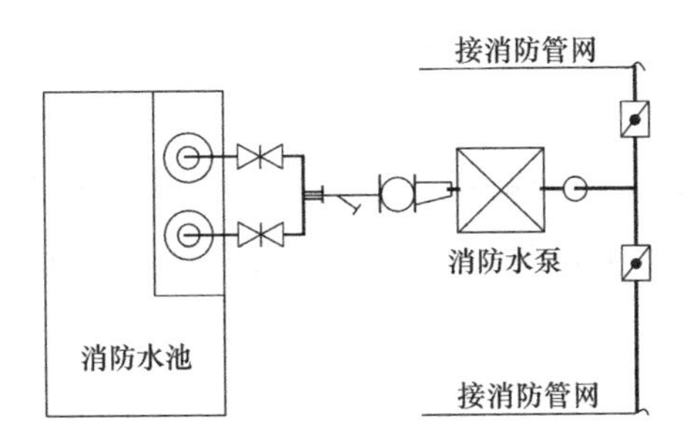

图9.7.1 单台消防水泵的吸水管、出水管

9.7.2 消防水泵出水管上应设置泄压持压阀等防止消防水泵过热和超压运行的技术措施，泄压值应设定为不小于设计扬程的120%或水泵零流量时的扬程，泄压水回流至消防水池。

【要点说明】

本条是对“消水规”第5.1.16条的具体化统一措施。

消防水泵的性能曲线在低流量时，扬程高。低流量空转就是泵的出流量为零，零流量时最高扬程是1.40倍的设计扬程，最小扬程也高于1.20倍的设计扬程。泵体长时间超压运行，就会发热。有几种方式可防止消防水泵过热运行：1）消防水泵出水管设置泄压持压阀；2）采用具有小流量空转过热保护的离心泵或带有安全阀、定流量开关、自动再循环控制阀或离心泵保护阀。第2种方式与消防水泵产品有关，需要体现在招标技术规格书中，约束力不强。本措施推荐第1种方式。

【措施要求】

泄压值标注在系统图上，图示表达见图9.7.2。

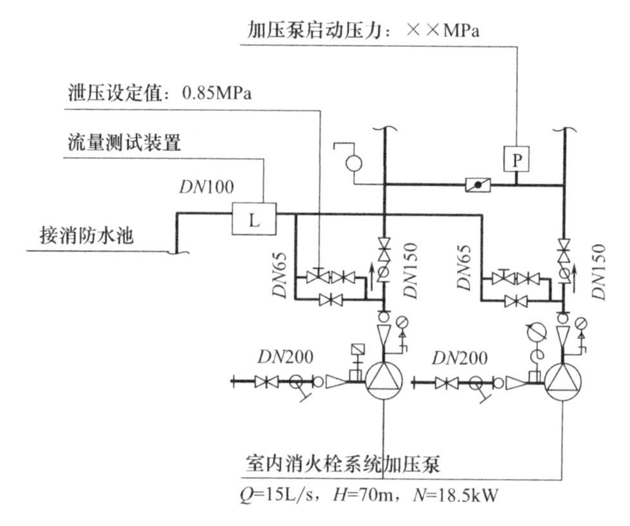

图 9.7.2 消防水泵防过热措施标注图示

9.7.3 应根据系统最大流量和最高压力的对应位置关系选泵，使消防水泵性能满足消防给水系统任何工况下所需的流量和压力要求，且电机功率按最大流量的 150%流量配置。

【要点说明】

本条是对“消水规”第 5.1.6 条的说明。

如大流量需求的区域计算所需压力不高，而小流量需求的区域计算所需压力高，则选泵时要根据消防水泵的性能曲线，出流量增大到设计流量的 150%时，曲线上的压力不低于设计工作压力的 65%，且零流量时的压力小于等于 1.40 倍的设计工作压力，大于 1.20 倍的设计工作压力。不能选用切线泵作为消防水泵。

【计算实例】

某高层建筑，裙房为 5 层（层高均为 4.5m）总建筑面积 10000m^2 的商业，上部塔楼为普通住宅，地下为设备机房和车库，总建筑高度 60m（室内外高差 0.2m）。其室内消火栓系统由一组加压泵供水。

住宅与其他使用功能合建的建筑不属于多功能综合楼，依据“建火规”第 5.4.10 条，其住宅部分和非住宅部分的室内消防设施配置，可根据各自的建筑高度分别按住宅建筑和公共建筑执行。

确定室内、外消火栓设计流量：裙房部分建筑高度为 4.5×5+0.2=22.7m，属于多层商业楼，建筑体积为 10000×4.5=45000m^3，根据“消水规”第 3.5.2 条，室内消火栓设计流量为 40L/s；住宅室内消火栓设计流量为 20L/s。

经水力计算，满足住宅、裙房最不利消火栓压力要求所需的设计压力分别为

110m、70m。

室内消火栓系统最大设计流量 Q 和最大设计扬程 H 并不发生在同一处，按 $Q=40L/s$、$H=110m$ 选泵并不是最优选型参数。依据“消水规”第5.1.6条第1、4、5款，消防水泵的性能应满足消防给水系统所需流量和压力；消防水泵流量—扬程性能曲线应为无驼峰、无拐点的光滑曲线，零流量时的压力不应大于设计压力的140%，且宜大于设计工作压力的120%；当 Q 增大到设计流量的150%时，H 不应低于设计工作压力的65%。性能曲线的两个工况点20（L/s）/110（m）、40（L/s）/80（m）满足设计要求，且出流量增大到30L/s和60L/s时（150%的设计流量），泵出口压力不低于110×65%=71.5m和80×65%=52m（设计工作压力的65%）。故性能曲线同时满足住宅部分和裙房部分的消火栓系统流量、压力要求，同时满足“消水规”第5.1.6条第1、4、5款。

【措施要求】

系统图和设备表中仅需注明设计参数，同时将消防水泵性能要求写入设计说明；如果注明水泵型号，则应校核该型号水泵的性能曲线是否满足所有要求。目前消防水泵的性能曲线不全，不建议注明水泵型号。

9.7.4 **消防泵房的地面标高与室外出入口地坪的高差，应从通向室外出入口的疏散通道算起，且疏散楼梯间、疏散通道至消防泵房应在同一标高面上，中途不应有标高变化。消防泵房疏散门到达安全出口的途中不能经过其他房间或使用空间。**

【要点说明】

本条是对“消水规”第5.5.12条第2、3款的进一步明确。“消水规”第5.5.12条第1、2、3款均为强制性条文，要向建筑专业提资料，由建筑专业实施。

有的项目在设计中为了机械地执行“消防泵房的地面标高与室外出入口地坪的高差不得大于10m”的要求，仅仅将消防泵房地面抬高，从消防泵房疏散门通过疏散通道进入疏散楼梯间，中途下、上数步台阶。这样反而减弱了直通消防泵房的便捷性，实际上是不符合强制性条文规定的。直通室外的疏散楼梯间和开设在建筑首层门厅大门附近的疏散门都视为安全出口。

【措施要求】

正确和错误图示见图9.7.4。

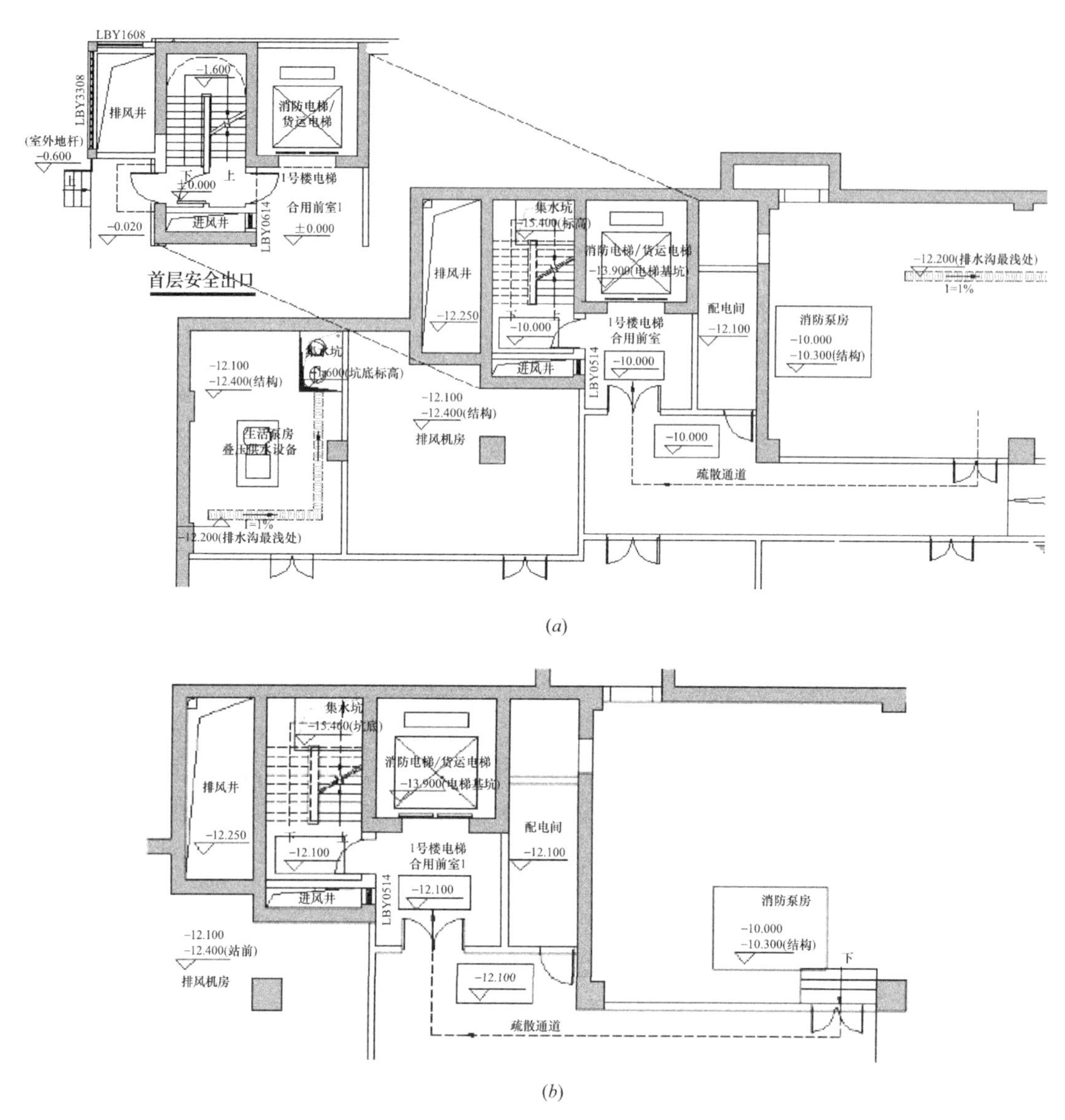

图 9.7.4 消防泵房地面标高关系

(a) 正确标高关系；(b) 错误标高关系

9.8 消 防 排 水

9.8.1 消防泵房排水泵及排水流量应满足以下要求：地下消防泵房排水泵流量按消防水池进水管的进水流量设计，每台不应小于 30m³/h，且应设备用泵。

【要点说明】

消防泵房的排水量不考虑爆管事故，考虑管道检修时的管道放水、水池清洗时的泄空水、市政进水管因浮球阀失灵而造成的溢流水。水池泄空是可控的，且不会与溢流同时发生，而水池发生溢流是不可控的，平时水池满水时，进多少水则溢流多少水。对于 *DN*100 的进水管，流速为 1.5m/s 时，进水流量约为 $30m^3/h$。

【措施要求】

消防泵房排水泵按消防负荷供电。设置在楼层的消防泵房按地下消防泵房的排水流量和要求执行，可通过排水管排出，排水管管径应根据排水流量确定。

9.8.2 **报警阀部位排水应满足以下要求：设于地下室的报警阀部位的排水流量按每台 $30m^3/h$ 配置 1 用 1 备排水泵，可与就近需排水的机房集水坑（排水泵流量不小于上述要求）合用，报警间地面宜设置地面不漫流措施。**

【要点说明】

“喷规”第 6.2.6 条条文说明“报警阀将排出一定量的水，故设计应有足够排水能力的排水设施”。但未量化，给出统一措施。报警阀启动和功能试验时，报警阀本体的排水管将排出一定量的水，特别是功能试验时会排出大量的水，在无积水或积水深度≤15mm时，普通地漏 *DN*100、*DN*150 的泄水能力分别为 1.9L/s、4.0L/s（来自“建水标”第 4.3.8 条），排水来不及排走会沿地面漫流。报警阀间设置排水沟，排水点处应设置挡水坎，挡水坎高出地面 150mm，增大地漏处的积水深度，可增加地漏的排水能力，同时避免排水沿地面漫流。

【措施要求】

设置在楼层的报警阀间按地下报警阀间的排水流量和要求执行，可通过排水管排出，排水管管径应根据排水流量确定，并不宜小于 *DN*100。

9.8.3 **消防电梯的井底排水应按下列要求设计：**

1 井底集水坑不应设在电梯正下方，应设在与消防电梯同一防火分区的电梯井筒侧面；

2 兼作消防电梯的客梯、货梯也应设集水坑，消防电梯和兼作消防电梯的客梯、货梯位于同一防火分区时，可共用集水坑；

3 集水坑不应接入非灭火用排水，排水泵出水管应以集水坑为单位单独排出室外，并宜接入室外雨水管道；

4 排水泵 1 用 1 备，每台流量不小于 10L/s，按消防负荷供电。

【要点说明】

“建火规”第 6.1.5 条“防火墙上不应开设门、窗、洞口……”，由于消防电梯井壁需由洞口或管道与集水坑连通，为防止火灾时烟气通过此管洞蔓延，故集水坑应与消防电梯在同一防火分区内。

"建火规"第7.3.2条"消防电梯应分别设置在不同防火分区内，且每个防火分区不应少于1台"，有些重要大型公建，可能会要求在同一防火分区内借用客梯或货梯兼作消防电梯，如这两部电梯共用井筒壁，规范并无明确要求分设集水坑。共用集水坑的有效容积和排水泵可不增大。

【措施要求】

专用和兼用消防电梯共用集水坑图示见图9.8.3。

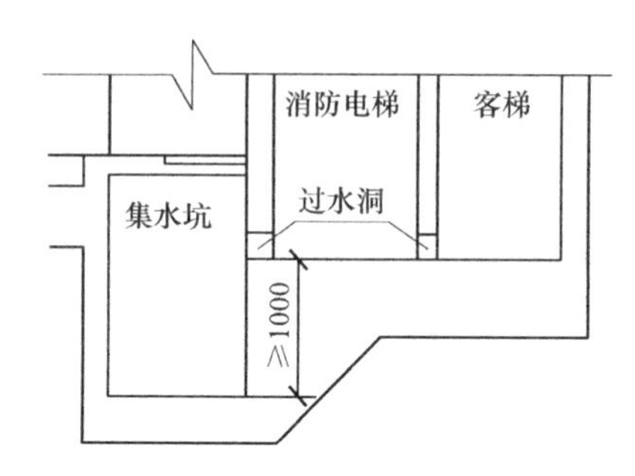

图9.8.3 专用和兼用消防电梯共用集水坑

9.8.4 设有消防给水系统的仓库、地下室（含人防区域）消防排水应按下列要求设计：

1 地面以上楼层的仓库可利用走道、楼梯等自流排走；

2 地下仓库的消防排水量可按地下人防的消防排水量；

3 其他地下室的消防排水利用平时用排水设施。

【要点说明】

参考《人民防空工程设计防火规范》GB 50098—2009（简称"人防火规"）第7.8.1条条文说明，消防排水量可按消防设计流量的80%计算（这里的消防设计流量指：仓库是室内所有水灭火系统总设计流量；地下人防是按人防内平时功能的所有水灭火系统总设计流量），可利用平时用排水泵，按同一防火分区内所有排水泵（含备用泵）的排水量叠加计算；一般地下室的消防排水量没有特殊要求，只要设有排水泵即可。

【措施要求】

排水泵的供电条件提给电专业：人防区域排水泵按消防负荷供电；非人防区域地下室、地下仓库排水泵按重要负荷供电，应采用相对独立的供电回路，在火灾延续时间内不能切断电源。

存有可燃液体和有毒有害物品的仓库消防排水措施参见《"消水规"实施指南》第9.4节思考4。

10 消火栓系统

10.1 水量和水压

（Ⅰ）室内、外消火栓设计流量取值

对“消水规”表 3.3.2、表 3.5.2 未明确或未涉及的建筑，统一以下要求。

10.1.1 **单座总建筑面积大于 50 万 m^2 的地下建筑和公共建筑，室外消火栓设计流量分别为 60L/s 和 80L/s。**

【要点说明】

本条是对“消水规”表 3.3.2 注 4 的进一步明确。

由于“建火规”第 3.3.1 条、第 3.3.2 条对工业建筑（不同类别的仓库、厂房）的占地面积、防火分区面积和层数等建筑规模有一定限制，故单座建筑面积不会大于 50 万 m^2；民用建筑中的住宅不以建筑规模分档，均为 15L/s。只有地下建筑和公共建筑的室外消火栓设计流量有增大 1 倍的情况。首先明确“单座建筑”和“地下建筑”的概念。

单座建筑总面积的计算：单座建筑指地下室投影线范围内的所有建筑（含地下室），这些建筑的面积之和即为单座建筑的总面积。

地下建筑：主要指修建在地表以下供人们进行生活或其他活动的房屋或场所，是广场、绿地、道路、铁路、停车场、公园等用地下方相对独立的地下建筑，为地下建筑服务的地上建筑面积应计入地下建筑内。其中地下轨道交通设施、地下市政设施、地下特殊设施等除外。

【措施要求】

优先采用市政给水管网直接供水的低压制给水系统。

当采用临时高压室外消火栓供水系统时，室外消火栓设计流量增加 1 倍的几种做法：

1）室外消防贮水量增加 1 倍，消防水泵流量也增加 1 倍，配置 1 用 1 备 2 台加压泵；

2）室外消防贮水量增加 1 倍，消防水泵流量也增加 1 倍，配置 2 用 1 备 3 台加压泵；

3）将保护面积分成不大于 50 万 m^2 的几部分，每部分设计独立的室外消防系统，每部分的室外消防贮水量和消防水泵流量不加倍。

“院公司”推荐1)、2)做法。

10.1.2 成组布置的多层住宅、宿舍等建筑和多层办公楼、教学楼等建筑及成组布置的乙、丙、丁、戊类多层厂房，应按相邻两座最大建筑物体积之和确定室外消火栓设计流量。

【要点说明】

本条是对“消水规”表3.3.2注1的进一步明确。

不是所有建筑都可以成组布置，可成组布置的建筑只适合特定建筑，根据“建火规”第3.4.8条和第5.2.4条，可成组布置的建筑有一定要求并需要满足一定条件，这些要求和条件由建筑专业落实。给水排水专业需要注意两点来正确判定是否属于成组建筑：1)成组建筑之间并不一定是完全贴建，而是有不宜小于4m的间距；2)完全贴建的两座建筑并不一定是成组建筑。如：“建火规”表5.2.2注3“相邻两座高度相同的一、二级耐火等级建筑中相邻任一侧外墙为防火墙，屋顶的耐火极限不低于1.00h时，其防火间距不限”，满足此条件的两座建筑即使相连建造，建筑的室外消防设计流量也可分别按两座建筑的各自体积确定。

10.1.3 住宅和公共建筑合建的高层建筑共用一套消火栓给水系统时，室内、外消火栓设计流量应为：

1 室内消火栓用水量，应分别依据住宅、公共建筑的设计流量和火灾延续时间计算，以用水量较大者为准。消防水泵选型流量和扬程应按住宅、公共建筑的设计流量及所需压力的合理匹配确定。

2 室外消火栓设计流量，应根据该建筑总体积（包括住宅、公共建筑体积）和总高度，按照“消水规”表3.3.2中的公共建筑确定。

【要点说明】

根据“建火规”第5.4.10条第3款：住宅建筑与其他功能的建筑合建时，室内消防设施配置，可根据各自的建筑高度分别按住宅建筑和公共建筑的规定执行；该建筑的其他防火设计应根据建筑的总高度和建筑规模按公共建筑的规定执行。

室外消火栓设计流量和部分建筑的室内消火栓设计流量是根据建筑体积确定的，但现行的所有规范都没有建筑体积的统一计算方法，以及建筑体积是否包括建筑的地下室体积？地下室与地下建筑的关系是什么？地下建筑包括哪些内容？都没有统一的解释。“院公司”的设计项目统一明确如下：

1)地上地下相连的建筑物，建筑体积上下一起算。即建筑体积=总建筑面积（不计地下车库建筑面积）×平均层高。

2)为地上建筑服务的地下用房称为地下室，如机房、职工餐厅等；除本措施第10.1.1条【要点说明】中提到的独立地下建筑外，地上建筑的大底盘地下室有对外经营的地下用房时，此部分也归为地下建筑，如地下商业。

【计算实例】

某建筑地上有几栋7层（建筑高度>27m）的住宅及物业配套，大底盘地下室，地下一、二层为商业，地下三层为车库。

室内消火栓设计流量：

住宅：10L/s；车库：10L/s；地下商业：根据地下商业的建筑体积，查“消水规”表3.5.2，为q，如q>10L/s，则室内消火栓设计流量取q。

室外消火栓设计流量：

地下商业：根据地下商业的建筑体积，查“消水规”表3.3.2，为Q_1；

整座建筑：体积按地下室投影范围内整座建筑地上与地下全部体积之和计算，查“消水规”表3.3.2，为Q_2。

如$Q_2>Q_1$，则室外消火栓设计流量取Q_2。

10.1.4 **建筑高度小于50m的高层商业楼、图书馆、档案馆等，室内、外消火栓设计流量均按40L/s取值。**

【要点说明】

根据“消水规”表3.5.2，商店、图书馆、档案馆等建筑体积大于2.5万m^3的多层建筑，室内消火栓设计流量为40L/s，而建筑高度≤50m的一、二类高层公共建筑分别为30L/s和20L/s。如果一栋≤50m的高层商业建筑取值反而小于多层商业建筑，显然是不合理的，这也说明了“规范”无法涵盖全面的漏洞。

10.1.5 **特殊功能多层建筑的室内消火栓设计流量：**

1 **游乐馆等建筑面积小、体积大的单体建筑，消防给水设计流量参照车站类、展览类、航站楼等建筑类别，按建筑体积的参数，同时兼顾游玩人数，参考影院、体育馆等人数所对应的设计参数，取大值；**

2 **老年人照料设施按照病房楼的设计流量；**

3 **幼儿园按照公寓、宿舍等其他建筑的设计流量；**

4 **非住宿的培训中心参照办公楼、教学楼类建筑的设计流量；**

5 **餐饮、网吧、洗浴中心等参照商业类建筑的设计流量。**

【要点说明】

人流量大、功能特殊的建筑，很难对应参照现行规范条文。应根据防火的具体特点，从面积、体积、人数、疏散禀赋等方面进行分析，参照火灾危险性和人员密度相近的建筑，选取室内、外消防用水量及消防措施，不能盲目仅按面积或体积进行套用。

（Ⅱ）火灾延续时间

对“消水规”表3.6.2不明确或未涉及建筑的火灾延续时间，统一以下要求。

10.1.6 医疗建筑、老年人照料设施：

1 集门诊楼、医技楼、住院楼、办公科研楼、后勤保障等两种或多种功能为一体的高层医疗建筑；高层老年人照料设施，为3h；

2 多层医院建筑及单一功能的高层医院建筑；多层老年人照料设施，为2h。

【要点说明】

“消水规”表3.6.2并没有明确给出医院类医疗建筑的火灾延续时间，看似可以按“其他公共建筑”取值。但“建火规”表5.1.1中高层医疗建筑、高层老年人照料设施属于一类高层建筑，与商业、展览、邮政、财贸金融等重要公共建筑同类，说明火灾危险性在同类级别。另外，“消水规”表3.6.2中高层综合楼火灾延续时间为3h。虽然“建火规”没有综合楼的具体定义，但实际应用中，对于具备两种及两种以上公共功能的建筑，可按综合楼处置。

鉴于以上原因，两种或多种功能为一体的高层医院建筑，按高层综合楼处置；多层医疗建筑及单一功能的高层医院建筑按“其他公共建筑”取值。综合性医疗建筑包括门诊、病房、医技、中心供应、医院行政办公科研合建的医疗建筑。

老年人照料设施属性类似于病房楼和康复医疗，与医疗建筑取值相同。

10.1.7 裙房为商业或商业与办公组合，上部为住宅的高层建筑：

1 裙房建筑高度大于24m者，为3h；

2 裙房为多功能组合且建筑高度小于等于24m者，为3h；

3 裙房为单一功能且建筑高度小于等于24m者，为2h。

【要点说明】

根据“建火规”第5.1.1条条文说明、第5.4.10条第3款及“消水规”第3.6.2条，“两种及以上公共使用功能组合的建筑”等于“综合楼”；而“多种功能组合的建筑”不包括住宅与公共建筑合建的情况，但因为室内消防设施可根据各自的建筑高度分别按住宅建筑和公共建筑的规定执行，如裙房为大于24m商业或商业与办公组合的公共建筑，则按高层建筑的商业楼、综合楼取值为3h。

裙房为多功能组合且建筑高度小于等于24m者，虽然室内消防设施根据各自的建筑高度分别按住宅建筑和公共建筑的规定，可取2h，但室外消防设施根据建筑的总高度按公共建筑综合楼的规定，为3h，考虑到一座建筑室内、外消火栓系统火灾延续时间应取一致，故第2款情况为3h。

第3款情况，不属于高层“多种功能组合的建筑”（综合楼），也不属于高层商业楼，取2h。

10.1.8 宾馆、酒店：多层和建筑高度不大于50m的高层（没有“高级”之分）均为2h；建筑高度大于50m的普通酒店为2h；建筑高度大于50m的高级酒店为3h。

【要点说明】

“消水规”表3.6.2，公共建筑火灾延续时间3h的场所举例中有两个相互独立的语句：第1句“高层建筑中的……综合楼”，第2句“建筑高度大于50m的……和高级宾馆”。“高级宾馆”在第2句的句首定语之内。

那么，何谓“高级宾馆”呢？查阅相关规范，均无术语定义。设计中如何判定呢？参考以下两个标准：

《旅游饭店星级的划分与评定》GB/T 14308—2010将酒店的等级标准分为一星级至五星级5个标准，是通过酒店的硬件设施和软件服务得分综合评定的。

五星酒店（含白金五星级）：最高级别。其中设备十分豪华，设施十分完善，除了房间设施豪华外，服务设施也十分齐全。

四星酒店：设备豪华，综合服务设施较为完善，服务项目较多，服务质量优良，室内环境较好。

三星酒店：设备齐全，除提供食宿外，还提供会议、酒吧、游艺等中等综合服务设施。

二星酒店：设备一般，除提供食宿外，还有小卖部等一般服务设施，属于一般旅行等级。

一星酒店：设备简单，满足客人最简单的需要。

《旅馆建筑设计规范》JGJ 62—2014将旅馆建筑由低档至高档划分为一级至五级5个建筑等级，建筑等级的内容涉及使用功能、建筑标准、设备设施等硬件要求。

两种划分在硬件设施上有部分关联，却没有直接的对应关系。但由一星（或级）至五星（或级）代表由低至高的划分档次是一致的。

【措施要求】

四星及以上星级酒店、四级及以上级别旅馆建筑按“高级酒店”判定。

10.1.9 邮政楼：3h；机动车停车库、修车库（独立和附属）：2h。

【要点说明】

邮政建筑既有办公、对外营业厅，也有邮件处理和邮袋存放功能，火灾危险性较大，邮包的深位火灾需要较长的扑救时间。“建火规”第8.3.2条条文说明，邮件处理和邮袋存放一般按丙类厂房考虑。“消水规”表 3.6.2，丙类厂房的消火栓系统火灾延续时间为 3h。

不论是独立建造的地上或地下车库，还是住宅和公共建筑附属建造的地下车库，均执行《汽车库、修车库、停车场设计防火规范》GB 50067。

（Ⅲ）消火栓栓口压力和充实水柱长度

10.1.10 **消火栓栓口动压等同于栓口所需的设计压力，用于计算消防水泵或消防系统所需的设计扬程或设计压力。下列建筑或场所的消火栓栓口动压不应小于 0.35MPa：高层民用建筑；单、多层民用建筑中净空高度大于 8m 的场所；工业建筑。其他建筑消火栓栓口动压不应小于 0.25MPa。**

【要点说明】

“动压”的定义见“消水规”第 2.1.12 条“水流动时管道内某一点的总压力与速度压力之差”；某一点的设计压力＝某一点的总压力－速度压力，速度压力很小，一般可忽略。按“消水规”公式（10.1.7）计算消火栓加压泵设计扬程或系统设计压力的最不利消火栓所需的设计压力直接采用栓口最小动压。

栓口的实际出流量与栓口压力成正比，最不利栓口压力要保证 0.35MPa 或 0.25MPa，按计算公式，最不利栓口的消防水枪实际出流量就要大于 5L/s，有利栓口流量就更大。那么，如按各处消火栓计算系统流量将是较为复杂的。实际出流量和设计流量的概念不同。

【计算】

栓口压力、水枪射流量、充实水柱长度相关计算公式：

$$P_t = P_q + P_d + P_v + P_k \tag{10.1.10-1}$$

$$P_t = 10^{-2} \times \frac{q_j^2}{B} + 10^{-2} A_d L_d q_j^2 + 8.11 \times 10^{-10} \frac{q_j^2}{d_i^4} + P_k \tag{10.1.10-2}$$

$$q_j = 10\left(\frac{P_t - P_k}{B^{-1} + A_d L_d + 8.11 \times 10^{-8} d_i^{-4}}\right)^{0.5} \tag{10.1.10-3}$$

$$S_k = \frac{P_q}{\alpha_f (P_q \cdot \varphi + 10^{-2})} \tag{10.1.10-4}$$

式中 P_t——消火栓栓口处所需设计压力（MPa）；

P_q——消火栓消防水枪喷嘴处压力（MPa）；

P_d——消防水带的水头损失（MPa）；

q_j——消火栓消防水枪的射流量（L/s）；

B——消防水枪水流特性系数（d19 消防水枪喷嘴，为 1.577）；

A_d——消防水带自立系数（DN65 衬胶消防水带，为 0.00712）；

L_d——消防水带长度（m），不宜超过 25m，取 25m 计算；

P_k——消火栓栓口局部水头损失（MPa）（DN65 栓口，为 0.02MPa）；

P_v——消火栓栓口处速度压力（MPa）；

d_i——消火栓栓口口径（m）；

S_k——消防水枪充实水柱长度（m）；

α_f——与消防水枪充实水柱长度有关的系数；

φ——与消防水枪喷嘴口径有关的阻力系数（d19 消防水枪喷嘴，为 0.0097）。

按以上公式编制 Excel 计算表，得出栓口压力、水枪射流量、充实水柱长度之间关系的计算结果（基于 DN65 栓口，DN65 衬胶消防水带，d19 消防水枪喷嘴），见表 10.1.10-1。

栓口压力、水枪射流量、充实水柱长度计算值 **表 10.1.10-1**

充实水柱长度 S_k(m)	水枪喷嘴处计算压力		水枪计算流量 q_j (L/s)	消防水带水头损失计算		栓口水头损失 P_k (MPa)	栓口所需压力 P_t (MPa)	水枪反作用力	
	α_f	P_q (MPa)		L_d (m)	P_d (MPa)			牛顿力 (N)	公斤力 (kgf)
10.0	1.20	0.136	4.62	25	0.038	0.02	0.194	75.78	7.73
11.5	1.20	0.160	5.02		0.045		0.225	89.41	9.12
13.0	1.21	0.186	5.42		0.052		0.258	104.06	10.61
16.0	1.24	0.246	6.23		0.069		0.335	137.68	14.04
17.0	1.26	0.270	6.51		0.076		0.365	150.67	15.37
20.0	1.32	0.354	7.47		0.099		0.474	197.99	20.19
21.0	1.35	0.389	7.84		0.109		0.518	217.62	22.20
24.0	1.46	0.528	9.13		0.148		0.697	295.34	30.12
25.0	1.50	0.591	9.65		0.166		0.777	330.36	33.70

从表 10.1.10-1 得出，栓口压力（动压）为 0.25MPa、水枪流量为 5.4L/s 时，实际充实水柱长度为 13m；栓口压力（动压）为 0.35MPa、水枪流量为 6.5L/s 时，实际充实水柱长度为 17m。

按水枪 45°倾角喷射，栓口距地 1.1m，可计算出实际充实水柱长度与最大保护层高的关系，见图 10.1.10 和表 10.1.10-2。

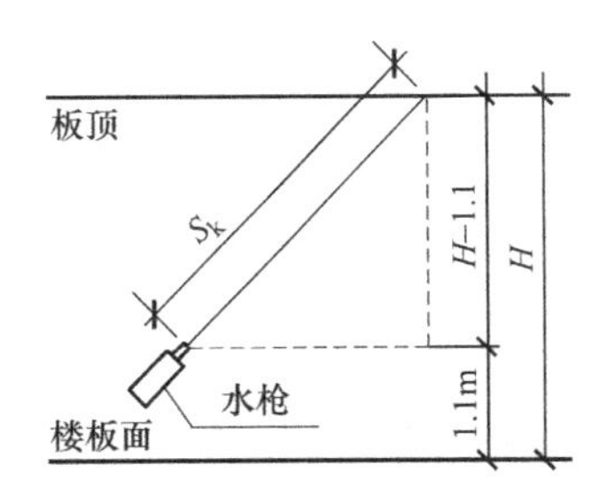

图 10.1.10 充实水柱长度与最大喷高关系简图

充实水柱长度与最大保护层高 **表 10.1.10-2**

充实水柱长度 S_k(m)	10.0	13.0	17.0	19.0	20.6	24.0
最大保护层高计算值 H(m)	8.17	10.29	13.12	14.54	15.67	18.07

【措施要求】

栓口动压不用于确定消火栓出流量和系统设计流量，仍按“消水规”表3.5.2确定消火栓系统设计流量。

10.1.11 **消火栓水枪充实水柱长度用于计算消火栓的保护半径。**

1 **下列建筑或场所的消火栓水枪充实水柱长度不应小于13m：高层民用建筑；单、多层民用建筑中净空高度大于8m的场所；工业建筑（高层、单层、多层厂房和仓库）。**

2 **其他建筑消火栓水枪充实水柱长度不应小于10m。**

【要点说明】

充实水柱长度是在一定压力下产生的，两者成正比关系，栓口动压为0.35MPa时，计算出的水枪充实水柱长度大于13m（约17m，见表10.1.10-1）。规定充实水柱长度13m和10m是为了统一规定消火栓的间距（保护半径），并有一定的安全冗余度。

10.1.12 **高大空间场所，可按消火栓栓口动压大于0.7MPa时必须设置减压装置；一般情况下，均按消火栓栓口动压大于0.5MPa时设置减压装置。**

【要点说明】

本条是针对“消水规”第7.4.12条第1款，给出“院公司”的统一措施。

从消火栓水枪手持高度向高大空间场所最高处射水，要有一定长度的充实水柱，必须保证栓口动压力。从表10.1.10-1可查出，0.7MPa的栓口动压，能产生的充实水柱长度达24m，水枪产生的反作用力约30kgf，也在消防队员的操作范围之内。

【措施要求】

系统图、设备表和设计说明均要注明不同场所需设置的减压稳压消火栓，说明栓口压力为0.5MPa或0.7MPa的理由，并注明栓口压力，同时应有计算书支持。

10.2 室外消火栓给水系统

10.2.1 与生活给水合用管道系统：

1 只有一路消防供水，且室外消火栓用水量不大于20L/s的单栋公共建筑和工业建筑或建筑高度不大于54m的单栋住宅，室外消火栓与生活给水合用管道可采用枝状管网；

2 除第1款外，无论有一路还是两路以上市政供水，室外消火栓与生活给水合用管道均应采用环状管网；

3 室外消火栓宜从合用干管上直接垂直向上接出，当需要水平接出支管时，支管长度不宜超过6m。

【要点说明】

第 1 款的情况，如一路引入管向两栋及两栋以上建筑供水，室外合用管道也应采用环状管网。

第 2 款的情况，一路供水采用环状管网，是基于合用管道上设有室外消火栓，另一水源来自室外消防水池或可用的其他天然水源。室外消防水池 1 个取水井相当于一个室外消火栓。取水井与管道上的室外消火栓间距满足保护半径 150m 的要求。见图 10.2.1-1。

对于用地较小的项目，设置室外消防水池，室外消防水量≤30L/s，且整个建筑室外消防的范围均在以两个取水口为圆心半径不超过 150m 的范围内，可只设两个取水口，不设室外消火栓。但需注意根据连通管的长度和管径计算水头损失，复核吸水高度不超过 6m。见图 10.2.1-2。

第 3 款，需要注意的是，从保证生活饮用水水质安全的角度出发，生活给水和室外消防合用管网上接室外消火栓的支管长度不宜过长，避免死水区污染生活饮用水。现行规范对此并未有具体要求，本措施旨在对“院公司”设计项目给出统一措施。

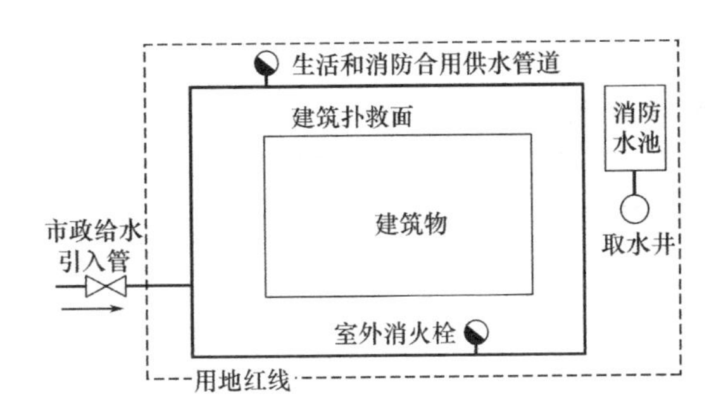

图 10.2.1-1 室外消火栓和消防车取水口组合

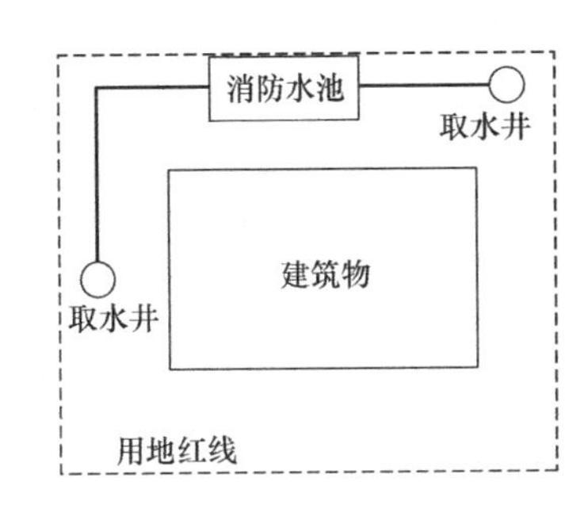

图 10.2.1-2 仅设消防车取水口

10.2.2 独立管道系统：

1 **高层建筑的室外消火栓临时加压给水系统，应独立设置加压泵和环状管网；**

2 **系统压力按枝状管道通过室外消火栓系统全部流量进行水力计算，最不利点压力为水力最不利室外消火栓的出流量 15L/s 时，供水压力从地面算起 0.10MPa。**

【要点说明】

“消水规”第 2.1.3 条临时高压消防给水系统的定义是“平时不能满足水灭火设施所需的工作压力和流量，火灾时能自动启动消防水泵以满足水灭火设施所需的工作压力和流量的供水系统”。但对于室外消火栓所需的工作压力和流量是多少呢？“消水规”中只有最小流量 15L/s 的规定，而没有灭火时需要的压力规定。所以，设有独立加压泵的室外消火栓给水系统，是不能满足临时高压消防给水系统压力要求的。供水压力从地面算起 0.10MPa，实际上是低压消防给水系统的定义（“消水规”第 2.1.4 条），也就是说，在消防时，由车载或手抬移动消防水泵从室外消火栓取水。严格意义来说，独立的室外临时高压给水系统应称为“临时加压给水系统”或“临时低压给水系统”，但规范却无此术语定义，这也是规范的缺憾之处。

还有一点要说明的是，不仅是由市政给水管网直接供水的生活和消防合用管道系统才能为低压系统，临时加压室外消火栓系统也可以是低压系统。“消水规”第6.1.3条的“，”前后是两层内容，前句“建筑物室外宜采用低压消防给水系统”是一层内容，而这层意思并不仅限于市政管网直接供水的情况，设独立加压泵系统的也可以是低压制，即加压泵只需满足车载消防水泵取水所需的工作压力和流量（供水压力从地面算起不小于0.1MPa）；后句“当采用市政给水……”是另一层内容，而后面的第1、2款是后一层内容要满足的条件。

【计算实例】

假设最不利情况：室外消火栓设计流量40L/s流通1000m全管段（较分段流量计算更为不利），*DN*150和*DN*200全管段的总水头损失见表10.2.2；室外消防水池最低有效水位距室外地面5.5m，供水压力从地面算起10m。消防水池所处位置与最不利消火栓所处位置的地势基本平缓。

DN150和DN200全管段的总水头损失 表10.2.2

环管管径(mm)	流速 v(m/s)	沿程水头损失 i(m/1000m)	总水头损失 h(m/1000m)
*DN*150	2.36	71.9	79.09
*DN*200	1.30	14.8	16.28

*DN*200环管，室外消火栓加压泵扬程 $H=1.2\times16.28+5.5+10=35.04$m。考虑供水范围更大的建筑群区，50m的加压泵扬程应该是可以满足的。

【措施要求】

消防水池所处位置与最不利消火栓所处位置的地势无高差时，室外消火栓独立管道系统的加压泵扬程，单体建筑按40m选泵，建筑群区按50m选泵。

10.2.3 与室内消火栓合用系统：

1 多层建筑的室外消火栓临时加压给水系统，宜与室内消火栓给水系统合用加压泵，1用1备或2用1备配置；

2 系统流量为室内、外消火栓设计流量之和，系统压力以室内消火栓管道系统的水力计算为准；

3 单体建筑应设置独立的室外消火栓环状管网；建筑小区集中室内、外合用系统，当室内输水干管也需要在室外埋地敷设时，宜设置合用环状干管；

4 室内消火栓系统的消防水泵接合器应从室内管道接出；

5 可利用室内系统高位消防水箱稳压。

【要点说明】

采用临时加压室外消防给水系统的多层建筑，室内、外消防给水系统压力相近，合用系统经济性较优，加压泵控制到位，安全性也是可靠的。

建筑群区的室内、外消火栓合用管网，要确保通过消防水泵接合器进入室内管网的水不能回流至室外管网，在建筑室内引入管上设止回阀，消防水泵接合器从止回阀下游接出（见本措施第9.6.4条）；高位消防水箱独立出水管接入室外管网。

【措施要求】

建筑小区的室内、外消火栓合用系统的管网图示见本措施图9.6.4，并参见《“消水规”实施指南》P108图6-1～图6-3。

10.2.4 **稳压措施和控制：**

1 **独立的室外消火栓临时加压给水系统，设置稳压装置维持系统的平时压力，稳压泵的设计流量为1L/s，扬程为35m，气压水罐有效容积为150L，气压水罐内工作压力比为0.8；**

2 **室内、外消火栓合用的临时高压给水系统，与室内系统合用稳压措施，稳压泵的设计流量为1.5L/s；**

3 **当由高位消防水箱重力稳压时，控制室外消火栓加压泵启动的流量开关启动流量值应为5L/s。**

【要点说明】

第1款，本措施推荐稳压泵稳压，是对“消水规”第6.1.7条“宜采用稳压泵……”的明确指引，系指一般情况下采用稳压泵稳压，特殊情况（泵房面积紧张）下也不排除其他的稳压方式，如室内高位消防水箱重力稳压，但需注意，室外消火栓加压泵出口处的稳压静压力不应大于加压泵扬程。

由于室外埋地管网漏损不易被发现，配置气压水罐可防止稳压泵启停频繁。稳压泵的设计流量、设计压力及气压水罐有效容积按“消水规”第5.3.2条、第5.3.3条、第5.3.4条计算。稳压泵的启动压力按最不利消火栓栓口处的静压为0.17MPa，地上式消火栓栓口高于室外地面0.5m，消防水泵位于地面下10m来计算。统一为稳压泵启动压力P_1=0.3MPa，停止压力P_2=0.4MPa，扬程$H=(P_1+P_2)/2$，加压泵启动压力P=0.23MPa。（计算公式见《消防给水及消火栓系统技术规范》图示15S909P47）

第2款，高位消防水箱容积不用因为室内、外系统合用而增大，稳压泵流量按室内、外总设计流量的1%～3%计，“院公司”统一按1.5L/s选泵，稳压泵压力按室内系统计算。

第3款，1个室外消火栓的流量为10～15L/s，将启用1个室外消火栓时出流量达到50%作为启动加压泵的控制参数。

【措施要求】

不应采用市政自来水压力直接给独立室外消火栓给水系统稳压的方式。

10.2.5 **消防车无法到达的山地建筑，室外消火栓系统应设置高位消防水池常高压系统或低位消防水池临时高压系统。**

【要点说明】

室外消火栓是消防队到场后需要使用的基本消防设施之一，可通过以下两种方式之一对建筑物施救灭火：1）供消防车从市政给水管网或室外消防给水管网取水向建筑室内消防给水系统供水；2）经加压后直接连接水带、水枪出水灭火。

对于依山而建的山地建筑，外部消防救援是由消防队员乘坐直升机到达火场，利用建筑室外的消火栓，采用方式2）对建筑物施救灭火。因地制宜地利用地势，建造高位消防水池，是经济可行的，常高压系统也是最安全可靠的。

【措施要求】

山地建筑室外消火栓系统优先考虑常高压系统；设置临时高压系统时，室内、外消火栓系统宜合用加压泵，且室外消火栓的栓口压力应满足建筑最高点所需供水压力。

10.3 室内消火栓给水系统

（Ⅰ）系统分区和消火栓布置

10.3.1 **分区压力：**

1 消火栓栓口的最大静压值分三种情况计算：

1）当不需设置稳压泵时，应从高位消防水箱最高正常水位算起；

2）当稳压泵设置在高位消防水箱间等（即采用上置方式）时，应从高位消防水箱最高正常水位算起，并加入稳压泵的停泵压力值；

3）当稳压泵设置在低位消防泵房等（即采用下置方式）时，应按稳压泵的停泵压力值，并加（或减）压力开关所处位置与最低消火栓栓口高差。

2 消防水泵的设计扬程不宜大于1.7MPa，不应大于1.9MPa。

【要点说明】

本条是对“消水规”第6.2.1条的明确统一。

第1款，稳压装置是为高位消防水箱不能满足最不利水灭火设施的静压要求而设置，稳压启泵压力就是补充的静压值。

第 2 款，首先要明确几种压力的概念，设计压力（设计扬程）：满足消防给水设计流量和最不利处水灭火设施的压力所需的计算压力；设计工作压力：根据计算压力选定的消防水泵扬程（或称消防水泵的额定工作压力）或常高压系统高位消防水池的最大静压；系统工作压力：消防水泵零流量时的压力与水泵吸水口最大静水压之和或常高压系统高位消防水池的最大静压。又根据“消水规”第 5.1.6 条第 4 款和第 6.2.1 条第 1 款，消防水泵零流量时的压力不应大于设计工作压力的 140%，且宜大于设计工作压力的 120%（“消水规”第 5.1.6 条第 4 款），系统工作压力不应大于 2.4MPa（“消水规”第 6.2.1 条第 1 款），给出了消防水泵最大设计扬程的要求。

【措施要求】

高位消防水箱最高正常水位至最低消火栓栓口的垂直高度+稳压泵的停泵压力大于 1.0MPa 时，消火栓系统应进行竖向分区；消防水泵的设计扬程大于 1.7MPa 时，应设串联供水系统。

10.3.2 **除“消水规”第 7.4.4 条～第 7.4.16 条明确的布置要求外，统一以下要求：**

1 由建筑面积不大于 200m² 的小商铺组成的商业建筑，每个小商铺内至少设置一个消火栓，并宜设置在户门附近；

2 可采用 1 支水枪充实水柱到达室内任何部位的住宅，楼座套内以外的地下室及电梯厅应满足 2 股充实水柱到达任何部位；

3 消火栓的最小布置间距，公共建筑不宜小于 5m，住宅不宜小于 2m，特殊情况下箱体可零间距并列布置；

4 同层消火栓的布置可穿过防火门跨防火分区使用，但不应穿越防火卷帘跨区使用；

5 层高大于 18m 的高大空间场所，当设有检修马道或平台时，应在马道或平台上增设消火栓。

【要点说明】

第 1 款，是对“消水规”第 7.4.15 条“跃层住宅和商业网点的室内消火栓应至少满足一股充实水柱到达室内任何部位，并宜设置在户门附近”的延伸。公共建筑可以按照任一部位有 2 股充实水柱到达来布置消火栓，考虑到只对外开门，没有公共走道的小商铺一般是承租或出售，由商家自行管理，非营业时段锁闭，会影响取用救火。每个商铺内设置一个消火栓，至少可以就近有 1 股充实水柱参与灭火，紧急需要时，破坏邻近商铺的门窗，取用另一个消火栓。冬季无冰冻地区宜将消火栓设置在外墙上（室内消火栓外置），不按商户设置，可大大减少消火栓的总数量。

第 2 款，“消水规”第 7.4.6 条“建筑高度小于或等于 54m 且每单元设置一部疏散楼梯的住宅，可采用 1 支消防水枪的 1 股充实水柱到达室内任何部位”，仅指住宅楼层，且仅在消防电梯前室设置1个消火栓即可。这是考虑到此类住宅公共面积小，楼层建筑面积也不会大，可以由着火层的上层或下层消火栓协助救火。共用前室的剪刀楼梯算作一部疏散楼梯。

第3款，“消水规”对室内消火栓的布置只有最大间距的要求，并无最小间距的要求。公共建筑是参考两个楼梯间出入口最小间距5m而定；住宅公共空间小，2m（箱边净距）的最小间距是为便于两个消防队员同时取用2个消火栓的作业操作间距。除个别地区外，不考虑将两个消火栓放置在一个箱体内。江苏省地标《住宅设计标准》DGJ32/J 26—2017，允许住宅设置两个消火栓箱确有困难时，可将两套消火栓设置在同一个消火栓箱内。

第4款，室内消火栓按“同一楼层”有2股充实水柱到达任何部位设置，而不是按防火分区设置，这样可以减少消火栓的数量。防火门的门缝隙完全可以使水龙带穿过，但防火卷帘完全放下，水龙带则无法穿过。

第5款，充实水柱到达任何部位，“任何部位”包括横向和竖向。按水枪45°倾角喷射，栓口距地1.1m，栓口动压0.5MPa时，水枪充实水柱长度20.6m，计算出最大保护层高约为16m；栓口动压0.7MPa时，水枪充实水柱长度24m，计算出最大保护层高约为18m（见本措施表10.1.1-2）。水枪充实水柱无法保护到18m以上高度。《剧场建筑设计规范》JGJ 57—2016第8.3.2条明确了特大型剧场的观众厅吊顶内面光桥处宜增设消火栓，其他高大空间场所并无增设消火栓的明确要求。鉴于此，本措施给出最大保护层高的具体规定。

（Ⅱ）管网设计和阀门设置

10.3.3 大于两层的建筑，各层消火栓应从立管接出，不宜以横向管道代替立管。

【要点说明】

除地下车库和人防地下室外（根据“车火规”第7.1.11条和“人防火规”第7.6.1条第3款，阀门控制管段内的消火栓不应超过5个），均不能同时关闭同层相邻的消火栓。

各层平面复杂的建筑，如各层设横管，则消火栓支管均从各层横管接出，除非各消火栓支管上设阀门或横管上各接出支管两侧均设阀门，才能保证不关闭相邻消火栓。阀门过多，一是增加成本，二是增加漏点。应规避这种做法。

【措施要求】

各层消火栓不在同一位置时，可通过立管转位的方式，使各层消火栓在立管上、下阀门的控制之内。某层消火栓多于立管数时，立管可接出不多于2个消火栓。见图10.3.3。

10.3.4 横向和竖向管道应构成环状管道。超过10层的住宅，当每个单元或每层只有1个消火栓时，也应设置双立管或相邻单元立管构成环状管道。

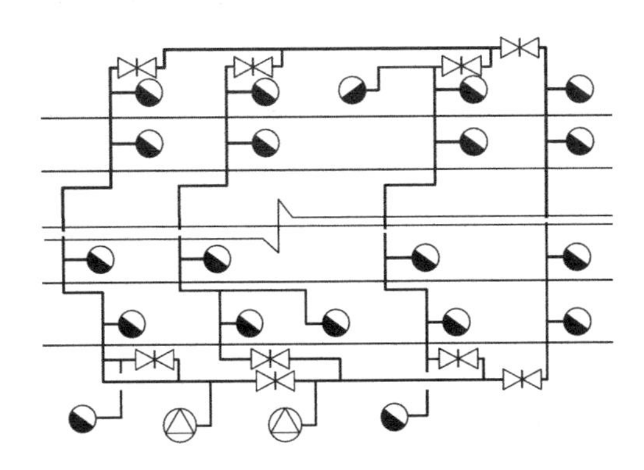

图 10.3.3 各层消火栓接自立管的图示

【要点说明】

本条是对“消水规”第 8.1.2 条、第 8.1.5 条的综合统一明确。

并不要求横向必须是环管与立管构成立体环状，只要保证管网的任一段关断检修时，室内任何部位仍有必要的消火栓水枪充实水柱可到达即可。

超过 10 层的住宅，即使每层设置 1 个消火栓，室内消火栓数量超过了 10 个，如是单元式住宅可采用相邻两个单元立管成环，如是塔式住宅应设置双立管成环。

【措施要求】

室外消火栓设计流量不大于 20L/s，室内消火栓不超过 10 个，无高位消防水箱，以上三个条件同时满足的单栋建筑，室内消火栓可采用枝状管网。室内消火栓不超过 10 个的机动车库和人防工程，可采用局部独立枝状管网。见图 10.3.4。

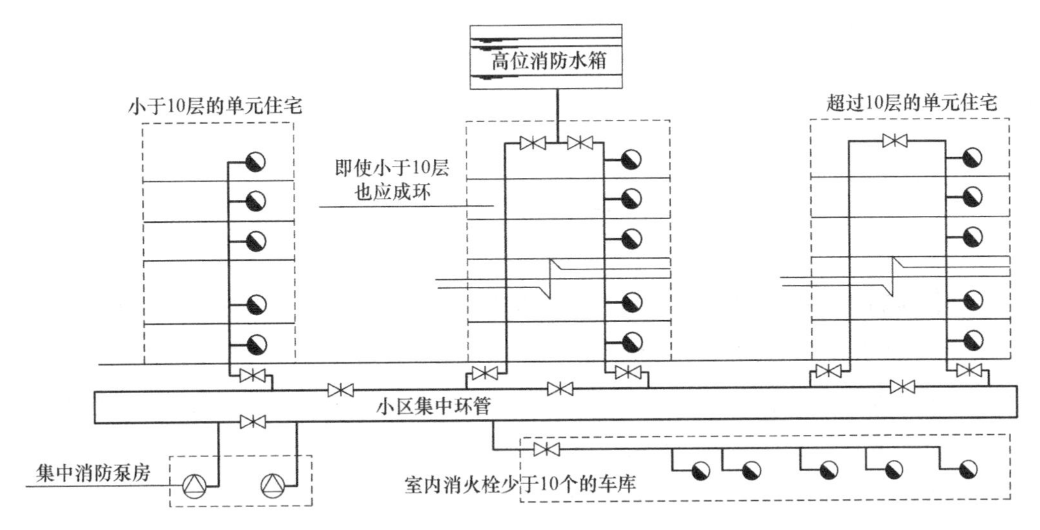

图 10.3.4 消火栓系统环状管网的设置图示

10.3.5 消火栓系统下部主环管不应贯穿人防工程防护区内、外。

【要点说明】

人防工程内部有保障7～15d的生活贮水，可以在空袭报警时将给水引入管上的防护阀门关闭，同时关闭消防管道上的防护阀门，截断与外界的连通，以防冲击波和核生化战剂由管道进入人防工程内部。但在空袭报警的天数内，建筑的整体消防管网应是完整的环状管网，以确保不被切断。

【措施要求】

正确图示见图10.3.5-1，错误图示见图10.3.5-2。

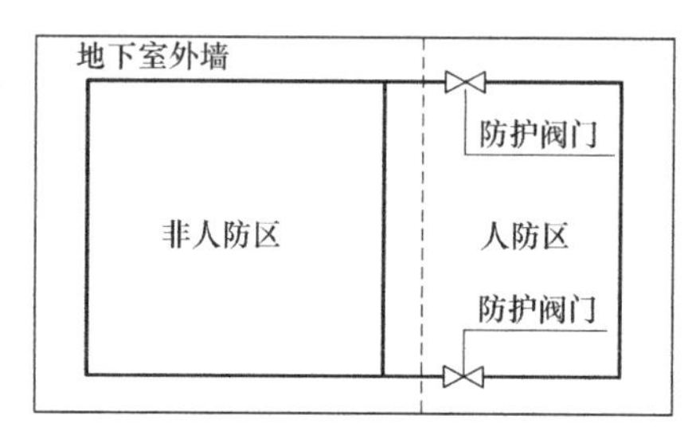

图10.3.5-1 人防区内、外消火栓环管的正确敷设

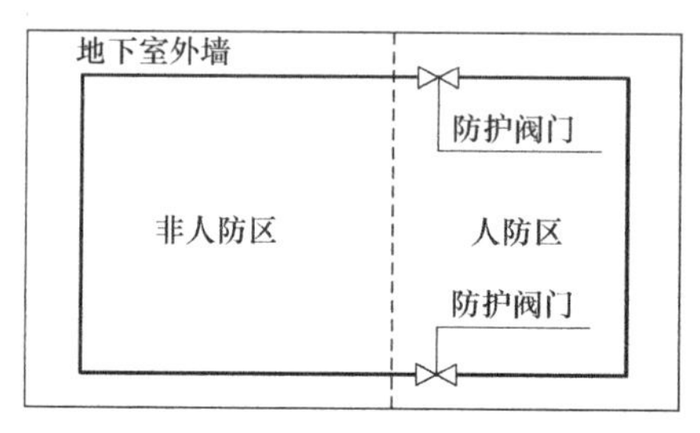

图10.3.5-2 人防区内、外消火栓环管的错误敷设

10.3.6 连接立管的上、下横管上的阀门不宜过多，宜3～4根立管之间设置阀门。

【要点说明】

横管上的阀门的作用是保证任意段管网检修时，关断阀门，仍有其他的管路保证必要的消防用水。每根立管从上、下横干管接出处已设置阀门（"消水规"第8.1.6条第2款要求），来满足关闭立管的要求，不要求必须通过横干管的阀门关闭立管。横干管上的阀门只是分段检修横干管关断所需，不必多设。

（Ⅲ）系统控制与信号

10.3.7 临时高压消火栓给水系统自动启动消防水泵的触发信号按下列要求设置：

1 设置稳压装置稳压时，应设置压力开关和流量开关双重自动启泵信号。压力开关设在加压泵出水干管上距泵房地面2.0m高；当稳压装置设在高位消防水箱间或因此邻下层等上置时，流量开关设在高位消防水箱重力出水管与稳压装置出水管端的汇合总管上；当稳压装置设在低位消防泵房时，流量开关设在高位消防水箱重力出水管上。自动启泵流量值为3.5L/s。

2 仅由高位消防水箱重力稳压时，应在高位消防水箱重力出水管上设置流量开关作为自动启泵信号，流量开关可设在出水管段的任何位置。自动启泵流量值为2.5L/s。

3 室内、外合用系统，压力开关和流量开关启动加压泵的控制关系见本措施图 9.6.4。

【要点说明】

“消水规”第 11.0.4 条仅对消防水泵联动系统自动启泵信号的设置提出了原则性要求，对具体的设置方式和流量开关的启动流量值未作明确规定，“院公司”做出统一要求。

第 1 款，设有稳压装置的临时高压消火栓给水系统，任一信号发生，即可触发直接启动消防水泵，但由于稳压泵的流量是向管网补水稳压，非火灾工况用水，无需发出启泵信号。消火栓水枪出流量与栓口压力有关，按最不利消火栓在准工作状态下静水压力为 0.15MPa，则一支水枪流量约为 3.5～4.0L/s，同时考虑到若启用满足栓口压力的 1 个消火栓水枪时的 70%流量，为减少误动作，流量开关的自动启动流量设定为 3.5L/s。主体启泵信号是压力开关，压力开关的自动启泵压力值计算见本措施第 9.5.1 条。计算启泵压力值，与压力开关设置高度有关，为便于安装和检修，将其设置高度统一为距地面 2m，为了与“消水规”第 11.0.4 条“消防水泵房内的压力开关宜引入消防水泵控制柜内”相吻合，参考美国消防协会标准《离心消防水泵安装标准》NFPA20 的做法，从消防水泵出水干管上接出一根 *DN*10 铜管，引入控制柜内，再接压力开关，见图 10.3.7。

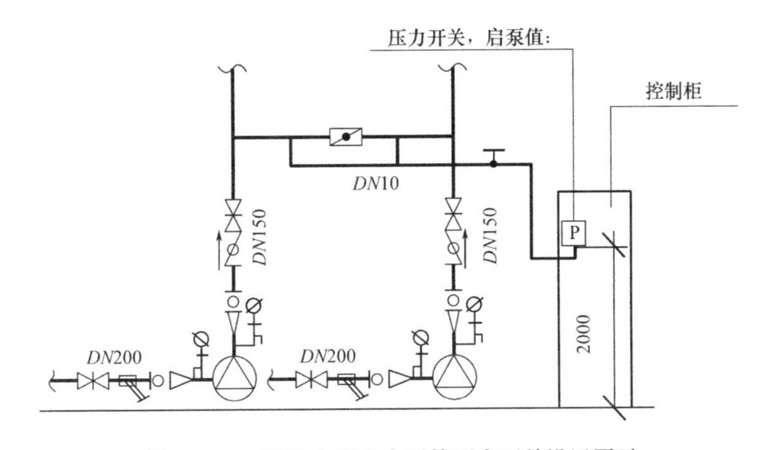

图 10.3.7 消防水泵出水干管压力开关设置图示

第 2 款，由高位消防水箱重力稳压的临时高压给水系统，如设压力开关启泵，启泵压力设定值取决于高位消防水箱水位的降低，一般高位消防水箱有效水深为 2～3m，即使水位降到最低水位，压力开关的灵敏度也不足以使其动作，况且又会延误启动消防水泵快速救火的时机，设置压力开关启泵是没有意义的。火灾时，高位消防水箱重力出水管的流量与启用的消防设施的用水量是一致的。因此，流量开关设在出水管段的任何位置，均能准确地反映系统的动作流量。按最不利消火栓的静水压力为 0.07MPa，一支水枪流量约为 2.5L/s，同时考虑到若启用 1 支正常压力下的消火栓水枪，出流 50%流量时，为了能及时启动消防水泵，流量开关的自动启动流量设定为 2.5L/s。

【措施要求】

图面表达见图10.3.7。

10.3.8 转输泵自动启动触发信号按下列要求设置：

1 常高压消火栓给水系统，由高位消防水池的水位下降信号作为各级转输泵的自动启动触发信号，且各级转输泵启动顺序为由上至下。

2 临时高压消火栓给水系统，设有转输水箱的转输系统，由上区加压泵联动转输泵；直接串联的转输系统，由上区加压泵的启泵触发信号，先启动转输泵（或下区消防加压泵），再启动上区加压泵。

【要点说明】

第1款，高位消防水池水位控制关系：下降1/3水位时，一台转输泵启动；下降1/2水位时，两台转输泵启动。依次启动关系为：先启动最高一级转输泵，再由上至下依次启动下级转输泵。

第2款，转输水箱至少贮存有60m^3有效水量，先启动上区加压泵从转输水箱吸水，可防止转输水箱溢水。直接串联的转输系统，有两个要点：1）必须先由转输泵（或下区消防加压泵）供给上区加压泵必要的吸水口压力；2）消火栓系统和自动喷水灭火系统必须分设转输泵。

【措施要求】

高位消防水池水位控制关系应表示在系统图和详图剖面中，控制要求提给电气专业。提资要求参见“附录C 给水排水专业向电气专业提要求统一内容”。

10.3.9 临时高压和常高压消火栓给水系统，消火栓按钮均作为报警触发信号；局部干式消火栓给水系统，消火栓按钮作为开启快速启闭装置的联动触发信号。

【要点说明】

“消水规”第11.0.19条只提到消火栓按钮的作用，而未规定是否必须设置。虽然不需要消火栓按钮启动消防水泵（按钮启泵不属于自动启泵，且可靠性不高），但按钮发出的信号能给出使用消火栓位置是十分必要的。在干式消火栓给水系统中，按钮作为供水干管上电动快速启闭装置的联动触发信号，并不作为消防水泵触发启动信号。

11 自动喷水灭火系统

11.1 设置场所和火灾危险等级

11.1.1 超级市场应按以下条件划分为中危险级Ⅱ级、严重危险级Ⅰ级以及仓库危险级：

1 净空高度不超过 8m、物品堆高不超过 3.5m 为中危险级Ⅱ级；

2 净空高度不超过 8m、物品堆高超过 3.5m 为严重危险级Ⅰ级；

3 最大净空高度超过 8m 时，按仓库危险级选取设计参数。

【要点说明】

超级市场属于民用建筑，但是其设置自动喷水灭火系统的火灾危险等级根据其室内净空高度、储存方式以及储存物品的种类确定设计基本参数；最大净空高度超过 8m 的情况，其储物和购物环境类似仓储超市，应根据仓储超市的主经营物品，按照仓库危险级设计。

11.1.2 储存不同火灾危险等级物品的仓库或仓库内任一防火分区的火灾危险等级，应以火灾危险性最大的物品确定；使用性质和实际用途不同的民用建筑，应以较高火灾危险等级要求为准。

【要点说明】

设置场所的火灾危险等级，应根据其用途、容纳物品的火灾荷载及室内空间条件等因素，在分析火灾特点和热气流驱动洒水喷头开放及喷水到位的难易程度后确定。

同一栋建筑中，不同区域的火灾危险等级可以不一样。原则上，不同防火分区的火灾危险等级可以不一样；同一防火分区，如采用防火隔墙等防火分隔措施，疏散相对独立，火灾危险等级也可以不一样。如：高层建筑主体的办公部分按办公建筑，应按中危险级Ⅰ级考虑；裙楼商业按商业建筑，应按中危险级Ⅱ级考虑；三层书库及展览用房，如有明确的防火分隔措施且疏散相对独立，书库用房和展览用房可分别处置，书库部分应按中危险级Ⅱ级考虑，展览部分应按中危险级Ⅰ级考虑。否则，应按较高等级中危险级Ⅱ级考虑。

【措施要求】

储存丁、戊类物品的仓库火灾危险性，当可燃包装质量大于物品本身质量的 1/4 或可燃包装体积大于物品本身体积的 1/2 时，应按照丙类物品仓库确定火灾危险等级。

同一多功能的建筑内及同一建筑物的不同部位应根据实际用途确定不同的火灾危险等

级，其自动喷水灭火系统应满足最不利火灾危险等级的要求。

11.1.3 “喷规”表5.0.2中未列举的高大空间自动喷水灭火系统设计参数可按照以下原则选取：

1 游客接待中心大厅、缆车中转大厅：参照航站楼参数；

2 高档餐厅局部上空、高校食堂：参照中庭参数；

3 新闻发布大厅、媒体中心：参照音乐厅参数；

4 展厅（天文馆、画廊等）：参照会展中心参数；

5 歌舞厅：参照音乐厅参数。

【要点说明】

“喷规”表5.0.2中仅列举了6种民用建筑高大空间采用湿式系统的设计基本参数，但是随着建筑形式的多样性发展，有一些未列入的场所，可以根据表5.0.2注1类比确定。

11.1.4 Ⅰ类修车库的火灾危险等级应根据车辆类别和机修工段分别按仓库危险级、严重危险级考虑。

【要点说明】

“喷规”附录A的设置场所火灾危险等级分类中，未包含修车库，需依据修车库的火灾危险性分类，参照甲、乙类工厂或仓库场所处置，修车库不能按中危险级Ⅱ级考虑。

依据“车火规”第5.1.4条条文说明，甲、乙类危险物品运输车的修车库，参照乙类危险品库房规定防火分区面积；依据“车火规”第5.1.5条条文说明，修车库是类似厂房的建筑，由于其工艺上使用有机溶剂，如汽油等清洗和喷漆工段，火灾危险性可按甲类危险性对待。对于危险性较大的工段已进行完全分隔的修车库，可参照乙类厂房的防火分区面积。

【措施要求】

甲、乙类危险物品运输车的修车库可按仓库危险级Ⅱ级考虑；视为甲类厂房的修车库按严重危险级Ⅱ级考虑，视为乙类厂房的修车库，危险性较大工段按严重危险级Ⅱ级考虑，危险性较小部分可按严重危险级Ⅰ级考虑。

11.2 系统选择

11.2.1 发生误喷会产生重大损失的场所，应采用充气双连锁预作用系统；管道内充水有冰冻危险的场所，应采用空管预作用系统。

【要点说明】

单连锁预作用系统：仅有火灾报警信号动作时才允许水进入报警阀后的管道系统中；双连锁预作用系统：火灾自动报警系统和充气管道上的压力开关都动作时才允许水进入报警阀后的管道系统中。充气主要是监测管网系统的严密性，若平时管网密闭不严，则管网的充气泄压，空压机不足以补充时，压力开关动作报警。怕水浸渍的场所平时应充气，以免供水时管网密封不严漏水造成损失。严禁误喷是指喷水有重大损失的情况，例如纸质档案库、磁带介质库、数据机房等；严禁充水的场所，例如不采暖的车库以及冷库等，充水会有冰冻危险。

11.2.2　水幕系统及防护冷却系统作用时间、适用部位、系统设置等按表 11.2.2 执行。

水幕系统及防护冷却系统对比　　表 11.2.2

系统名称	系统形式	报警阀	喷水强度[L/(s·m)]	最小计算喷水长度	喷头设置高度(m)	喷头布置	适用部位	独立或合并系统	作用时间
防火分隔水幕系统	开式	雨淋阀	1.0	开口长度	≤12	水幕喷头3排；开式喷头2排，水幕厚度6m，喷头间距根据选用的流量系数确定	代替防火分隔墙的局部开口部位，不宜超过15m	“喷规”未明确，仅明确应设独立的报警阀；(“喷规”第6.2.1条)推荐独立系统；不推荐用于代替防火墙(3h)	均为不小于系统设置部位的耐火极限。“建火规”第5.1.2条给出的各部位的耐火极限不同，墙体有多种耐火极限，防火墙3h，房间隔墙0.5～0.75h，走道两侧的隔墙1h
防护冷却水幕系统	开式	雨淋阀	0.5～1.0①	保护对象的长度	无限制	水幕喷头单排，布置在保护分隔物的一侧或两侧；喷头间距根据选用的流量系数确定	耐火隔热性达不到耐火极限的防火玻璃、防火卷帘的局部位置，不宜超过15m	“喷规”未明确，仅明确应设独立的报警阀；(喷规第6.2.1条)推荐独立系统	
防护冷却系统	闭式	湿式阀	0.5～0.9②	作用面积的长边	≤8	边墙型喷头单排，布置在距保护分隔物不大于0.3m的一侧或两侧；喷头间距1.8～2.4m	步行街两侧商铺和中庭回廊周围房间，耐火隔热性达不到耐火极限的全范围防火玻璃、防火卷帘③	采用独立系统(“喷规”第5.0.15条)；稳压泵宜与自动喷水灭火系统分开设置④	

【要点说明】

对表 11.2.2 中的①～④进一步说明如下：

① 喷头设置高度≤4m 时，喷水强度为 0.5L/(s·m)，喷头设置高度每增加 1m，喷水强度增加 0.1L/(s·m)，最大 1L/(s·m)。

② 喷头设置高度≤4m 时，喷水强度为 0.5L/(s·m)，喷头设置高度每增加 1m，喷水强度增加 0.1L/(s·m)；喷头设置高度＞4m 时，采用快速响应喷头。

③"建火规"第 5.3.6 条第 4 款明确步行街两侧商铺"应"采用闭式自动喷水灭火系统进行保护，第 5.3.2 条第 1 款对中庭回廊周围房间分隔的保护虽无明确为"闭式"，但采用自动喷水灭火系统保护亦同此意。有的做法为了突破设置高度大于 8m 的限制，而采用防护冷却水幕系统，这是不符合"建火规"第 5.3.6 条第 4 款、第 5.3.2 条第 1 款规定的。控制在不大于 8m 的高度，也是为了限制在高大空间采用防火玻璃，而出现玻璃分隔墙不稳定性的隐患。

④ 独立的供水系统，加压主泵必须分开设置，稳压泵最好也分开设置，其控制方式同自动喷水灭火系统；当条件困难时，也可与自动喷水灭火系统合用稳压泵，稳压泵设计流量按两个系统总设计流量的 1%～3%确定，另外，分别启动两个系统加压主泵的控制组件应有清晰的逻辑对应关系。

11.2.3 **干式系统、预作用系统、雨淋系统、自动喷水-泡沫系统可采用独立系统，也可与自动喷水灭火系统合用供水及稳压设备。**

【要点说明】

"喷规"第 4.3.1 条：建筑物中保护局部场所的干式系统、预作用系统、雨淋系统、自动喷水-泡沫系统，可串联接入同一建筑物内的湿式系统，并应与其配水干管连接。本条为"可"，说明雨淋系统可以与自动喷水灭火系统合用供水和稳压设备，报警阀后管网分开；雨淋系统也可以采用独立系统，稳压泵可与自动喷水灭火系统合用。此外，雨淋系统也可并联接入湿式系统，其串、并联示意图见图 11.2.3。

【措施要求】

雨淋系统水量较大，设计中通常与喷淋泵匹配度不一致，系统控制要求不同，推荐采用独立系统。

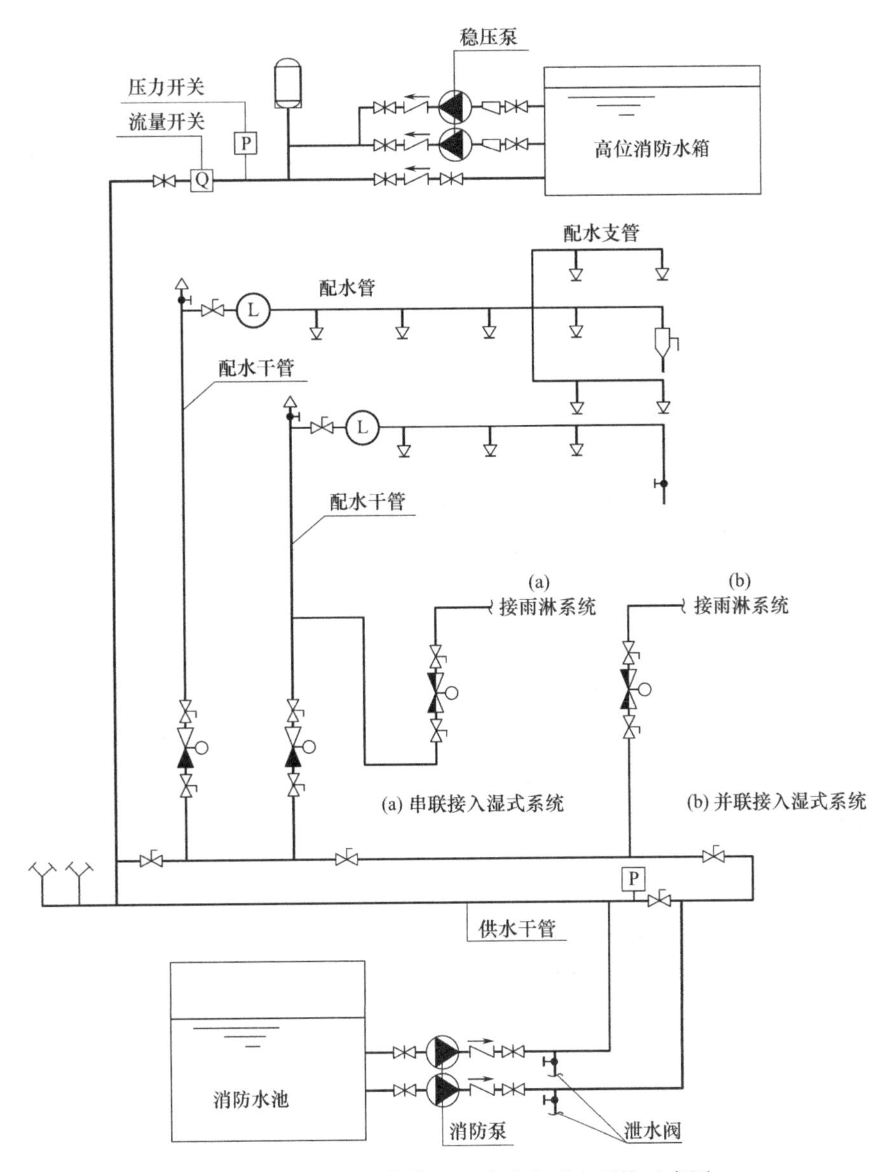

图 11.2.3 雨淋系统接入自动喷水灭火系统示意图

11.3 系统设计参数及计算

11.3.1 采用雨淋系统的净空高度大于 8m 的场所，设计喷水强度采用 16L/(min·m^2)，系统作用面积采用 260m^2。

【要点说明】

“喷规”第 4.2.6 条给出的应采用雨淋系统的场所中，净空高度可能大于 8m，甚至大于18m，规范中没有相应的参数与之对应。“喷规”第5.0.10条第2款“雨淋系统的喷水强度和作用面积应按本规范表5.0.1的规定值确定，且每个雨淋报警阀控制的喷水面积不宜大于表5.0.1中的作用面积”。当净空高度超过8m时，“喷规”表5.0.2注1中写明“表中未列入的场所，应根据本表规定场所的火灾危险性类比确定”，对比两表中的参数取值，选取表5.0.1中的参数更为合理。

【措施要求】

根据保护场所的总面积设雨淋报警阀组，例如在民用建筑中的摄影棚或者演播厅中，一般采用的模数是400m^2、600m^2、800m^2、1200m^{2}等，建议每个雨淋阀控制的喷水面积采用130～200m^2，系统设计流量按照两个雨淋阀同时启动考虑。

11.3.2 **剧场舞台顶棚采用金属构件时，应设置闭式自动喷水灭火系统，且设独立的报警阀组；当舞台葡萄架下设雨淋系统时，按两者不同时作用计算总用水量。**

【要点说明】

本条是依据《剧场建筑设计规范》JGJ 57—2016（简称“剧场规”）第8.3.3条和“喷规”第6.2.1条提出的。“剧场规”第8.3.7条条文说明虽然解释了栅顶上下设置闭式自动喷水喷头和开式雨淋喷头，但并无同时作用的有关说明；“消水规”第3.6.1条条文说明却明确说明了“一个防护区设有多种自动灭火系统时，用水量按其中用水量最大的一个系统确定”。

11.3.3 **室内机械停车位内置喷头动作数量：**

1 **当一层车架内置喷头时，计算车架内置喷头的数量可为4个；**

2 **当两层及以上车架内置喷头时，计算车架内置喷头的数量可为8个。**

【要点说明】

室内立体停车库设置自动喷水灭火系统除符合“喷规”的相关规定外，还要满足“车火规”第7.2.6条的喷头布置要求“应布置在汽车库停车位的上方或侧上方；对于机械式汽车库，尚应按停车的载车板分层设置，且应在喷头的上方设置集热板”。

【措施要求】

室内立体停车库建筑顶板的自动喷水灭火系统仍按中危险级Ⅱ级设计，系统作用面积160m^2，喷水强度8L/(min·m^2)。

室内立体停车库的自动喷水灭火系统设计用水量为建筑顶板自动喷水灭火系统设计用水量加上车架内置喷头用水量。

室内立体停车库载车板分层设置的喷头可参照仓库货架内置喷头的计算方法确定设计流量；室内立体停车库一般不会超过3层，但是室外立体停车库超过3层的宜采用高倍数泡沫固定灭火系统，且应通过建设工程消防技术专家论证确认方案。

11.3.4 边墙型扩大覆盖面积洒水喷头应按洒水喷头在工作压力下喷湿对面墙和邻近端墙距溅水盘 1.2m 高度以下的墙面进行选用和计算。

【要点说明】

保护面积内的喷水强度符合“喷规”表 5.0.1 的规定，这是执行的关键点：要根据喷头厂家提供的喷头参数及喷射曲线确定最小工作压力，以保证喷湿对面墙和邻近端墙距溅水盘 1.2m 高度以下的墙面。

应根据厂家产品样本喷头布水曲线确定喷头压力和保护范围。随着喷水方向长度的增加，边墙型扩大覆盖面积洒水喷头所需的最小工作压力相应增大，工程应用中按照实际需要保护的房间尺寸选定喷头后，确定所需最小工作压力后进行计算。设计时应将满足要求的喷头参数（最小工作压力、流量系数等）列入设备器材表，注明安装位置，避免施工安装时将不同的喷头装错场所。

11.3.5 直立型、下垂型扩大覆盖面积洒水喷头应参考不同产品性能参数进行水力计算。

【要点说明】

直立型、下垂型扩大覆盖面积洒水喷头可用于车库十字梁、中危险级Ⅰ级 4.2m×4.2m 的小房间、客房、中危险级Ⅱ级 4.0m×4.0m 的小房间等。除满足“喷规”第 7.1.4 条的规定外，还应根据不同产品性能参数进行设计。在满足喷水强度的情况下，不同保护面积其喷头压力不同，设计中应根据实际情况选取。不同厂家产品其流量系数也有不同，如某品牌流量系数 $K=161.2$ 的喷头，其性能参数见表 11.3.5-1。也有流量系数 $K=80$ 的产品（仅为隐蔽型），见表 11.3.5-2。

某品牌流量系数 $K=161.2$ 的喷头性能参数表　　表 11.3.5-1

场所火灾危险等级		轻危险级		中危险级Ⅰ级		中危险级Ⅱ级	
设计喷水强度[L/(min·m²)]		4.1		6.1		8.1	
喷头型号	保护面积(m×m)	流量(L/s)	压力(MPa)	流量(L/s)	压力(MPa)	流量(L/s)	压力(MPa)
TY5137、5237 $K=161.2$ 直立、下垂	4.3×4.3	…	…	1.89	0.049	2.46	0.083
	4.9×4.9	1.89	0.049	2.46	0.083	3.22	0.143
	5.5×5.5	2.08	0.060	3.09	0.130	4.10	0.233
	6.1×6.1	2.52	0.088	3.78	0.200	5.05	0.350

RFII 系列（TY3532）683 和 933 隐蔽型下垂喷头水力设计标准　　表 11.3.5-2

响应速度	喷头正方形布置间距(m)	最小流量(L/s)/压力(MPa)
快速响应	4.9	1.64/0.149
快速响应	5.5	2.08/0.239
快速响应	6.1	2.52/0.352

11.3.6 仓库场所设计参数选取应考虑以下因素：

1 仓库火灾危险等级；

2 储物布置方式；

3 净空高度；

4 储物高度。

【要点说明】

有关仓库及其类似场所采用湿式系统的设计见“喷规”表5.0.4-1～表5.0.4-5、表5.0.5和表5.0.6。在以上所有表格中都有相应的仓库湿式系统设计参数，各表中对应仓库火灾危险等级—储物布置方式—净空高度—储物高度等不同的参数，应用时选择与之相对应的喷头特性系数和喷头所需压力。

【措施要求】

选取参数后，应综合考虑水量、系统所需压力等条件选用不同流量系数的喷头。

“喷规”第5.0.4条～第5.0.6条规定的设计参数互不相同且差异较大，喷头选用顺序建议如下：

1）采用仓库型特殊应用喷头；

2）采用早期抑制快速响应喷头；

3）采用标准喷头。

不同喷头对应的设计参数不同，对于13.5m净空高度以内的仓库，按表11.3.6选用喷头。

仓库类场所喷头形式 **表11.3.6**

储存货物类别	最大净空高度 a(m)	最大储物高度 b(m)	采用的喷头形式
仓库危险级Ⅰ、Ⅱ级或沥青制品、箱装不发泡塑料	13.5	12.0	早期抑制快速响应喷头
袋装不发泡塑料、箱装发泡塑料、袋装发泡塑料	12.0	10.5	早期抑制快速响应喷头
仓库危险级Ⅰ、Ⅱ级或箱装不发泡塑料	12.0	10.5	仓库型特殊应用喷头
袋装不发泡塑料、箱装发泡塑料	7.5	6.0	仓库型特殊应用喷头
仓库危险级Ⅰ、Ⅱ级或沥青制品、箱装不发泡塑料	>13.5	—	标准喷头+货架内置喷头
袋装不发泡塑料、箱装发泡塑料、袋装发泡塑料	>12.0	—	标准喷头+货架内置喷头
仓库危险级Ⅰ、Ⅱ级或沥青制品、箱装不发泡塑料	—	>12.0	标准喷头+货架内置喷头

续表

储存货物类别	最大净空高度 a(m)	最大储物高度 b(m)	采用的喷头形式
袋装不发泡塑料、箱装发泡塑料、袋装发泡塑料	—	>10.5	标准喷头+货架内置喷头

注：最大储物高度 b (m)=最大净空高度 a (m)−1.5。

冬季有冰冻情况的仓库，不应采用早期抑制快速响应喷头和仓库型特殊应用喷头，应选用标准喷头，并采用预作用系统，设计参数按“喷规”表 5.0.4 选取，但作用面积为表中规定作用面积的 1.3 倍。

11.3.7 民用建筑和厂房最不利点处洒水喷头的工作压力可采用 0.07MPa，并经水力计算核定。

【要点说明】

系统最不利点处洒水喷头的工作压力不应小于 0.05MPa，是满足“喷规”表 5.0.1 中的参数情况下的最小值，但其最不利作用面积内的喷头布置只能在一定的条件下（例如中危险级Ⅰ级，管径参照“喷规”表 8.0.9 设计，支管喷头数不大于 3 个，喷头间距不大于 3.0m）才能满足“喷规”第 9.1.5 条的规定，故最不利点处洒水喷头的工作压力能否采用 0.05MPa 需经过水力计算确定。实际设计中可直接采用 0.07MPa。

11.3.8 预作用系统报警阀后管道的最大允许容积可按表 11.3.8 确定。

不同火灾危险等级下预作用系统报警阀后管道的最大允许容积　　表 11.3.8

火灾危险等级	轻危险级	中危险级Ⅰ级	中危险级Ⅱ级	严重危险级Ⅰ级	严重危险级Ⅱ级
喷水强度 [L/(m^2·min)]	4	6	8	12	16
作用面积(m^2)	160	160	160	260	260
理论流量(L/s)	10.7	16.0	21.3	52.0	69.3
管道容积(L)	1280(832)	1920(1248)	2560(1664)	6240(4056)	8320(5408)
配水干管长度(以 *DN*150 计,m)	72(47)	108(70)	144(94)	353(229)	471(306)

注：（　）内为干式系统报警阀后管道的最大允许容积。

【要点说明】

系统设计流量采用喷水强度与作用面积的乘积作为估算值，结合预作用系统配水管道充水时间，计算出预作用系统报警阀后管道的最大允许容积。

1）仅由火灾自动报警系统联动开启预作用装置的预作用系统的配水管道充水时间不宜小于 2min，报警阀后管道容积和配水干管长度见表 11.3.8（估算值），工程实际中一般一个报警阀控制的配水管道的容积宜在1500L以内。在正常的气压下，打开末端试水装置在60s内出水时，系统管网的最大容积不宜超过3000L。

2）预作用系统采用无连锁、单连锁和双连锁时，系统设计参数及要求应符合干式系统的要求，其配水管道充水时间不宜大于1min。

11.3.9 **设置闭式自动喷水灭火系统的民用建筑和厂房，其净空高度超过8m的场所，应采用湿式系统；当必须采用预作用系统时，不应采用快速响应喷头。充气单连锁及空管预作用系统的喷水强度和作用面积可按“喷规”表5.0.2确定；充气双连锁预作用系统的喷水强度按“喷规”表5.0.2确定，系统作用面积应按对应值的1.3倍确定。**

【要点说明】

“喷规”第5.0.11条第1款中规定：“预作用系统的喷水强度应按本规范表5.0.1、表5.0.4-1～表5.0.4-5的规定值确定”，故净空高度超过8m的预作用系统无参数依据。但在实际工程中，采用预作用系统的高大空间场所并不少，如展厅（展陈文物或电子产品）、厂房等，实际操作中可按“喷规”表5.0.2的场所进行类比确定。又根据“喷规”第6.1.7条及其条文说明，快速响应喷头不适用于预作用系统，可采用标准响应喷头、特殊响应喷头和非仓库型特殊应用喷头。

11.3.10 **无高位消防水箱的自动喷水灭火系统气压水罐有效容积应经计算确定，并不应小于1250L。**

【要点说明】

1.当按照“消水规”的规定可不设置高位消防水箱时，采用临时高压给水系统的自动喷水灭火系统应设气压供水设备。

2.气压供水设备的有效容积，应按系统最不利点处4个喷头在最小工作压力下5min的用水量确定。最不利点处洒水喷头的最小工作压力应经计算确定，喷头流量应按照“喷规”式（9.1.1）计算。

11.4 系统组件

11.4.1 **末端试水装置应设置于每个报警阀组控制的压力最不利点处，其具体设置点应经水力计算确定。**

【要点说明】

为检验系统的可靠性，测试系统能否在开放一个喷头的最不利条件下可靠并正常启动，要求每个报警阀组的供水最不利点处设置末端试水装置。“喷规”第6.5.1条规定每个报警阀组控制的最不利点洒水喷头处应设置末端试水装置，其他的防火分区和楼层均应设置直径为25mm的试水阀。

【措施要求】

末端试水装置应设置在压力最不利点处，几何最远点并不能代表压力最不利点，要经水力计算来确定压力最不利点。

当实际最不利点处无排水条件时，末端试水装置的设置可参照图11.4.1。

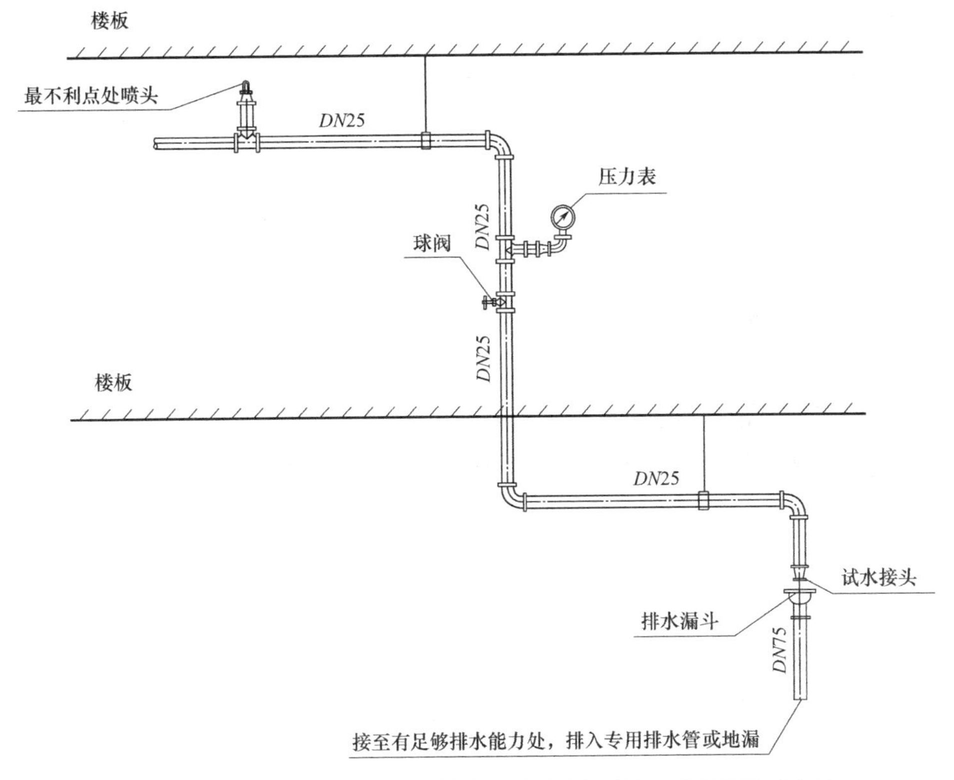

图11.4.1 实际最不利点处无排水条件时的末端试水装置设置示意图

11.4.2 泄水阀的设置位置，应便于检修时泄空管道存水，并满足“喷规”第4.3.2条第3款和第8.0.13条的要求。

【要点说明】

设置泄水阀是为了便于检修自动喷水灭火系统，应设置在其负责区域管道的最低点。报警阀的结构相当于止回阀，只能单向通水，整个配水管道系统的最低点是报警阀腔体阀瓣下游，配水干管可通过报警阀阀体的排水管泄空管道存水；报警阀上游输水管道系统的最低点是加压泵出水管止回阀后的管段；检修水流指示器后的配水管及组件时，可利用末端试水装置或试水阀泄空管道存水。不必在紧邻水流指示器的下游管段上设置泄水管（外方投资及管理的工程项目有此要求者除外）。

【措施要求】

泄水阀的设置位置参见图11.2.3。泄水阀及其连接管的管径见表11.4.2。

泄水阀及其连接管的管径（mm） 表11.4.2

供水干管管径	泄水管管径
≥100	≤50
65～80	≤40
<65	25

11.5 喷头布置

11.5.1 **通透性吊顶在下列情况下需在吊顶上方和下方同时布置洒水喷头，且按以下要求设置挡水板：**

1 当通透面积占吊顶总面积的比例不大于70%时；

2 当通透面积占吊顶总面积的比例大于70%，但不符合“喷规”第7.1.13条的两款条件时。

【要点说明】

“喷规”第7.1.13条要求：装设网格、栅板类通透性吊顶的场所，当通透面积占吊顶总面积的比例大于70%时，喷头应设置在吊顶上方，并符合下列规定：

1.通透性吊顶开口部位的净宽度不应小于10mm，且开口部位的厚度不应大于开口的最小宽度；

2.喷头间距及溅水盘与吊顶上表面的距离应符合表7.1.13的规定；

3.吊顶内遮挡物下（如风管）补加的喷头不受本条第2款约束。

【措施要求】

当吊顶上方和下方同时布置洒水喷头时，应注意以下要求：

1.装设网格、栅板类通透性吊顶的场所，系统的喷水强度应按“喷规”表5.0.1、表5.0.4-1～表5.0.4-5规定值的1.3倍确定，且喷头布置应按“喷规”第7.1.13条的规定执行。

2.报警阀组控制的洒水喷头数计算，仅需将数量较多一侧的洒水喷头计入报警阀组控制的洒水喷头总数，所以吊顶的上方和下方应分别计算，并以较大者为准。

3.安装在吊顶下方的洒水喷头应设置挡水板，挡水板可设置在吊顶的内侧。

11.5.2 仅在走廊设置喷头的场所，与其相邻未设喷头的区域一侧的开口部位（门、窗）应加设喷头。

【要点说明】

按规范仅需在走廊设置喷淋的建筑，与走廊相邻的门、窗等开口处应设置喷头。是依据“喷规”第7.1.12条：局部场所与相邻不设自动喷水灭火系统场所连通的走道和连通门窗的外侧，应设洒水喷头。

【措施要求】

局部设置喷头与不设喷头区域见图11.5.2。

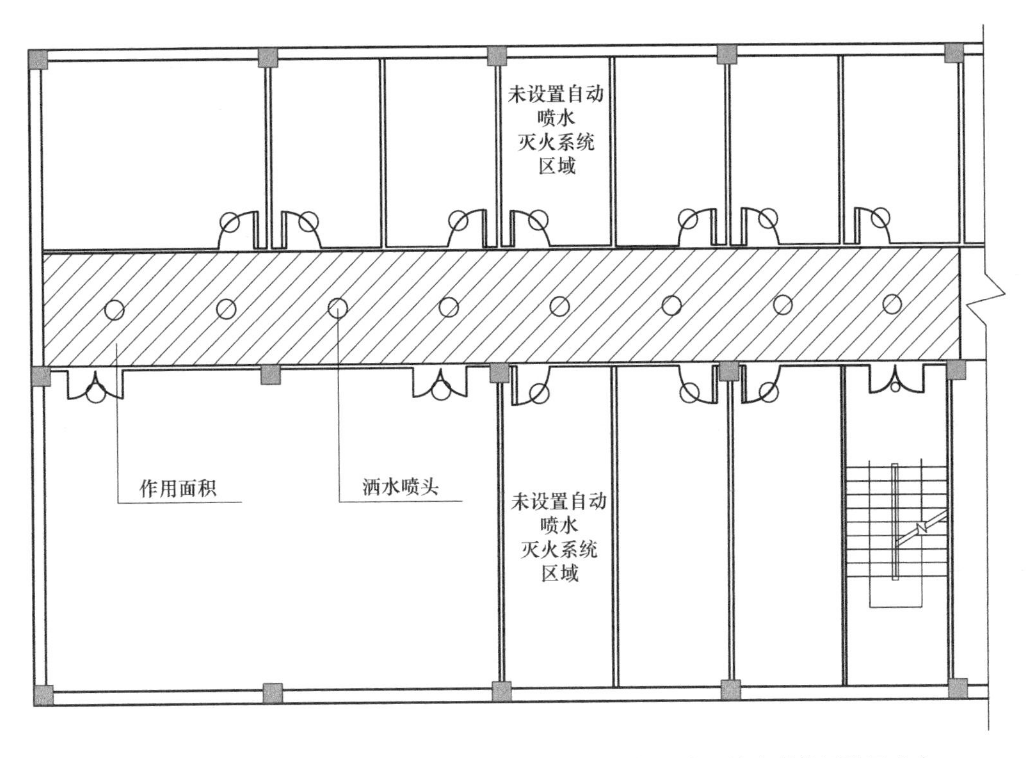

图11.5.2 局部场所与相邻不设自动喷水灭火系统场所连通的走道外侧设置喷头

11.5.3 仅单排设置喷头的闭式系统，其喷头间距$L=(4R^2-B^2)^{0.5}$。

【要点说明】

式中，B为设置单排喷头的场地宽度，L为喷头间距，R为一个喷头最大保护半径。以此布置喷头后应保证其喷水强度满足“喷规”要求。

【措施要求】

为满足“喷规”要求的“设置单排洒水喷头的闭式系统，其洒水喷头间距应按地面不留漏喷空白点确定”。当喷头居中布置时，不同火灾危险等级情况下典型走廊宽度喷头布置的最大间距见表11.5.3。

典型走廊宽度喷头布置的最大间距 表 11.5.3

火灾危险等级	一个喷头的最大保护面积 S(m²)	保护半径 R(m)	走廊宽度 B(m)	喷头间距 L(m)
轻危险级	20	2.50	1.2	4.90
			1.4	4.85
			1.6	4.79
			1.8	4.71
			2.0	4.63
			2.2	4.54
			2.4	4.44
中危险级Ⅰ级	12.5	2.00	1.2	3.81
			1.4	3.74
			1.6	3.66
			1.8	3.56
			2.0	3.45
			2.2	3.33
			2.4	3.19
中危险级Ⅱ级	11.5	1.90	1.2	3.63
			1.4	3.56
			1.6	3.48
			1.8	3.38
			2.0	3.26
			2.2	3.13
			2.4	2.98
严重危险级	9	1.70	1.2	3.17
			1.4	3.08
			1.6	2.98
			1.8	2.87
			2.0	2.73
			2.2	2.57
			2.4	2.39

11.5.4 **净空高度大于8m的高大空间场所的喷头布置宜为3m×3m，间距不应小于2.5m，且支管采用*DN*50，不宜变径。**

【要点说明】

根据国家标准《自动喷水灭火系统 第1部分：洒水喷头》GB 5135.1—2019，在进行喷头的流量试验时试验压力从0.05MPa增至0.65MPa，每间隔0.10MPa测量喷头的流量，故净空高度为8～18m的民用建筑采用湿式系统并采用快速响应喷头（$K \geq 115$）和特殊应用喷头（$K\geqslant161$）时，系统最不利点处喷头的最小工作压力也不低于0.05MPa。自动喷水灭火系统设计流量与喷头间距和喷头工作压力有关，喷头间距越小，作用面积内喷头数量越多，喷头工作压力越大，系统设计流量越大。实际工程中，选出满足设计喷水强度的最小流量及对应的最不利喷头工作压力，同时考虑系统安全性以及经济合理性，布置间距宜为3m×3m，且支管不宜变径。

11.6 系统控制与信号

11.6.1 自动喷水灭火系统高位消防水箱出水管上的流量开关应设置于重力流管道和稳压泵后压力管道合流后的管段上；当设置下置式稳压泵时，流量开关应设置于高位消防水箱重力出水管上。可采用最不利喷头动作流量与系统泄流量的和作为流量开关动作值。

【要点说明】

自动喷水灭火系统高位消防水箱出水管上的流量开关会产生误启泵或不能及时启泵，应重点依靠压力开关启泵；高位消防水箱稳压的消防给水系统其水泵出口的压力开关不能及时启泵，自动喷水灭火系统应重点依靠报警阀组压力开关启泵。

【措施要求】

系统的最小喷头为标准流量喷头时，流量开关的启泵流量值为2.5L/s。

11.6.2 自动喷水灭火系统加压泵出水管上压力开关的启泵压力值计算方法参见本措施第9.5.1条。

【要点说明】

自动喷水灭火系统加压泵出水管上压力开关的启泵压力计算和消火栓系统的计算方法一致，参见本措施第9.5.1条【计算实例】。

11.6.3 有关的控制要求见“附录C 给水排水专业向电气专业提要求统一内容”。

12　其他消防系统

12.1　水喷雾和细水雾灭火系统

12.1.1　适用场所：

1　**民用建筑内以下场所可采用水喷雾灭火系统：**

1）寒冷地区设置自动喷水灭火系统的建筑内的柴油发电机房及日用油箱；

2）未设置自动喷水灭火系统的建筑内，额定蒸发量大于等于1t/h的燃油/燃气锅炉、柴油发电机房。

【要点说明】

第1）款，“建火规”第5.4.13条第6款规定：布置在民用建筑内的柴油发电机房应设置与柴油发电机容量和建筑规模相适应的灭火设施，当建筑内其他部位设置自动喷水灭火系统时，机房内应设置自动喷水灭火系统；其条文说明同时指出：需要设置在建筑物内的柴油设备或柴油贮罐，柴油闪点不应低于60℃。《水喷雾灭火系统技术规范》GB 50219—2014第1.0.3条：水喷雾灭火系统可用于扑救固体物质火灾、丙类液体火灾、饮料酒火灾和电气火灾；第3.1.2条：保护对象——液体火灾，即闪点60～120℃的液体。(1) 对于闪点大于60℃的柴油，两种灭火系统均适用。(2) 柴油发电机房运行需要大量的空气（燃烧及冷却作用），设计进风井多采用自然进风，机房温度与室外相近。对于北方寒冷地区，须采用干式或预作用系统；水喷雾灭火系统是开式系统（报警阀后空管），故而更为适合有冰冻可能的场所。(3) 水喷雾灭火系统的灭火机理也更适合于对液体火灾和电气元件的保护。(4) 当建筑内设置自动喷水灭火系统时，水喷雾灭火系统所需水量、水压均能由自动喷水灭火系统提供，不需要设置独立的水喷雾灭火系统加压泵。(5) 对于柴油发电机房的灭火设施，当地方允许采用水喷雾灭火系统，或甲方有要求设置水喷雾时，均应设置水喷雾灭火系统。

第2）款，燃油、燃气锅炉房灭火主要是切断燃料，喷淋系统起冷却设备的作用。《锅炉房设计标准》GB 50041—2020第3.0.12条：锅炉房的锅炉总台数，对于新建锅炉房不宜超过5台；对于非独立锅炉房不宜超过4台。第17.0.1条：锅炉房的消防设计应符合现行国家标准《建筑设计防火规范》GB 50016的有关规定。第17.0.3条：油泵间、日用油箱间宜采用泡沫灭火系统、气体灭火系统或细水雾灭火系统。第17.0.6条：非独立锅炉房和单台蒸汽锅炉额定蒸发量大于或等于10t/h，或总额定蒸发量大于或等于

40t/h 及单台热水锅炉额定热功率大于或等于 7MW，或总额定热功率大于或等于 28MW 的独立锅炉房，应设置火灾探测器和自动报警装置。

对于未设置自动喷水灭火系统的建筑，其内设置的燃油、燃气锅炉房等房间可以设置推车式 ABC 干粉灭火器或气体灭火器，如规模较大，则可设置水喷雾、细水雾或气体灭火系统等。如何理解规模较大？从“建火规”第 5.4.12 条条文说明中的两层意思来理解我国目前较大规模的锅炉：(1) 蒸发量较大 (1～30t/h) ……设计要尽量单独设置；(2) 设置在多层或高层建筑的地下室、中间楼层或顶层的锅炉房，每台蒸汽锅炉的额定蒸发量不应大于 4t/h，额定蒸汽压力不应大于 1.6MPa。因此，规模较大锅炉所指单台锅炉额定蒸发量大于等于 1t/h。

【措施要求】

雨淋阀组就近设置于柴油发电机房内。系统符合《水喷雾灭火系统技术规范》GB 50219—2014 的要求。

2 民用建筑内以下场所可采用高压细水雾灭火系统：

1）可以采用高压细水雾保护的档案库房；

2）电子信息系统机房、控制中心、精密仪器设备用房等；

3）设置高压细水雾灭火系统的建筑内的柴油发电机房及日用油箱间、变配电室。

【要点说明】

细水雾应用范围较水喷雾广泛，但由于系统造价较高，一般应用于被保护物品价值较高（部分替代气体灭火系统使用场所），或为避免水渍需要控制释放水量的场所；同时需满足相关建筑设计规范的要求。

第 1）款，《档案馆建筑设计规范》JGJ 25—2010 第 6.0.6 条：特级、甲级档案馆中的其他档案库房、档案业务用房和技术用房，乙级档案馆中的档案库房可采用洁净气体灭火系统或细水雾灭火系统。

第 2）款，《数据中心设计规范》GB 50174—2017 第 13 章：A、B、C 级数据中心的主机房宜设置气体灭火系统，也可设置细水雾灭火系统。当 A 级数据中心内的电子信息系统在其他数据中心内安装有承担相同功能的备份系统时，也可设置自动喷水灭火系统。B、C 级数据中心也可设置自动喷水灭火系统。

第 3）款，管网式高压细水雾灭火系统一次投资较高，如建筑自身需要保护档案、精密仪器设备等而设置高压细水雾灭火系统，则可同时保护建筑内的柴油发电机房及电气用房。

细水雾灭火系统适用于扑救相对封闭空间内的可燃固体表面火灾、可燃液体火灾和带电设备火灾，其防护区内影响灭火有效性的开口宜在系统动作时联动关闭；不能关闭的开口在其开口部位增设局部应用喷头等补偿措施。

12.1.2 设计参数：

1 柴油发电机水喷雾灭火系统设计参数按表12.1.2-1取值，工作压力不小于0.35MPa。

柴油发电机水喷雾灭火系统设计参数 表12.1.2-1

防护目的	部位	供给强度[L/(min·m^2)]	持续时间(h)	响应时间(s)
灭火	燃烧器	20	0.5	60
	发电机本体	15	1	60

注：1. 发电机本体水喷雾灭火系统供给强度取值，参照固体火灾取15L/（min·m^2）；燃烧器、日用油箱参照柴油液体火灾取20L/（min·m^2）；

2. 燃气锅炉的设计参数可参照柴油发电机，按锅炉本体及燃烧器分别取值。

2 高压细水雾（≥10MPa）灭火系统部分常用设计参数按表12.1.2-2选取。

高压细水雾灭火系统部分常用设计参数 表12.1.2-2

类别	应用场所		最小喷雾强度[L/(min·m^2)]	喷头最大安装高度(m)	设计喷雾时间(min)
闭式系统	采用非密集柜储存的图书库、资料库、档案库		3.0	>3.0且≤5.0	30
			2.0	≤3	
			2.0	3.0	
	电子信息机房	主机工作空间	1.5	5.0	
			1.2	4.0	
			1.0	3.0	
		吊顶/地板夹层	0.8	2.0	
开式全淹没系统	柴油发电机房、燃油锅炉房等，直燃机房		1.5	10.0	20
			1.0	≤5.0	
	变配电室		1.0	8.0	30/15(地标)
			0.8	5.0	
	电子信息机房、消防控制室、精密仪器设备室	主机工作空间	0.75	5.0	
			0.7	≤3.0	
		吊顶/地板夹层	0.5	1.0	
			0.3	≤0.5	
	控制中心、调度中心、展览厅、中庭等高大空间场所		1.1	10.0	30
	文物库，以密集柜储存的图书库、资料库、档案库		2.0	5.0	
			1.0	≤3.0	
局部应用系统	柴油发电机房、燃油锅炉		1.5	1.5～0.5	20
	厨房烹饪设备	深炸锅	2.5	3.0～0.5	
		炒菜锅	2.0		
		排烟道	1.5		
		集油烟罩	1.5		

【要点说明】

细水雾灭火系统按系统工作压力分为中压系统（1.2～3.5MPa）和高压系统，按喷头形式分为开式系统和闭式系统；开式系统又分为泵组式和瓶组式，以及全淹没应用方式和局部应用方式。对于全淹没应用方式，瓶组式系统单个防护区容积不超 260m³；对于局部应用方式，保护面积为保护对象的外表面面积，局部应用方式多用于保护室内柴油发电机和燃油锅炉等设备。

厨房设备灭火装置也可选用瓶组式，其设计基本参数见表 12.1.2-3。

厨房设备灭火装置的设计基本参数 表 12.1.2-3

灭火剂名称	设计喷射强度[L/(s·m²)]			灭火剂持续喷射时间(s)	喷嘴最小工作压力(MPa)	冷却水喷嘴最小工作压力(MPa)	冷却水持续喷射时间(min)
	烹饪设备	排烟罩	排烟管道				
厨房设备专用灭火剂	0.40	0.020	0.020	10	0.10	0.05	5
细水雾	0.04	0.025	0.025	15～60	0.40	0.10	15

闭式系统主要是控制和抑制火灾，用于火灾蔓延速度慢的部位，主要用于扑救可燃固体表面火灾；对于防水要求高、严禁系统发生误喷或管道渗漏的场所，宜采用闭式预作用系统。

开式系统既可抑制火灾，也可扑灭火灾，主要用于火灾危险性大、蔓延速度快，或存在大量可燃性液体，需要迅速灭火的部位。

闭式系统、开式系统设置要求对比见表 12.1.2-4。

开式系统与闭式系统设置要求对比 表 12.1.2-4

对比项目	闭式系统	开式系统
适用范围	控火，扑救可燃固体表面火灾； 环境温度不低于 4℃，不高于 70℃	控火、灭火；保护多种火灾对象
火灾危险性	火灾蔓延速度慢	火灾危险性高，蔓延速度快
存放物品	物品价值高	物品价值高，需迅速灭火；存在大量可燃液体
设计分区要求	分区控制阀后喷头总数不超过 100 个	防护区数量控制在 3 个以内， 防护区较大时可分为多个防护分区

注：1. 易阴燃或发生固体深位火灾的场所，以及其他需要辅助灭火的场所，宜设置细水雾喷枪栓；
2. 能采用闭式系统保护的部位，开式系统也适用。

12.1.3 系统设置：

1 **设置自动喷水灭火系统的建筑，水喷雾灭火系统与自动喷水灭火系统合用加压泵；**

2 **同一场所水喷雾灭火系统与自动喷水灭火系统等不叠加设置；**

3 高压细水雾灭火系统为独立设置系统。

【要点说明】

第1款，水喷雾灭火系统最不利点处喷头工作压力为0.25～0.35MPa，柴油发电机房通常设置在地下一层或首层，自动喷水灭火系统的压力能满足水喷雾灭火系统的需求，因此可与自动喷水灭火系统合用加压泵。

第2款，设置水喷雾灭火系统保护的部位，不需要另设自动喷水灭火系统。

第3款，高压细水雾灭火系统所需压力远高于自动喷水灭火系统，采用的水泵为高压柱塞泵，需独立设置。

12.1.4 一次设计图纸内容：

1 水喷雾灭火系统属于二次深化设计内容，不同阶段一次设计图纸需表达的内容为：

1）初步设计阶段

说明部分：系统设置部位；设计喷雾强度、持续喷雾时间、系统响应时间；系统设计流量；最不利点处喷头工作压力；喷头布置形式；供水系统；雨淋阀组的设置及系统控制说明。

图纸：系统原理图。

平面表达：水喷雾灭火系统干管至保护区域雨淋阀组。

2）施工图设计阶段

说明部分：系统设置部位；设计喷雾强度、持续喷雾时间、系统响应时间；系统设计流量；最不利点处喷头工作压力；喷头布置形式（立体、平面）、喷头雾化角（90°/120°）；供水系统与自动喷水灭火系统共用加压泵；雨淋阀组的设置（就近设置于柴油发电机房）及系统控制说明。

图纸：系统原理图。

平面表达：水喷雾灭火系统干管至保护区域雨淋阀组，雨淋阀组大样，剖面示意图，排水设施。（喷头平面布置可作为二次深化设计审核内容）

【要点说明】

水喷雾灭火系统作为自动灭火系统的一部分，当柴油发电机数量较多时，设计人员应对保护对象、保护范围进行合理划分，控制设计用水量在自动喷水灭火系统用水量之内。

1）初步设计阶段：以说明为主。平面表达：平面管道表达至雨淋阀组，雨淋阀组就近设置在柴油发电机房，系统作为自动喷水灭火系统的一部分，示意至防护区。如图12.1.4-1、图12.1.4-2所示。

2）施工图设计阶段：补充平面表达的内容，包括排水设施等，水雾喷头距设备的剖面示意图。如图12.1.4-3、图12.1.4-4所示。

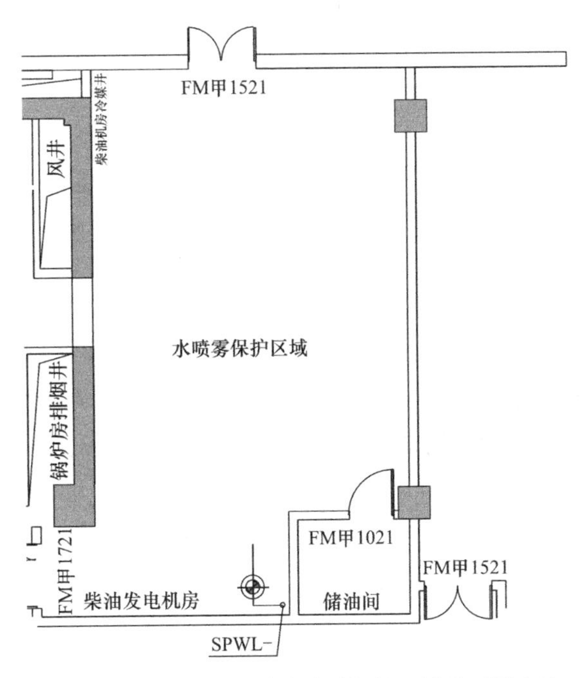

图 12.1.4-1　初步设计水喷雾保护区域平面图表达

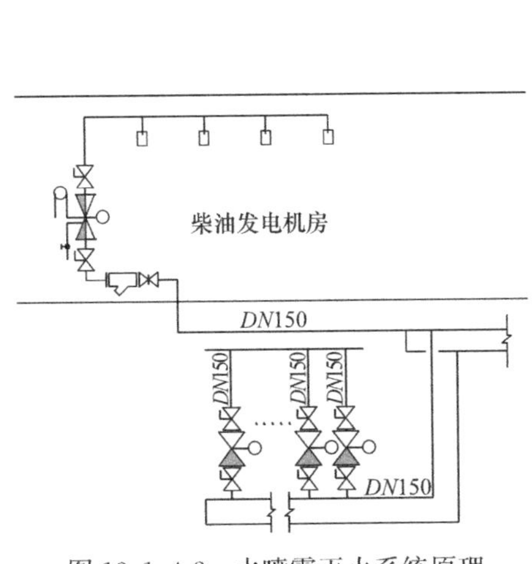

图 12.1.4-2　水喷雾灭火系统原理示意图（局部）

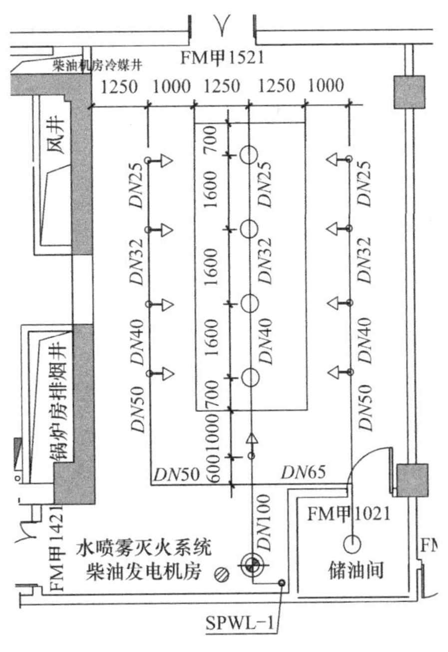

图 12.1.4-3　施工图设计水喷雾保护区域平面图表达

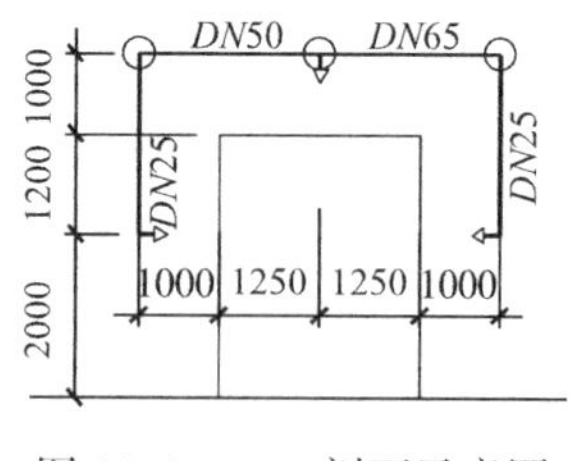

图 12.1.4-4 剖面示意图

【措施要求】

用于扑救柴油发电机组火灾的水雾喷头采用高速水雾喷头，工作压力为 0.35MPa。水喷雾灭火系统用水量估算按面积应用形式，分为房间平面面积法和设备表面积法。

1）初步设计阶段，电专业不能提供设备具体尺寸时，可按设备所在房间平面面积估算用水量，喷雾强度 15～20L/（min·m^2）。

2）施工图设计阶段，按设备表面积核算具体用水量。

水雾喷头流量、水雾喷头设置数量、系统计算流量、系统设计流量按下列公式计算：

$$q=K\sqrt{10P}$$

$$N=\frac{Aq_{\mu}}{q}$$

$$Q_{\mathrm{j}}=\frac{1}{60}\sum_{i=1}^{n}q_i$$

$$Q_{\mathrm{s}}=1.05Q_{\mathrm{j}}$$

式中 q——水雾喷头的流量（L/min）；

K——水雾喷头的流量系数；

P——水雾喷头的工作压力（MPa）；

N——保护对象的水雾喷头设置数量（个）；

A——保护对象的保护面积（m^2）；

q_{μ}——保护对象的设计喷雾强度［L/(min·m^2)］；

Q_{j}——系统的计算流量（L/s）；

n——系统启动后同时喷雾的水雾喷头数量（个）；

q_i——水雾喷头的实际流量（L/min）；

Q_{s}——系统的设计流量（L/s）。

2 细水雾灭火系统一次设计图纸需表达的内容为：

1）初步设计阶段：确定采用高压细水雾灭火系统保护的部位，开式系统及闭式系统防护单元的设置位置。

说明部分：系统保护范围、部位；喷头最小工作压力，设计喷雾强度，最大一个防护区的面积，持续喷雾时间，系统用水量；系统形式（泵组式/瓶组式）及组成；系统控制说明。

图纸：系统原理图。

平面：保护区布置，干管至保护区域分区控制阀组。

2）施工图设计阶段

说明部分：系统保护范围、部位，开式系统、闭式系统设置部位；各部位设计喷雾强度，持续喷雾时间；系统设计用水量，水箱贮水量；系统控制说明。

图纸：系统原理图（市政接口管径、不锈钢水箱容积、高压细水雾泵组参数、干管管径、接至防护区的支管管径、防护区名称、采用的阀箱类型及管径、排气阀等）。

平面：保护区布置，干管至保护区域分区控制阀组。

【要点说明】

高压细水雾灭火系统的非标准化产品使得设计人员对此系统的设计尚依赖厂家配合二次深化设计。设计人员需根据国家规范确定能采用高压细水雾灭火系统的部位、系统形式和组成、设计喷雾强度、持续喷雾时间等参数。

1）初步设计阶段：以说明为主。图纸：平面标明采用高压细水雾消防区域，管道接至控制阀箱；系统图标明主要设备及参数、防护区名称、控制阀箱类型等。以泵组式系统为例，其图纸如图 12.1.4-5、图 12.1.4-6 所示。

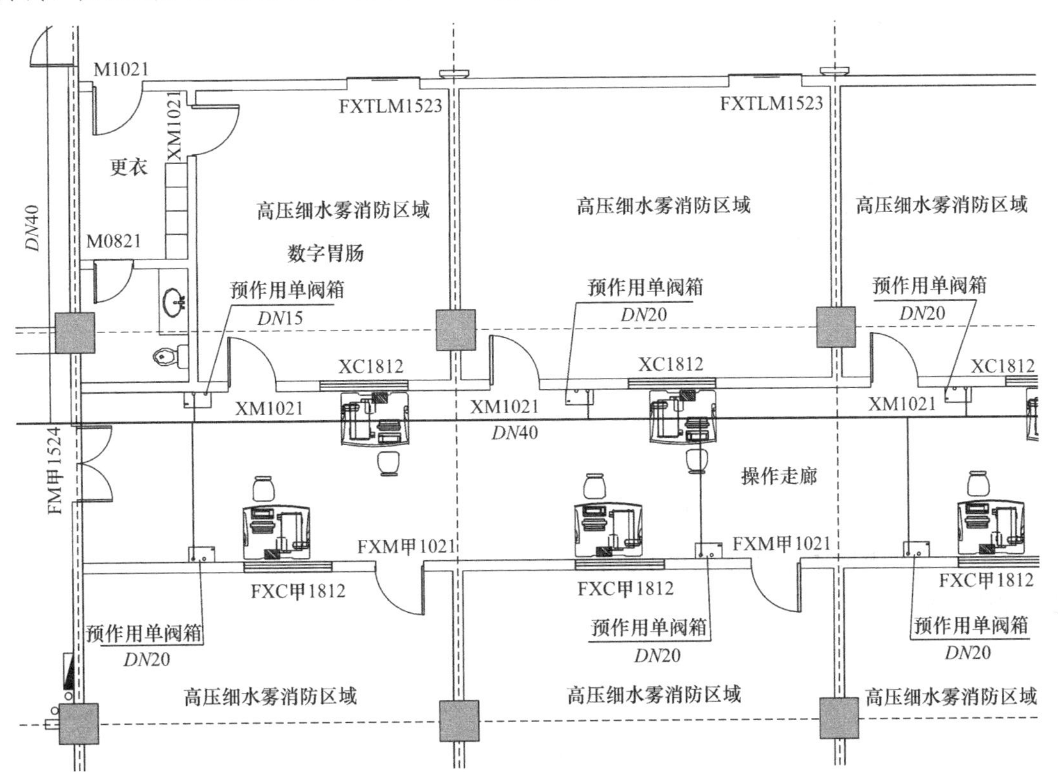

图 12.1.4-5　高压细水雾灭火系统平面示意图

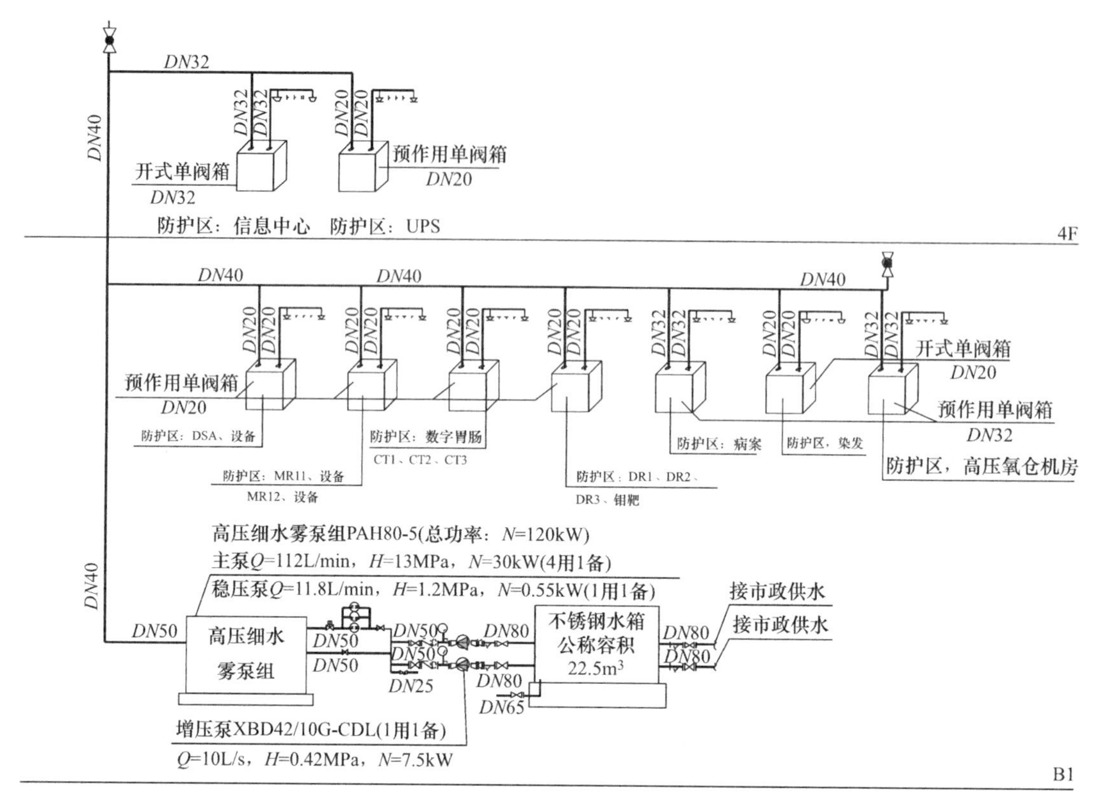

图 12.1.4-6 高压细水雾灭火系统示意图

2）施工图设计阶段：补充详尽的设计说明。完善平面图和系统图，施工图设计阶段平面图不要求表示喷头，以二次深化设计为主，但需对深化设计图纸进行复核。《细水雾灭火系统设计规范》GB 50898—2013 对一个系统防护区数量的限制，在说明和系统图中需体现。开式系统防护区数量限制要求及划分说明见本措施第 12.1.5 条第 3 款 2）。

12.1.5 深化设计复核内容：

1 水喷雾灭火系统复核内容：

1）设计参数取值：设计喷雾强度、系统水量、系统压力及水泵扬程；

2）喷头布置间距是否满足喷雾强度要求。

【要点说明】

根据《水喷雾灭火系统技术规范》GB 50219—2014 第 3.2.4 条给出的水雾锥底圆半径相关公式，按喷头距保护对象的安装距离及喷头雾化角度，计算出水雾锥底圆半径，从而得到喷头矩形布置时的喷头间距，见表 12.1.5-1。

喷头矩形布置时间距要求 **表 12.1.5-1**

喷头至保护对象距离(m)	雾化角度	水雾锥底圆半径(m)	喷头布置间距(m)
0.6	90°	0.512	0.71
0.6	120°	0.825	1.15
1.0	90°	0.854	1.19
1.0	120°	1.376	1.92
1.5	90°	1.281	1.79
1.5	120°	2.064	2.88
2.0	90°	1.708	2.39
2.0	120°	2.752	3.85

根据喷头的工作压力及流量系数，可估算出单个喷头的流量，见表 12.1.5-2。

单个喷头流量值 **表 12.1.5-2**

工作压力(MPa)	喷头流量系数 K	流量(L/min)
0.35	16	29.93
0.35	21.5	40.22
0.35	26.7	49.95
0.35	33.7	63.05
0.35	43	80.44

以柴油发电机组尺寸 2500mm×6200mm×3200mm 举例：

设备表面积 $A=71.18\text{m}^2$，以喷雾强度 15L/（min·m^2）计，估算用水量 $Q=$ 832.8L/min。

选用 $K=26.7/120°$喷头，喷头数量约为 17 个。喷头布置如图 12.1.5-1、图 12.1.5-2 所示。

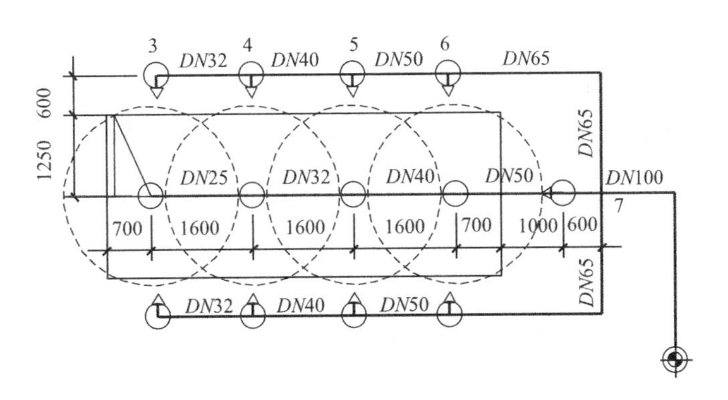

图 12.1.5-1 水雾喷头平面布置图

机组本体布置喷头 20 个，机头设置 $K=43/120°$喷头一个。估算水量 840L/min，计算水量 18.4L/s，设计水量 19.3L/s。考虑机器尾部接风管，实际喷雾强度为 18.3L/（min·m^2）。

由于水喷雾灭火系统喷头至保护对象的距离不同，决定了喷头布置间距有差别。各项目根据具体的布置对喷雾强度进行校核。

上述举例中，当侧面布管距离由 600mm 增至 1000mm 时，如图 12.1.4-4 所示，机组本体布置 K=43 喷头 12 个。估算水量 907L/min，计算水量 18.65L/s，设计水量 19.6L/s，实际喷雾强度为 18.6L/（min·m^2）。

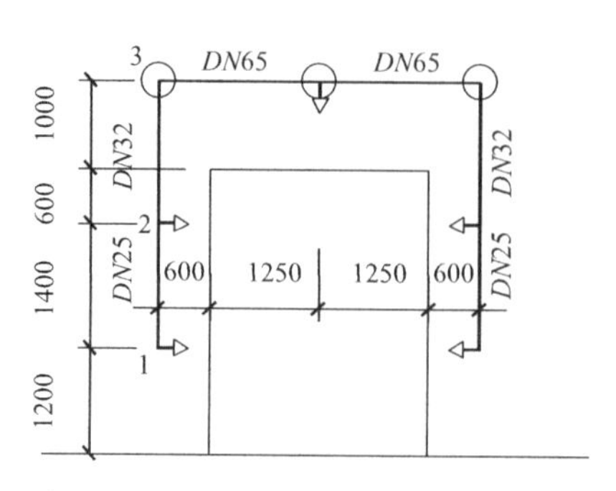

图 12.1.5-2 水雾喷头布置剖面示意图

根据喷头的布置间距、流量系数及工作压力，可初步估算喷雾强度值是否满足设计要求，以雾化角度 120°的喷头举例，喷雾强度如表 12.1.5-3 所示。设计人员可据此简单判定二次深化设计的喷雾强度是否满足设计要求。

雾化角度 120°喷头喷雾强度举例 **表 12.1.5-3**

喷头至保护对象距离(m)	喷头间距(m)	工作压力(MPa)	喷头流量系数 K	流量(L/min)	喷雾强度[L/(min·m^2)]
0.6	1.5	0.35	26.7	49.95	22.20
1.0	2.0				12.49
1.5	2.5				7.99
0.6	1.5		33.7	63.05	28.02
1.0	2.0				15.76
1.5	2.5				10.09
0.6	1.5		43	80.45	35.75
1.0	2.0				20.11
1.5	2.5				12.87

2 **细水雾灭火系统复核内容：**

1）**设计参数取值：设计喷雾强度、系统水量；喷头布置间距是否满足喷雾强度要求；**

2）**管道内设计流速是否控制在 6～7m/s 以内。**

【要点说明】

1）细水雾灭火系统的设计喷雾强度、喷头布置间距和安装高度，宜经实体火灾模拟试验确定。规范未列举的应用场所，可采用实体火灾模拟试验参数设计，各个厂家有自己的模拟试验数据；而各地方规范列举的参数也具有一定的参考性，如《重庆市细水雾灭火系统技术规范》DBJ 50-208—2014（简称“重庆地标”）、《福建省细水雾灭火系统技术规程》DBJ/T 13-145—2011（简称“福建地标”）等，可用于校核深化设计单位的取值合理性。参数取值参见第 12.1.2 条。

同一高压细水雾灭火系统中可以既有开式全淹没系统、开式区域应用系统、开式局部应用系统，又有闭式系统、闭式预作用系统。比较并取其中最大值，取 1.10 安全系数作为系统设计流量。

规范只给出了系统最小喷雾强度及喷头最大布置间距，但相同流量系数的喷头不同的布置间距对应不同的喷雾强度，设计人员需根据设计场所所需的喷雾强度校核喷头布置间距。以流量系数 *K* 为 0.95、1.68 及 2.04 的喷头为例，喷头最大布置间距见表 12.1.5-4。

细水雾喷头最大布置间距　　表 12.1.5-4

压力(MPa)	流量系数 *K*	额定流量(L/min)	喷雾强度[L/(min·m²)]	计算最大间距(m)	最大布置间距(m)
10	0.95	9.5	0.7	3.68	3.00
			1.0	3.08	3.00
	1.68	16.8	2.0	2.90	2.90
			3.0	2.37	2.30
	2.04	20.4	2.0	3.19	3.00
			3.0	2.61	2.60

2）流速过大会产生过大的水头损失，同时管道也会产生很大的震动，建议流速控制在 6～7m/s，个别管段流速偏大（10m/s）时，距离不宜太大，控制在 10m 范围内。由于高压细水雾灭火系统水量小、管径小，故管道内径对于流速校核很重要。

316L 无缝不锈钢管参数举例见表 12.1.5-5。

管道外径与壁厚　　表 12.1.5-5

管道公称直径(mm)	*DN*10	*DN*15	*DN*20	*DN*25	*DN*32	*DN*40	*DN*50
管道外径×壁厚(mm)	12×1.5	22×2	28×2.5	35×3	42×3.5	48×4	60×4.5

以上述管径，按流速最大 7m/s 核算，管道直径与流量关系见表 12.1.5-6。

管道直径与流量关系　　表 12.1.5-6

公称直径(mm)/计算内径(mm)	*DN*20/22	*DN*25/29	*DN*32/34	*DN*40/40	*DN*50/50
最大流量(L/min)	160	280	380	530	820

由于各厂家采用的管径及壁厚会有差别，因此还需要按实际采用的管材内径进行校核。选用的管材需满足试验压力要求，试验压力为系统工作压力的 1.5 倍。以水泵扬程 12～14MPa 计，管道试验压力为 18～21MPa。

3 细水雾灭火系统设计注意事项：

1）分区控制阀：阀箱尺寸较大，应尽早将尺寸提给建筑专业，以确定阀箱安装方式（明装、暗装或半暗装）。进出水口的连接管道必须在分区控制阀箱定位后进行安装。

【要点说明】

分区控制阀箱是其中尺寸较大的配件，接近消火栓箱体，开式系统及闭式预作用系统分区控制阀箱尺寸参考国标图集《细水雾灭火系统选用与安装》12SS209。安装见图12.1.5-3。

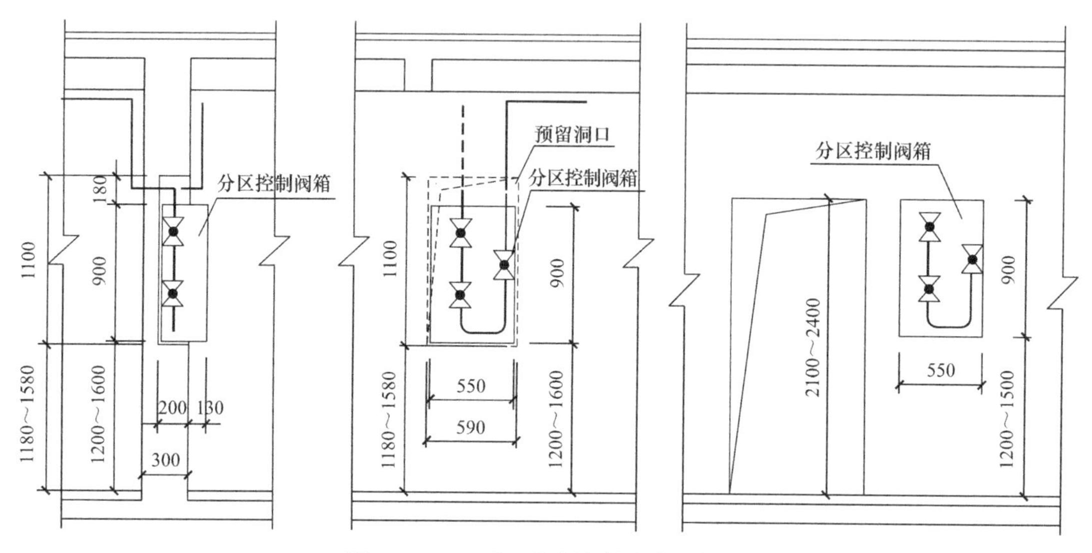

图12.1.5-3 分区控制阀箱安装示意图

2）细水雾全淹没应用开式系统，防护区数量大于3个，单个防护区容积大于3000m³时，可采取合并或划分防护分区的措施。

【要点说明】

采用全淹没应用方式的开式系统，其防护区数量不应大于3个。单个防护区不局限于单个房间。从《细水雾灭火系统技术规范》GB 50898—2013第3.4.5条的解读可引入“防护分区”的概念：“单个防护区容积超过最大容积时，宜将该防护区分成多个防护分区进行保护，各防护分区的火灾危险性可相同相近，亦可存在较大差异”，说明各防护分区可以存放不同的物品。若人为地将存放不同物品的分区用墙予以分隔，则可视每个房间为一个防护分区，每个防护分区设置一个控制阀箱，而这些防护分区组成一个防护区。这样的划分方式既可扩大开式系统的保护范围，也控制了每个防护分区的容积和防护区数量在规定值之内。

【计算实例】

1. 防护分区（小空间）合并设置防护区

如图12.1.5-4所示，采用高压细水雾防护的区域共11个房间。单个房间个数已超3

个，此时需引入防护分区的概念。

方案一：以墙体分隔作为防护区的边界，3个房间则需设置一套泵组保护，11个房间共需设置4套泵组。

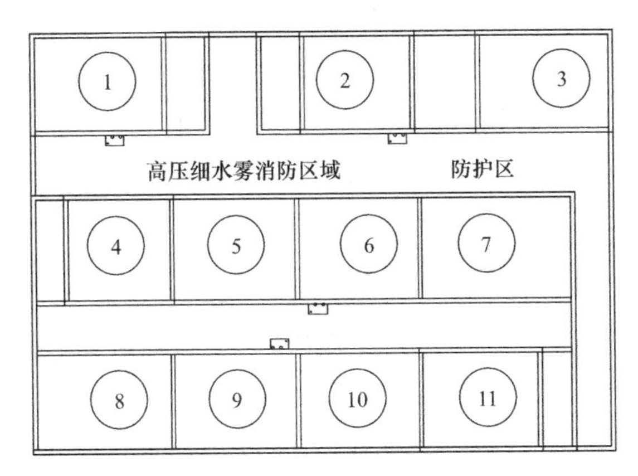

图 12.1.5-4 防护区与防护分区示意图

方案二：相邻房间体积之和不超 $3000m^3$ 时，可合并视为一个防护区。如④、⑤、⑥、⑦四个房间体积之和不超过 $3000m^3$ 时，可视为一个防护区，设置一个开式阀箱保护四个房间，则可以将整个需保护的区域分为三个防护区，设置1套泵组即可保护所有房间。

防护区设置方案对比见表 12.1.5-7。

防护区设置方案对比　　表 12.1.5-7

编号	划分原则	阀箱设置及数量	泵组数量
方案一	每个房间为一个防护区	每个房间均设置，共11个控制阀箱	4套
方案二	相邻房间体积之和不超 $3000m^3$ 时，合并为一个防护区	防护区一：三个房间——①、②、③ 防护区二：四个房间——④、⑤、⑥、⑦ 防护区三：四个房间——⑧、⑨、⑩、⑪ 共3个控制阀箱	1套

系统流量按单个阀箱保护的最大防护分区确定。

2. 防护区（大空间，体积超 $3000m^3$）分解防护分区

如大厅等高大空间，当大厅体积超 $3000m^3$ 时，宜将大厅划分为多个防护分区，如图 12.1.5-5 所示，根据《细水雾灭火系统技术规范》GB 50898—2013 第 3.4.5 条，单个防护区的容积超过最大容积时，可将该防护区分解成多个防护分区进行保护。某大厅屏前面积 $785m^2$，大厅净高 7m，被分为 8 个防护分区，即设置 8 个控制阀箱保护；火灾时为着火防护分区及相邻防护分区同时喷雾设计，系统流量按最大同时作用区域确定，如防护分区④着火时，防护分区②、③、⑥也同时动作，共 4 个防护分区组成 1 个防护区。

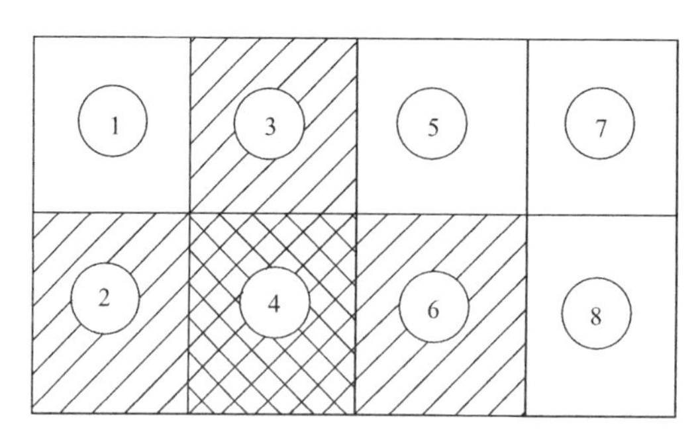

图 12.1.5-5 大空间防护分区分隔示意图

3）当空间高度较大（$H>5\text{m}$）时，采用开式系统。

【要点说明】

高压细水雾灭火主要靠有一定冲量的弥散性汽雾，其下落速度较慢为 0.35m/s（水喷淋水下落速度为 9.2m/s），虽然闭式喷头玻璃泡动作温度为 57℃，但是动作速度还是慢于开式喷头。因此需迅速灭火的部位及高大空间，宜采用开式系统。

4）高压细水雾喷枪栓可与细水雾灭火系统合用高压供水装置作为防护区初期火灾辅助灭火手段，也可独立设置。

【要点说明】

“重庆地标”“福建地标”第 3.1.4 条均明确，易阴燃或发生固体深位火灾的场所，以及其他需要人工辅助灭火的场所，宜设置细水雾喷枪栓。例如，用于灭火要求迅速、水渍损失小的档案库、古建筑、电子设备厂房、超高层建筑、大空间场所、高架库、铁路及公路隧道、地铁站台等场所。

设置细水雾喷枪栓的场所，应能保证防护区有两支细水雾喷枪能到达灭火部位，细水雾喷枪栓的流量应计入系统设计流量。设计参数：工作压力 10MPa，布置间距 30～50m；水雾射流距离 11.5～12.5m，单栓流量 15～32L/min，具体参数与实际选用产品相关。

高压细水雾喷枪栓在泵组式、瓶组式、柜式系统中均可设置，移动式高压细水雾灭火装置配置细水雾消火栓喷枪；喷枪后坐力小，便于操作，非专业消防人员也可快速熟练使用。小型系统由于组件紧凑、占用空间小、安装简单，对于某些特殊场所，如古建筑消防系统改造，有一定的优点；对于缺水、偏远地区的古建筑，难于设置消防设施时，可考虑配置推车式移动高压细水雾设备或背负式高压细水雾装置。使用限制条件：存在冰冻可能的无采暖寒冷地区不适用。

12.2 自动消防炮和大空间智能型主动喷水灭火系统

12.2.1 适用场所：

1 消防炮用于保护面积较大、火灾危险性较高且超出自喷保护高度的高大空间场所。

2 大空间智能型主动喷水灭火系统用于要求设置自动喷水灭火系统，火灾类别为A类，但由于空间高度较高，采用其他自动喷水灭火系统难以有效探测、扑灭及控制火灾且超出自喷保护高度的大空间场所。

【要点说明】

1.“消防炮”为自动消防炮；“大空间智能型灭火装置”为自动扫描射水高空水炮灭火装置、自动扫描射水灭火装置、大空间智能灭火装置的总称。“建火规”没有对采用消防炮的情况给出硬性要求，而消防炮与大空间智能型主动喷水灭火系统使用条件非常相近，这样难以界定如何选用消防炮与大空间智能型主动喷水灭火系统。由于消防炮水量集中，流速快、冲量大，水流可以直接接触燃烧物而作用到火焰根部，将火焰剥离燃烧物使燃烧中止，因此能有效扑灭高大空间内蔓延较快或荷载大的火灾。当面积较大时应采用消防炮。

2. A类火灾的大空间场所举例见表12.2.1-1。

A类火灾的大空间场所举例 **表12.2.1-1**

序号	建筑类型	设置场所
1	会展中心、展览馆、交易会等展览建筑	大空间门厅、展厅、中庭等场所
2	大型商场、超级市场、购物中心、百货大楼、室内商业街等商业建筑	大空间门厅、中庭、室内步行街等场所
3	办公楼、写字楼、商务大厦等行政办公建筑	大空间门厅、中庭、会议厅等场所
4	医院、疗养院、康复中心等医院康复建筑	大空间门厅、中庭等场所
5	机场、火车站、汽车站、码头等客运站场的旅客候机(车、船)楼	大空间门厅、中庭、旅客候机(车、船)大厅、售票大厅等场所
6	购书中心、书市、图书馆、文化中心、博物馆、美术馆、艺术馆、市民中心等文化建筑	大空间门厅、中庭、会议厅、演讲厅、展示厅、阅读室等场所
7	歌剧院、舞剧院、音乐厅、电影院、礼堂、纪念堂、剧团的排演场等演艺排演建筑	大空间门厅、中庭、舞台、观众厅等场所
8	体育比赛场馆、训练场馆等体育建筑	大空间门厅、中庭、看台、比赛训练场地、器材库等场所
9	生产储存A类物品的建筑	大空间厂房、仓库等场所

3. 消防炮与大空间智能型灭火装置对比见表12.2.1-2。

消防炮与大空间智能型灭火装置对比 表12.2.1-2

<table>
<tr><th>序号</th><th colspan="2">配置灭火装置的名称</th><th>流量(L/s)</th><th>射程或保护半径(m)</th><th>安装高度(m)</th><th>安装方式</th><th>系统方式</th></tr>
<tr><td>1</td><td colspan="2">消防炮</td><td>≥20</td><td>≥50</td><td>≥6,≤20①</td><td>顶部安装、靠墙安装、靠柱安装、消防炮平台</td><td>独立消防系统</td></tr>
<tr><td rowspan="2">2</td><td rowspan="2">大空间智能型灭火装置</td><td>自动扫描射水高空水炮灭火装置</td><td>5</td><td>≤20</td><td>≥6,≤20</td><td>顶部安装、架空安装、边墙安装、退层平台安装</td><td rowspan="2">可与自动喷水灭火系统合用加压泵</td></tr>
<tr><td>大空间智能灭火装置</td><td>5</td><td>≤6</td><td>≥6,≤25</td><td>顶部安装、架空安装</td></tr>
</table>

① 此高度仅为参考，应以产品的实际参数及安装要求为准。

【措施要求】

建议建筑面积大于3000m² 且净高大于18m的展览厅、体育馆观众厅等人员密集场所，建筑面积大于5000m² 且净高大于18m的丙类厂房、仓库，设置消防炮灭火系统。

12.2.2 消防炮的布置应满足以下要求：

1 室内消防炮的布置数量不应少于两门，其布置高度应保证消防炮的射流不受上部建筑构件的影响，并应能使两门消防炮的水射流同时到达被保护区域的任一部位。其用水量应按两门消防炮的水射流同时到达防护区任一部位的要求计算。

2 消防炮的固定支架或安装平台应能满足消防炮喷射反作用力的要求，并应保证支架或平台不影响消防炮的旋转动作。

【要点说明】

1. 室内消防炮的布置原则与室内消火栓系统类同。

2. 消防炮的安装高度一定要在参数值范围内。例如，某品牌智能消防炮安装高度在6～22m，如果实际安装高度只有4m或者25m的话，都是不行的，因为安装高度过低或者过高都会导致消防炮保护半径缩小，这也与产品送检时的高度要求不一致，可能会出现验收方面的问题。

3. 消防炮在喷水灭火过程中会有一定的反作用力，应提供给结构专业，在设计中加以考虑。消防炮的反作用力应由消防炮生产厂家提供。

4. 表12.2.2列出某种消防炮的主要性能参数，供设计时参考。

消防炮的主要性能参数 表 12.2.2

参数名称		参数值		
流量(L/s)		20	20	30
最大射程(m)		50	50	65
入口法兰 *DN*/*PN*		50/16	50/16	80/16
入口工作压力(MPa)		0.8	0.8	0.9
最大额定压力(MPa)		1.6	1.6	1.6
额定功率(W)		80	130	130
供电电压		24V DC		
环境温度(℃)		0～70		
自重(kg)		20	22	25
外形尺寸(mm)	*L*	930	570	570
	A	320	320	320
	H	310	310	320
喷射反力(N)		850	850	950

【措施要求】

消防炮可根据炮的种类、作用力及灭火场所不同，尽量在地面安装或在墙、柱、梁、板上安装，也可设置在消防炮平台上。其结构强度应能满足消防炮喷射反作用力的要求，结构设计应能满足消防炮正常使用要求。

12.2.3 **消防炮灭火系统宜采用临时高压消防给水系统或高压消防给水系统，并应单独设由消防自动控制的独立加压泵。**

【要点说明】

1.考虑到大空间建筑物规模大，消防炮至消防水泵的距离比较远，火警以后再启动消防水泵、打开电动阀到喷射出水的时间太长，丧失了灭火的最好时机。为了确保瞄准火源后能立即喷水，消防炮灭火系统推荐使用临时高压消防给水系统或高压消防给水系统。

2.消防炮启动需要突发高压、大流量，为了避免消防炮启动时其他消防设施受到干扰，应单独设由消防自动控制的独立加压泵。

12.2.4 **消防炮灭火系统临时高压消防给水系统的稳压装置应符合下列规定：**

1 **应设稳压泵、气压水罐，并应与消防水泵设在同一泵房内；**

2 **稳压泵的流量不宜大于5L/s，其扬程应按稳压流量和稳压压力计算，稳压泵给水管的管径不应小于*DN*100；**

3 **气压水罐宜采用隔膜式气压稳压装置，其有效调节容积不应小于600L；**

4 稳压泵应联动消防水泵。稳压泵的关闭和开启应由压力开关联动装置控制。稳压泵停止压力值和联动消防水泵启动压力值的差值应不小于0.07MPa。

【要点说明】

采用临时高压消防给水系统的消防炮灭火系统，应与消防水泵设在同一泵房。

12.2.5 建筑面积大于1万m^2且层数超过2层的建筑，采用临时高压消防给水系统的消防炮灭火系统，除按第12.2.4条设置稳压装置外，还应设高位消防水箱连接的重力充水管。

【要点说明】

在实际工程应用中，由于末端消防炮的工作压力在0.8MPa以上，设置高位消防水箱一般难以解决最不利点处消防炮对给水压力的要求；每门消防炮的流量在16L/s以上，若每门消防炮的灭火时间为10min，则其供水量达到9.6m^3，每次灭火要启动2门以上的消防炮，也就是说消防水箱的容积要在19.2m^3以上。要达到以上要求比较困难，所以《自动消防炮灭火系统技术规程》CECS 245：2008建议消防炮的供水系统采用稳高压消防给水系统或高压消防给水系统，可不设置高位消防水箱。

但“消水规”中规定：高层民用建筑、总建筑面积大于10000m^2且层数超过2层的公共建筑和其他重要建筑，必须设置高位消防水箱。

设计时必须按照“消水规”的要求，设置高位消防水箱。

【措施要求】

当利用高位消防水箱（可与消火栓系统、自动喷水灭火系统合用）充水时，水箱的设置高度应高于最高一门消防炮1m以上。

12.2.6 消防炮给水系统应布置成环状管网。

【要点说明】

环状管网是对给水管网供水的可靠性做出的规定。

【措施要求】

环状管网的布置应符合“消水规”的相关规定。管道布置和阀门设置可以参见消火栓给水系统。见图12.2.6。

12.2.7 消防炮灭火系统的消防水泵接合器数量可不多于3个。

【要点说明】

由于自动消防炮灭火系统在实施灭火过程中用水量比较大，需要设置的消防水泵接合器数量比较多，且难以满足自动消防炮用水量的需要，故《自动消防炮灭火系统技术规程》CECS 245：2008建议消防水池的蓄水量满足消防系统用水量要求时，可不设置消防

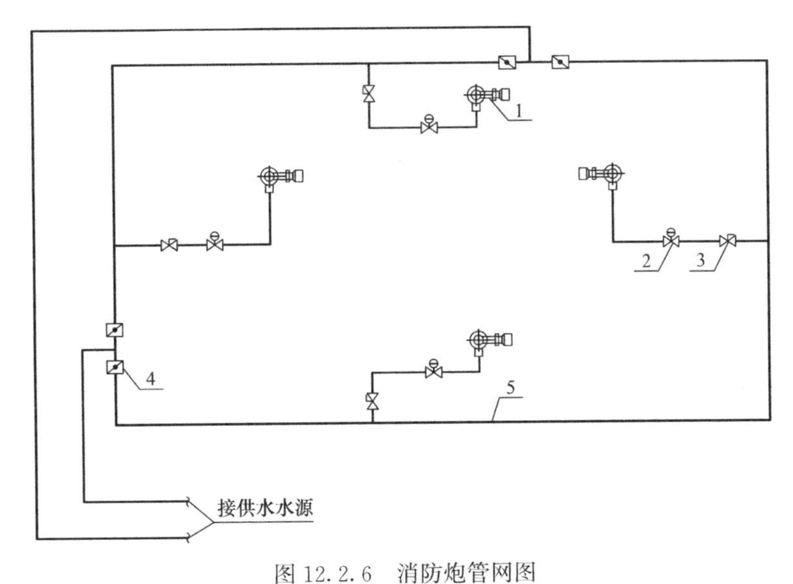

图 12.2.6 消防炮管网图

1—消防炮；2—电动阀；3—信号阀；4—蝶阀或闸阀；5—供水管

水泵接合器。但“消水规”要求：自动喷水灭火系统、水喷雾灭火系统、泡沫灭火系统和固定消防炮灭火系统等水灭火系统，均应设置消防水泵接合器；消防水泵接合器的给水流量宜按每个 10～15L/s 计算。消防水泵接合器设置的数量应按系统设计流量经计算确定，但当计算数量超过 3 个时，可根据供水可靠性适当减少。

12.2.8 大空间智能型主动喷水灭火系统的供水泵组可与自动喷水灭火系统合用，此时供水泵组的供水能力应按两个系统中最大者选取。当分设加压泵组时，大空间智能型主动喷水灭火系统的高位消防水箱或稳压装置应按以下要求设置：

1 临时高压系统应设置高位消防水箱或稳压装置。

2 高位消防水箱底的安装高度应大于最高一个灭火装置的安装高度 1m。

3 独立设置的高位消防水箱容积不应小于 $1m^3$。

4 当与其他自动喷水灭火系统或消防系统合用高位消防水箱时，应满足下列要求：

1）当与自动喷水灭火系统合用一套供水系统时，高位消防水箱出水管可以合用；

2）当与自动喷水灭火系统分开设置供水系统时，高位消防水箱出水管应独立设置。

5 高位消防水箱出水管的管径不应小于 100mm。

6 无条件设置高位消防水箱或水箱高度不能满足高位消防水箱底的安装高度大于最高一个灭火装置的安装高度 1m 的规定时，应设置隔膜式气压稳压装置。稳压泵流量宜为 1 个装置标准喷水流量，设计压力应保持系统最不利点处水灭火设施在准工作状态时的静水压力大于 0.15MPa。

7 气压水罐的有效调节容积不应小于 150L。

【要点说明】

1.设置高位消防水箱或气压补压装置是为了保证电磁阀至水泵出口之间的管道平时处于满水状态。《大空间智能型主动喷水灭火系统技术规程》CECS 263：2009 中规定：高位消防水箱底的安装高度应大于最高一个灭火装置的安装高度 1m，稳压泵压力应保证最不利一个灭火装置处的最低工作压力要求。“消水规”中规定：高位消防水箱的设置位置应高于其所服务的水灭火设施，且最低有效水位应满足水灭火设施最不利点处的静水压力，并应符合下列规定：一类高层民用公共建筑不应低于 0.10MPa；但当建筑高度超过 100m 时不应低于 0.15MPa；自动喷水灭火系统等自动水灭火系统应根据喷头灭火需求压力确定，但最小不应小于 0.10MPa。

2.大空间智能型主动喷水灭火系统与传统的自动喷水灭火系统的启动方式不同，该系统从主动寻找着火点到发信号启动水泵开始灭火所需的时间很短，一般只需要几十秒钟。设置高位消防水箱的目的只是为了保证电磁阀至水泵出口之间的管道平时处于湿式满水状态，火灾时，减少水流在管道中的流经时间，达到快速灭火的目的。

12.3 泡沫灭火系统

（Ⅰ）一般规定

12.3.1 根据现行规范针对泡沫灭火系统设置场所的相关规定采用不同发泡倍数的泡沫灭火系统。

【要点说明】

根据发泡倍数的不同，泡沫灭火系统分为低倍数泡沫灭火系统、中倍数泡沫灭火系统、高倍数泡沫灭火系统。在现行的防火类规范中对设置泡沫灭火系统的场所所采用的不同发泡倍数的灭火系统有相应的规定，如《建筑设计防火规范》GB 50016、《石油库设计规范》GB 50074、《石油储备库设计规范》GB 50737、《石油化工企业设计防火标准》GB 50160、《石油天然气工程设计防火规范》GB 50183、《飞机库设计防火规范》GB 50284、《汽车库、修车库、停车场设计防火规范》GB 50067 等。设计中严格按相关规范的规定执行。

【措施要求】

在相关规范中未明确规定泡沫灭火系统发泡倍数时，可结合设置场所的实际情况，参照下述内容设置：低倍数泡沫灭火系统广泛用于生产、加工、储存、运输和使用甲、乙、丙类液体的场所。甲、乙、丙类可燃液体贮罐主要采用泡沫灭火系统保护。中倍数泡沫灭火系统可用于保护小型油罐和其他一些类似场所。高倍数泡沫灭火系统可用于大空间和人员进入有危险以及用水难以灭火或灭火后水渍损失大的场所，如大型易燃液体仓库、橡胶轮胎库、纸张和卷烟仓库、电缆沟及地下建筑（汽车库）等。

12.3.2 根据现行规范针对泡沫灭火系统设置场所的相关规定采用不同安装形式的泡沫灭火系统。

【要点说明】

根据系统内各组件安装方式的不同，泡沫灭火系统分为固定式泡沫灭火系统、半固定式泡沫灭火系统、移动式泡沫灭火系统。在现行的防火类规范中对设置泡沫灭火系统的场所泡沫灭火系统的安装方式有相应的规定，如《建筑设计防火规范》GB 50016、《石油库设计规范》GB 50074、《石油储备库设计规范》GB 50737、《石油化工企业设计防火标准》GB 50160、《石油天然气工程设计防火规范》GB 50183、《飞机库设计防火规范》GB 50284、《汽车库、修车库、停车场设计防火规范》GB 50067 等。设计中严格按相关规范的规定执行。

【措施要求】

固定式泡沫灭火系统、半固定式泡沫灭火系统、移动式泡沫灭火系统不是应用于不同设置场所的 3 个完全独立的系统形式。根据设置场所的实际情况，这 3 种形式的泡沫灭火系统可能在同一设置场所同时存在或具备形式转换功能。

12.3.3 根据现行规范针对泡沫灭火系统设置场所的相关规定采用泡沫-水喷淋系统或泡沫喷雾系统。

【要点说明】

由泡沫液、泡沫混合装置与自动喷水灭火系统、水喷雾灭火系统组合形成泡沫-水喷淋系统和泡沫喷雾系统。在现行的建筑类规范中对设置泡沫灭火系统的场所采用泡沫-水喷淋系统或泡沫喷雾系统有相应的规定，如《飞机库设计防火规范》GB 50284、《汽车库、修车库、停车场设计防火规范》GB 50067 等。设计中严格按相关规范的规定执行。

【措施要求】

泡沫-水喷淋系统根据所组合自动喷水灭火系统的不同，又分为泡沫-水雨淋系统和闭式泡沫-水喷淋系统。闭式泡沫-水喷淋系统包括：泡沫-水预作用系统、泡沫-水干式系统、泡沫-水湿式系统。应根据具体工程的实际情况，如环境温度、对水渍危害是否有较严格的要求、系统控制的特殊要求等，设置相应的泡沫-水喷淋系统。

12.3.4 泡沫灭火系统设计应满足现行国家标准《泡沫灭火系统设计规范》GB 50151 和其他有关规范的规定。

【要点说明】

《泡沫灭火系统设计规范》GB 50151—2010（以下简称“泡沫规”）中对系统设计所规定的设计参数（泡沫混合液的供给强度、泡沫混合液连续供给时间、辅助水枪的设置数量、每支辅助水枪混合液流量、辅助水枪混合液连续供给时间等）、装置（泡沫产生器、泡沫比例混合器等）选型、数量均为满足泡沫灭火系统基本要求的数据。设计中还应满足具体工程所对应的建筑类规范中的有关规定。

【措施要求】

设计所选用的数据应同时满足“泡沫规”和具体工程所对应的建筑类规范中的规定。对于同一设置场所，当两者规定的数据不同时，宜采用标准严格的数据。

12.3.5 **泡沫灭火系统设计中在满足规范要求的前提下，在火灾蔓延速度快、扑救不及时会造成重大人员伤亡和经济损失的场所泡沫液混合比宜采用8%，其他场所可采用3%或6%。**

【要点说明】

泡沫液混合比为制造商根据产品的特性和使用条件提供的产品特征值。目前常见的有1%、3%、6%、8%型泡沫灭火剂。设计中应根据泡沫灭火系统的应用场所、灭火对象，结合工程实际情况，在满足规范要求的前提下，合理确定泡沫液混合比。

“泡沫规”中除规定“用于油罐的中倍数泡沫灭火剂应采用专用8%型氟蛋白泡沫液”外，对其他应用场所未作规定。《石油储备库设计规范》GB 50737—2011中规定“油罐设置的低倍数泡沫灭火系统泡沫液混合比不宜低于3%。”另据《低倍数泡沫灭火系统设计规范》专题报告汇编（1989年9月编制）和1992年10月原商业部设计院编制的中倍数泡沫灭火系统资料介绍：“在低倍数泡沫混合液供给强度为5～7L/(min·m^2)、混合液中泡沫液占比为3%～6%、预燃时间为60～120s的情况下，灭火时间为3～5min；在中倍数泡沫混合液供给强度为4～4.4L/(min·m^2)、混合液中泡沫液占比为8%、预燃时间为60～90s的情况下，灭火时间为1～2min。”综上所述，设计实践中，如规范对泡沫液混合比没有具体规定时，可结合工程实际情况，按本条泡沫液混合比采用。

（Ⅱ）泡沫-水喷淋系统

12.3.6 **设置闭式泡沫-水喷淋系统的汽车库，系统的作用面积为160m^{2}时，泡沫混合液供给强度不小于8L/(m^2·min)；其他设置闭式泡沫-水喷淋系统的场所，系统的作用面积应为465m^{2}计，泡沫混合液供给强度不应小于6.5L/(m^2·min)。**

【要点说明】

基于泡沫喷淋系统灭油盘火试验取得的数据，并参考美国消防协会《泡沫-水喷淋系统与泡沫-水喷雾系统安装标准》NFPA 16 的规定，“泡沫规”第 7.3.4 条规定：“1 系统的作用面积应为 465m²；2 当防护区面积小于 465m² 时，可按防护区实际面积确定；3 当试验值不同于本条第 1 款、第 2 款的规定时，可采用试验值。”

但汽车库火灾与油盘火不同，可发生燃烧的可燃液体量小，可燃液体燃烧持续时间短。根据“车火规”相关条款的条文说明介绍，车库着火后，往往汽油燃烧很快结束，接着是汽车库本身的可燃材料燃烧，以 A 类固体火灾为主。“泡沫规”第 7.3.11 条规定：“当系统兼有扑救 A 类火灾的要求时，尚应符合现行国家标准《自动喷水灭火系统设计规范》GB 50084 的有关规定。”

另外，在“喷规”中，汽车库火灾危险等级属于中危险级Ⅱ级，在净空高度≤8m 的中危险级Ⅱ级设置场所，自动喷水灭火系统的喷水强度为 8L/(min·m²)，作用面积为 160m²。

综上所述，虽然“车火规”第 7.2.3 条规定“泡沫-水喷淋系统的设计应符合现行国家标准《泡沫灭火系统设计规范》GB 50151 的有关规定”，但汽车库灭火在扑救可燃液体火灾的同时兼有扑救 A 类火灾的要求，也适用于“泡沫规”第 7.3.11 条规定。因此，设置闭式泡沫-水喷淋系统的汽车库，系统的作用面积可从灭火有效、经济的角度出发，并结合项目所在地消防主管部门的要求，综合分析确定。

【措施要求】

为合理确定室内消防用水的贮水量，设置闭式泡沫-水喷淋系统的汽车库，作用面积和喷水强度等设计参数可执行“喷规”，其他设置场所应严格执行“泡沫规”的规定。

为有效控制初期火灾，当汽车库闭式泡沫-水喷淋系统的作用面积采用 160m² 时，系统泡沫混合液的供给强度不应小于 8L/(min·m²)。

各闭式泡沫-水喷淋系统总用水量应不小于 10min 泡沫混合液供给的用水量与 50min 供水量之和。如相关规范对泡沫混合液供给时间和水的供给时间有特殊规定，总用水量的计算还应复核相关规范的要求。用水量计算见本措施第 12.3.11 条。

12.3.7 系统供水压力应满足泡沫比例混合器进水口的工作压力。

【要点说明】

通常泡沫-水喷淋系统由自动喷水灭火系统各组件和泡沫液贮存罐、泡沫比例混合器组合而成。泡沫比例混合器串联在报警阀下游的管道上，采用文丘里管的工作原理将泡沫液贮存罐内的泡沫液与水进行一定比例的混合，将泡沫混合液输送至下游供水管道。泡沫比例混合器的工作压力、水头损失直接影响着系统中泡沫混合液的混合比和末端喷头处水（液）的供给压力。

【措施要求】

产生相同泡沫液混合比，不同工作流量泡沫混合液的泡沫比例混合器的型号不同，其进口的工作压力和设备的水头损失不同。在设计中应充分了解产品的性能，尽可能采用通用标准产品，并将满足泡沫比例混合器进口所需工作压力作为必须保证的条件之一，同时在系统水力计算中计入泡沫比例混合器水头损失。

12.3.8 **设置闭式泡沫-水喷淋系统的场所，喷头的选型、动作温度以及喷头的布置间距等除满足“泡沫规”的相关规定外，还应符合“喷规”的要求。**

【要点说明】

“泡沫规”中针对设置闭式泡沫-水喷淋系统的场所中喷头的选型、动作温度以及布置间距等的规定是基于满足泡沫灭火系统的基本要求所给出的数据；设计中还应针对具体工程所对应的建筑场所火灾危险等级满足“喷规”中的有关规定。

【措施要求】

当针对相同的设置场所“泡沫规”和“喷规”对喷头的选型、动作温度、布置间距规定不同时，宜按要求严格的规定执行。

12.3.9 **泡沫-水预作用系统和泡沫-水干式系统不应设置于净空高度大于8m的民用建筑场所。**

【要点说明】

“泡沫规”中规定净空高度大于9m的场所不宜选用闭式泡沫-水喷淋系统。但“喷规”中没有针对在净空高度大于8m的民用建筑场所设置预作用自动喷水灭火系统的设计参数。

【措施要求】

为满足“喷规”的规定，做到设计有据可依，提出泡沫-水预作用系统和泡沫-水干式系统不应设置于净空高度大于8m的民用建筑场所。

12.3.10 **闭式泡沫-水喷淋系统中的泡沫液贮存罐、泡沫比例混合器宜设于其服务区域相对中心的位置。**

【要点说明】

此条要求是为了满足“泡沫规”对管道充水时间的规定，第7.3.9条第3款：当系统管道充水时，在8L/s的流量下，自系统启动至喷泡沫的时间不应大于2min；第7.3.10条：泡沫-水预作用系统与泡沫-水干式系统的管道充水时间不宜大于1min。

【措施要求】

1.泡沫-水湿式系统的泡沫液贮存罐、泡沫比例混合器距最不利点处喷头的距离应根据具体工程喷头及管道的布置，按管道内水的流量在规定充水时间内通过管道的体积与管道截面积的商确定。可按式（12.3.10）计算：

$$L=\frac{60Qt}{\left(1000\cdot\frac{\pi d^2}{4}\right)}(\mathrm{m}) \tag{12.3.10}$$

式中 Q——管道内水的流量（L/s），泡沫-水湿式系统取 8L/s；

t——规范规定的充水时间（min）；

d——管道直径（m）。

简化式（12.3.10），即：$L=\frac{1.22}{d^2}$。

为满足“泡沫规”第 7.3.9 条第 3 款的规定，以管径为 $DN150$ 的干管进行简单计算，得出泡沫-水湿式系统中泡沫液贮存罐、泡沫比例混合器下游干管管道长度不宜大于 55m。

2. 泡沫-水预作用系统、泡沫-水干式系统报警阀下游管道长度应根据具体工程喷头及管道的布置，按管道内水的流量在规定充水时间内通过管道的体积与管道截面积的商确定。计算可参照式（12.3.10），其中 Q 取系统设计流量，t 取 1min。

12.3.11 泡沫-水喷淋系统、泡沫喷雾系统的泡沫液用量应通过水力计算，按泡沫混合液的设计流量及泡沫液混合比确定。

【要点说明】

为保证系统设置场所内各部位泡沫供给强度均能满足规范的要求，参考自动喷水灭火系统水力计算方法，水力计算应从最不利点处喷头开始，逐点计算作用面积内每个喷头的流量，每个喷头开放时的工作压力不应小于该点的计算压力。并对最不利点处作用面积内任意 4 个喷头围合范围内的平均泡沫混合液供给强度进行校核计算，保证其满足规范的要求。

【措施要求】

1. 每个喷头的流量按式（12.3.11-1）计算。

$$q=k\sqrt{10P} \tag{12.3.11-1}$$

式中 q——泡沫混合液流量（L/min）；

k——闭式喷头、泡沫产生装置、非吸气性喷射装置的流量系数；

P——闭式喷头、泡沫产生装置、非吸气性喷射装置的进口压力（MPa）。

2. 泡沫混合液设计流量按式（12.3.11-2）计算。

$$Q=K_{\mathrm{y}}\left(\frac{1}{60}\sum_{i=1}^{n}q_i\right) \tag{12.3.11-2}$$

式中 Q——泡沫混合液设计流量（L/s）；

q_i——最有利条件处作用面积内各喷头节点的流量（L/min）；

n——最有利条件处作用面积内的喷头数；

K_{y}——裕度系数，取 1.05。

3. 泡沫液设计用量按式（12.3.11-3）计算。

$$Q_P = QB \quad (12.3.11\text{-}3)$$

式中 Q_P——泡沫液设计用量（L）；

B——泡沫液混合比，可根据实际情况按本措施第 12.3.5 条取值。

12.3.12 民用建筑内泡沫-水喷淋系统典型系统示意图。

【要点说明】

泡沫-水喷淋系统包括：闭式泡沫-水喷淋系统、泡沫-水雨淋系统、泡沫水喷雾系统；闭式泡沫-水喷淋系统包括：泡沫-水湿式系统、泡沫-水预作用系统、泡沫-水干式系统。

【措施要求】

1. 闭式泡沫-水喷淋系统所包括的 3 个系统的系统形式相似，区别仅在于报警阀形式不同、是否设空压机、立管顶部是否设自动排气阀，因此采用泡沫-水湿式系统示意图作为闭式泡沫-水喷淋系统的典型系统示意图。见图 12.3.12-1。

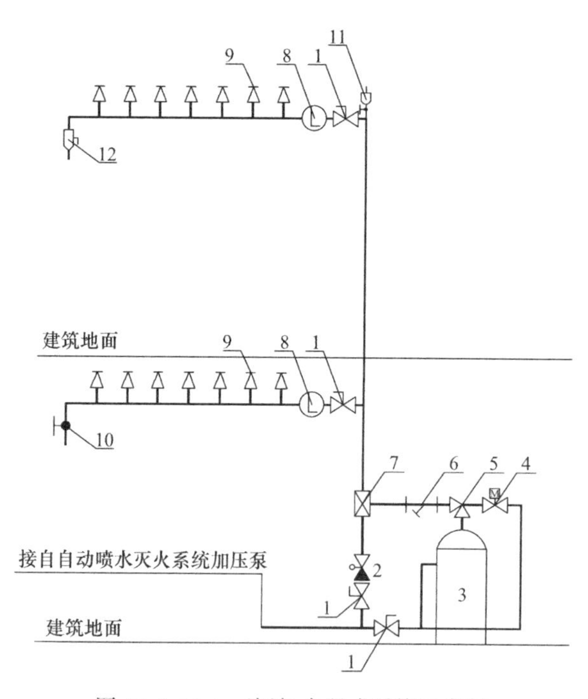

图 12.3.12-1 泡沫-水湿式系统示意图

1—信号阀；2—湿式报警阀；3—泡沫液贮存罐；4—电磁阀；5—泡沫液控制阀；6—过滤器；7—泡沫比例混合器；8—水流指示器；9—闭式喷头；10—试水阀；11—自动排气阀；12—末端试水装置

2. 泡沫-水雨淋系统与泡沫水喷雾系统的系统形式相似，区别仅在于喷头形式不同、是否设试水阀（末端试水装置）。因此，采用泡沫-水雨淋系统示意图作为典型系统示意图。见图 12.3.12-2。

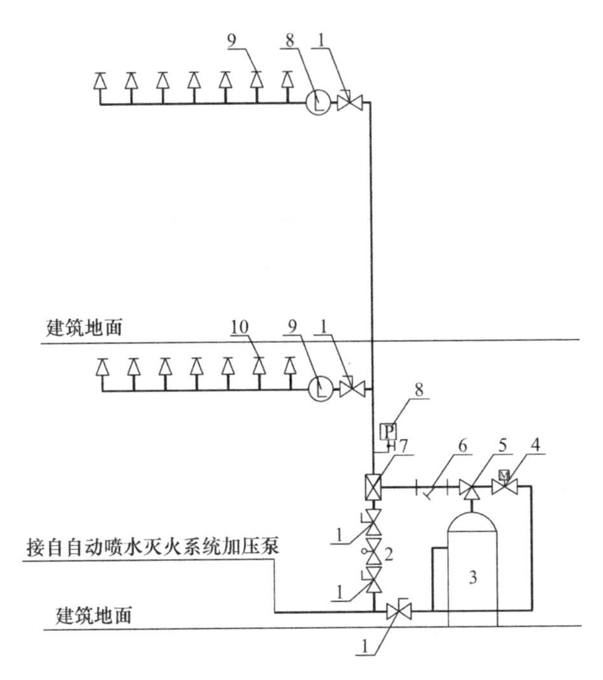

图 12.3.12-2 泡沫-水雨淋系统示意图

1—信号阀；2—湿式报警阀；3—泡沫液贮存罐；4—电磁阀；5—泡沫液控制阀；6—过滤器；7—泡沫比例混合器；8—压力开关；9—水流指示器；10—闭式喷头

(Ⅲ) 屋顶停机坪泡沫-消防枪灭火系统

12.3.13 **超高层建筑屋顶停机坪可设置水灭火消火栓，当设置泡沫消火栓系统时，应符合现行行业标准《民用直升机场飞行场地技术标准》MH 5013 的规定。**

【要点说明】

超高层建筑屋顶停机坪，主要是为直升机来进行消防救援提供条件，可不考虑其增加的航油火灾。“建火规”对设于建筑屋顶的停机坪设置泡沫-消防枪灭火系统未做强制要求。根据“消水规”，停机坪设置水灭火消火栓保护，可不加泡沫。

当建筑屋顶停机坪设置泡沫-消防枪灭火系统时，系统所采用的灭火剂及灭火剂的用量、辅助剂及辅助剂的用量、用水量、泡沫溶液（混合液）的喷射率、所采用消防枪的数量等应符合现行行业标准《民用直升机场飞行场地技术标准》MH 5013 的规定。

【措施要求】

1. 按高架直升机场设计。

2. 系统仅用于对发生失事或事故的直升机采取必要的救援和消防保障，不承担建筑物本身的消防任务。其用水量不计入建筑室内消防用水量。

3. 直升机场的消防类别根据正常使用该直升机场的最长直升机的全长按表 12.3.13-1 确定。

直升机场的消防类别 表 12.3.13-1

类别	直升机全长 L/(m)
H1	$L<15$
H2	$15\leqslant L<24$
H3	$24\leqslant L<35$

4. 主要灭火剂应是满足最低性能水平B级的一种泡沫（通常灭火剂可采用6%型水成膜泡沫液（AFFF））。最小可用灭火剂数量见表12.3.13-2。

最小可用灭火剂数量 表 12.3.13-2

类别	满足性能水平B级的泡沫		辅助剂		
	水(L)	泡沫溶液喷射率(L/min)	化学干粉(kg)	卤化碳(kg)	二氧化碳(kg)
H1	2500	250	45	45	90
H2	5000	500	45	45	90
H3	8000	800	45	45	90

注：辅助剂采用表中所列3种中的1种即可。

5. 系统设不少于2支泡沫/水两用消防枪，每支消防枪应达到所要求的喷射率，消防枪分设于停机坪周边不同位置（宜设于疏散口附近），以保证泡沫在任何天气条件下都能喷射到直升机场的任何部位。消防枪设于消防柜内，每个消防柜内设 $DN65$、$L=25$m 的衬胶水带一条，喷液量250～800L/min（根据消防类别确定）的泡沫/水两用消防枪1支，报警按钮和指示灯各一个。

6. 系统的工作压力应满足泡沫比例混合器和消防枪入口的额定工作压力。泡沫比例混合器和消防枪入口的额定工作压力以实际采用的产品标称为准。一般情况下，系统的工作压力在0.6～1.2MPa之间。

7. 系统泡沫溶液（混合液）的供给时间不小于10min。泡沫液混合比为6%。

8. 系统按不小于10min的泡沫液用量和用水量贮存泡沫液和消防用水。泡沫液用量和用水量均按2支水枪同时使用考虑。泡沫液用量和用水量的计算宜考虑5%的裕度。泡沫液用量和用水量的计算如下：

1）泡沫溶液（混合液）用量按式（12.3.13-1）计算。

$$Q_{qh}=n\cdot q_q\cdot t \tag{12.3.13-1}$$

式中 Q_{qh}——泡沫-消防枪灭火系统泡沫溶液（混合液）用量（L）；

n——水枪数量，一般采用2支；

q_q——一支水枪的喷射率（L/min），查表12.3.13-2；

t——喷射时间，一般为10min。

2）泡沫液用量按式（12.3.13-2）计算。

$$Q_{qp}=6\%K_yQ_{qh} \tag{12.3.13-2}$$

式中 Q_{qp}——泡沫-消防枪灭火系统泡沫液用量(L);

K_y——裕度系数,取1.05。

3)用水量按式(12.3.13-3)计算。

$$Q_{qs}=\frac{(1-6\%)K_yQ_{qh}}{1000} \tag{12.3.13-3}$$

式中 Q_{qs}——泡沫-消防枪灭火系统用水量(m^3)。

9.系统应单独设置。系统组成主要包括:贮水箱、消防加压泵、泡沫液贮存罐、泡沫发生器、消防枪以及配套的管道、阀门等。贮水箱、消防加压泵、泡沫液贮存罐、泡沫发生器等设于停机坪所在屋顶层的泵房内。当屋顶用房空间紧张时,系统泵房可与建筑内消防给水系统的高位消防水箱间合用房间;系统用水可贮存于高位消防水箱内,高位消防水箱不考虑必须高于泡沫-消防枪。

10.系统控制

1)平时,系统用水贮存于高位消防水箱内,泡沫液贮存于泡沫液贮存罐内。

2)停机坪上直升机失事或发生事故后,消防人员先打开消防枪,再通过消防柜的按钮启动泡沫-消防枪系统专用消防加压泵,为系统提供泡沫混合液。

3)专用消防加压泵启动后,在就地和建筑物内的消防值班室发出声光报警,系统使用的消防柜内的指示灯亮。

4)专用消防加压泵的运行信号反馈至建筑物内的消防值班室,故障信号在就地和消防值班室发出声光报警。

11.此部分设计通常由有资质的专业设计单位进行深化设计。一次施工图设计配合预留相关条件。配合预留的条件主要包括:用房条件、结构荷载、用电条件、贮水箱、各消防传输信号的接口等。

12.3.14 停机坪泡沫-消防枪系统示意图,见图12.3.14。

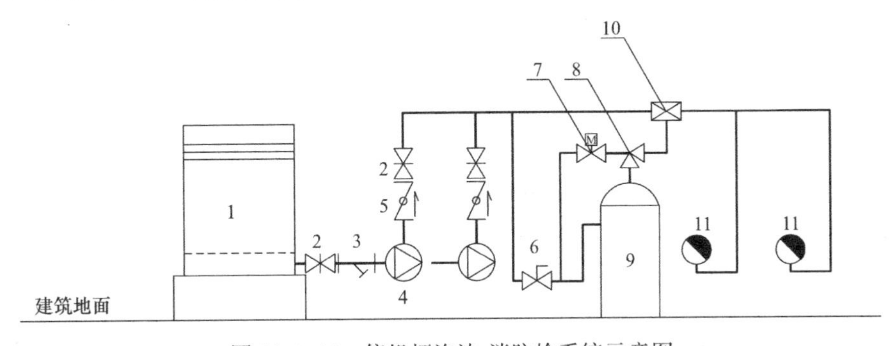

图12.3.14 停机坪泡沫-消防枪系统示意图

1—贮水箱;2—阀门;3—过滤器;4—系统专用消防泵;5—止回阀;6—信号阀;7—电磁阀;8—泡沫液控制阀;9—泡沫液贮存罐;10—泡沫比例混合器;11—泡沫/水两用消防枪

12.4 气体灭火系统

12.4.1 气体灭火系统和灭火剂的选择：

1 防护区多、集中且面积、容积相差不大时建议采用七氟丙烷管网组合分配式灭火系统；防护区多，距离远或面积、容积相差较大时建议采用IG541管网组合分配式灭火系统；

2 在普通民用建筑中，七氟丙烷、IG541两种灭火剂优先选择七氟丙烷。

【要点说明】

国家标准《气体灭火系统设计规范》GB 50370—2005（简称“气灭规”）第3.2.4条规定了设置管网灭火系统及预制灭火系统的条件（面积及容积的要求），在两者条件都满足的情况下，选用哪种形式需要综合各种因素去考虑。七氟丙烷的保护距离为50m范围内，IG541的保护距离为150m范围内，因此防护区多、集中且面积、容积相差不大时建议采用七氟丙烷管网组合分配式灭火系统；防护区多，距离远或面积、容积相差较大时建议采用IG541管网组合分配式灭火系统。

七氟丙烷灭火浓度低、压力小，若采用预制式或者防护区相对集中，输送距离近，防护区内物品受酸性物质影响较小，则优先选用七氟丙烷灭火剂。

12.4.2 **气体灭火系统灭火剂不设置备用时，需满足72h重新充装恢复工作。**

【要点说明】

“气灭规”第3.1.7条规定“灭火系统的储存装置72h内不能重新充装恢复工作的，应按系统原储存量的100%设置备用量”，而灭火系统的储存装置重新充装需先拆卸钢瓶，然后运回厂子，进行重新充装试验，再运回安装，时间周期大概为2周（来自各厂家信息），无法实现72h内完成重新充装并恢复工作。因此在一次设计中需将规范这句话写在说明中，在审核二次深化设计单位图纸时需落实此责任。

12.4.3 **有吊顶及夹层的防护区容积的计算需考虑吊顶及架空层（夹层），以及通过吊顶或架空层相通的隔壁空间。**

【要点说明】

防护区围护结构所能承受的压强不宜低于1200Pa，但普通吊顶及地面架空层不满足此压强要求；而变配电室内电缆沟和变配电室结构夹层可满足此压强要求。需分别考虑计算其防护区容积。

【措施要求】

1. 图 12.4.3-1、图 12.4.3-2 所示分别为某数据机房的平面图及剖面图，在数据机房中经常会遇到空调间与主机房看似分隔，而架空层和吊顶层却是相通的情况，空调系统采

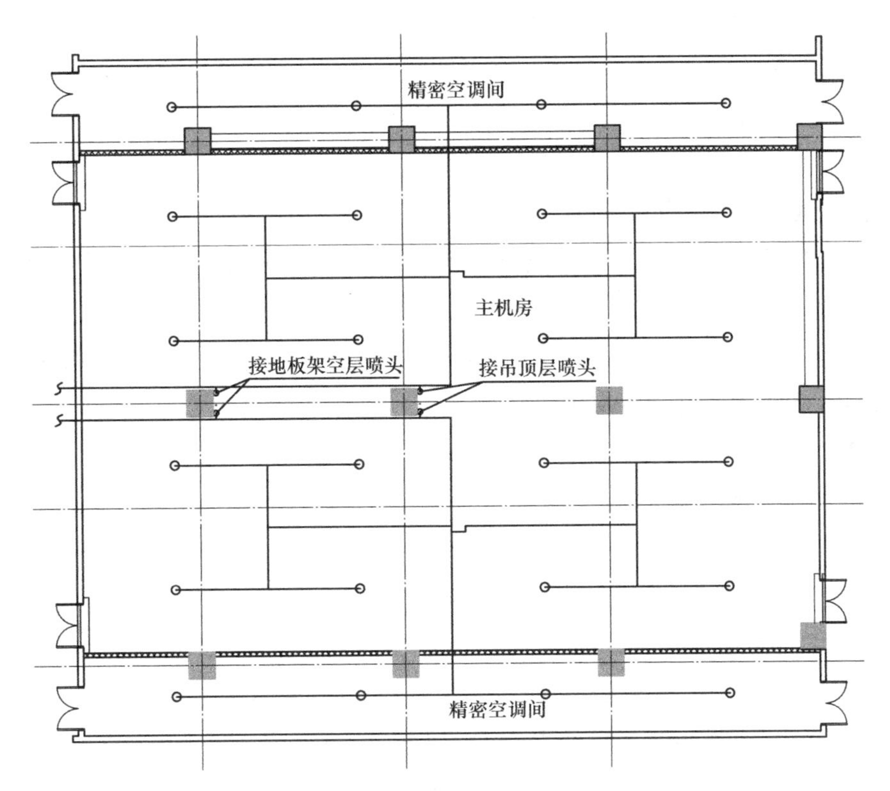

图 12.4.3-1 某数据机房平面图

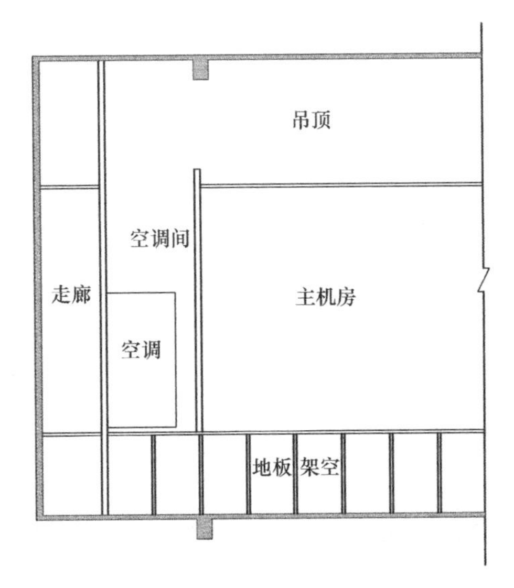

图 12.4.3-2 某数据机房剖面图

用下送风、上回风的气流组织方式，此时需将空调间和主机房视为一个防护区，此防护区容积=（$S_{空调间}+S_{主机房}$）×（$h_{吊顶层}+h_{净高}+h_{架空层}$）。

2. 当地板夹层满足防护压强要求，且夹层需要设置气体灭火系统保护时，防护区容积需分别计算机房容积及夹层容积。如果实体可移动物体的总体积达到或超过净容积的25%，需最终确定净容积。如果实体可移动物体的总体积小于净容积的25%，则不会对灭火浓度有很大影响，不用从净容积中减去该物体的体积。

12.4.4 防护区面积、容积和净高：

1 当防护区面积大于800m² 或容积大于3600m³ 时，可按组合分配系统设置多于2个选择阀和管网；

2 气体灭火的防护区净高不宜大于7.0m，当大于7.0m时应首先满足喷头安装高度不大于6.5m，距顶板的距离要求则次之。

【要点说明】

第1款，“气灭规”第3.2.4条规定了预制灭火系统和管网灭火系统的防护区最大面积及容积，但未明确给出超过管网灭火系统所规定的防护区最大面积及容积时该如何做，此条仅为建议，最终需经消防论证或消防审批。

第2款，“气灭规”第3.1.12条第1款规定喷头最大保护高度不宜大于6.5m；第3.1.13条规定喷头宜贴近防护区顶面安装，距顶面的最大距离不宜大于0.5m。当房间高度大于7.0m时，首先应满足喷头安装高度不大于6.5m，这是因为气体灭火系统喷头为开式喷头，没有集热作用，因此当两个条件同时出现时，优先满足第3.1.12条第1款。

【措施要求】

当防护区面积或容积超过管网灭火系统设置要求时，防护区需设置多套管网，该防护区宜独立，不宜和其他防护区组合分配。该防护区的不同管网集流管可分别设置，系统启动装置必须共用，钢瓶药剂量按同时喷放计算。

【计算实例】

某管网中有A、B、C三个防护区，其中防护区A的容积较大，此时防护区A宜独立设置，不和防护区B或C组合分配。按照设计要求，需要设置两根*DN*125的主管，则钢瓶间的集流管也应设置两根，一根集流管接防护区A的一根主管，另外一根集流管接防护区A的另一根主管；当防护区A发生火灾时，防护区A两根主管上接的药剂瓶应能同时打开，即共用一个电磁阀。

12.4.5 采用七氟丙烷管网组合分配式灭火系统时防护区面积及容积差异不宜太大。

【要点说明】

“气灭规”第3.3.1条规定了七氟丙烷的最小灭火设计浓度，第3.3.6条规定了防护区实际应用浓度，因此设计中应注意房间分隔差距较大时，小防护区的实际应用浓度是否满足规范要求。“气灭规”的这两条要求相当于限制了当采用七氟丙烷管网组合分配式灭火系统时防护区面积或容积不能差异太大，否则不能同时满足规范要求。

【措施要求】

设计中，若采用七氟丙烷管网组合分配式灭火系统，则在前期系统分配的时候，应将容积相近的防护区划分为一套系统，避免出现防护区容积相差特别悬殊的情况。具体差异要求需要根据水力计算得出结果，暂无明确数据。若防护区容积存在一定差异，建议钢瓶采用较小规格，以满足各防护区灭火设计浓度及实际应用浓度需求。

12.4.6 **泄压口的设置：**

1 **泄压口高度设置要求中的防护区净高为本层地面标高至上层板底的高度。**

【要点说明】

“气灭规”第3.2.7条规定“防护区应设置泄压口，七氟丙烷灭火系统的泄压口应位于防护区净高的2/3以上”。

【措施要求】

当防护区有地面架空层及吊顶时，架空层及吊顶层不能满足防护压强要求时，防护区净高应为 $h_{吊顶层}+h_{净高}+h_{架空层}$；当防护区夹层地板可满足防护压强要求时，防护区净高为机房地面到机房顶板板底的高度，夹层泄压口通过检修孔设置，泄压至机房防护区。泄压口设置高度指的是泄压口下边缘高度。

2 **当设置气体灭火系统的房间不临外墙或不临有走廊相隔的内墙（房中房）时，泄压口需加导风筒排至公共走道。**

【要点说明】

“气灭规”第3.2.8条规定“防护区设置的泄压口，宜设在外墙上。”此条条文说明解释为“防护区存在外墙的，就应该设在外墙上；防护区不存在外墙的，可考虑设在与走廊相隔的内墙上”。但设计中会遇到柴油发电机房内储油间不相邻走廊，柴油发电机房设计喷淋系统，而外审单位或消防单位要求储油间设置气体灭火系统。

【措施要求】

当防护区不相邻公共区域，需设置泄压口时，可将泄压口加导风筒排至公共走道区域。

3 **常用气体灭火系统泄压口面积初步配合时可参照表12.4.6，泄压口需安装泄压阀。**

【要点说明】

当防护区的围护结构为一次结构时，施工图设计阶段就应考虑泄压口的预留；当防护区的围护结构为二次结构时，可由二次深化设计承包商提出泄压口的面积要求。泄压口的面积应根据所选用的灭火剂种类按公式 $A_f=\frac{2KQ}{P_f}$ 计算。初步配合可参照表 12.4.6 提资。防护区的泄压口应设置泄压装置，其泄压压力应低于围护构件最低耐压强度的作用力。不应在防护区墙上直接开设洞口作为泄压口或在泄压口中设置百叶窗结构，因为这些措施都属于泄压口常开状态，没有考虑到灭火时需要保证防护区内灭火剂浓度的要求。应在防护区墙上设置能根据防护区内的压力自动打开的泄压阀。

【措施要求】

常用气体灭火系统泄压口面积见表 12.4.6。

常用气体灭火系统泄压口面积（m^2） 表 12.4.6

防护区容积（m^3）	灭火系统					
	惰性气体混合物（IG541）			七氟丙烷（HFC-227ea）		
	防护区围护结构承受内压的允许压强 P_f(Pa)					
	1200	2400	4800	1200	2400	4800
0～150	0.15	0.10	0.075	0.04	0.03	0.02
150～300	0.30	0.20	0.15	0.08	0.06	0.04
300～480	0.48	0.34	0.24	0.12	0.09	0.05
480～540	0.54	0.38	0.27	0.14	0.10	0.06
540～600	0.60	0.42	0.30	0.16	0.11	0.07
600～660	0.66	0.46	0.33	0.17	0.12	0.09
660～840	0.84	0.59	0.42	0.22	0.15	0.11
840～900	0.90	0.63	0.45	0.23	0.16	0.12
900～960	0.96	0.67	0.48	0.25	0.17	0.12
960～1080	1.08	0.76	0.54	0.28	0.19	0.13
1080～1200	1.20	0.84	0.60	0.31	0.22	0.16
1200～1260	1.26	0.88	0.63	0.33	0.23	0.17
1260～1440	1.44	1.01	0.72	0.37	0.26	0.19
1440～1500	1.50	1.05	0.75	0.39	0.27	0.20
1500～1560	1.56	1.09	0.78	0.41	0.28	0.20
1560～1680	1.68	1.18	0.84	0.44	0.30	0.22
1680～1740	1.74	1.22	0.87	0.45	0.31	0.23
1740～1800	1.80	1.26	0.90	0.47	0.32	0.23
1800～1920	1.92	1.34	0.96	0.50	0.35	0.25
1920～2100	2.10	1.47	1.05	0.55	0.38	0.28

12.4.7 气体灭火系统向各专业提资内容：

1 提资建筑：钢瓶间位置及大小、泄压口位置及面积、防护结构的压强、门窗等要求；

2 提资结构专业：钢瓶间荷载、防护区结构的压强；

3 提资电气专业：钢瓶间及防护区位置、系统的控制方式；

4 提资暖通专业：钢瓶间及防护区位置。

【要点说明】

气体灭火系统相关内容需向各专业提出要求，具体内容见本措施附录B、附录C、附录D。

【措施要求】

根据“院公司”2017年立项的给水排水专业业务建设“七氟丙烷、IG541混合气体灭火系统EXCEL电算表编制及使用说明”课题成果可进行计算，选出单个钢瓶容积，计算出钢瓶数量、管网初步管径及泄压口面积；再根据“院公司”2017年立项的给水排水专业业务建设“与结构相关的给水排水设备机房荷载指标分析”课题成果排布钢瓶间，如图12.4.7所示，按钢瓶间荷载约为1000kg/m^{2}进行估算，根据这两个课题成果所计算出的结果，可向建筑、结构专业提资。

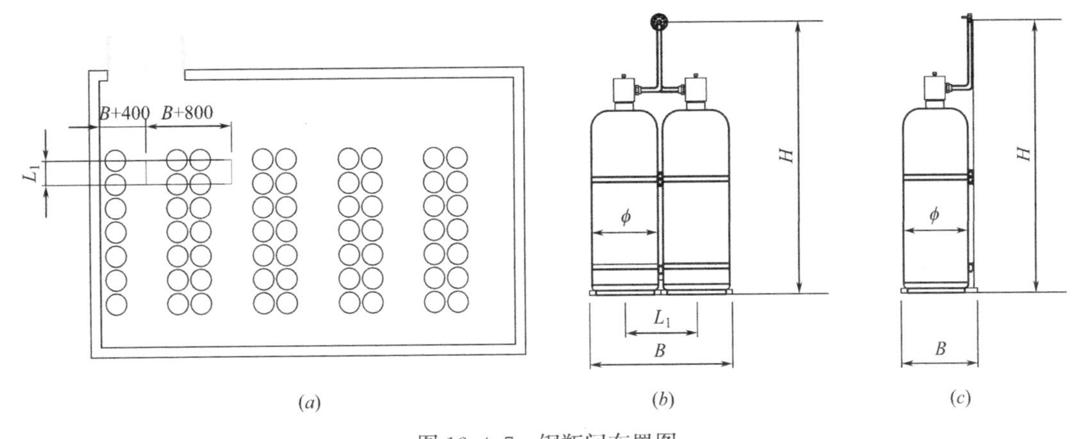

图12.4.7 钢瓶间布置图

(a) 钢瓶间平面布置示意图；(b) 双排钢瓶侧视图；(c) 单排钢瓶侧视图

12.4.8 气体灭火系统一次设计需表达的内容，应能满足概算需求。

【要点说明】

气体灭火系统属于二次深化设计内容，中标专业公司负责深化设计、提供设备和安装、调试、试运转、验收。“院公司”审定边界条件和技术条件。一次设计施工图中体现的相关内容，仅供设备招标投标使用。

【措施要求】

“院公司”一次设计中需表达内容如下：

1. 初步设计：

1）设计说明部分：设置部位、系统形式、设计参数、控制要求及安全措施的描述。

2）图纸部分：绘制系统示意图，各系统标明防护区容积。

2. 施工图设计：

1）设计说明部分：设置部位、系统形式、设计参数、控制要求及安全措施的描述。

2）图纸部分：

（1）预制式气体灭火系统及小型的管网式气体灭火系统，图中可不画出管道，只需注明气体灭火系统的区域，并向其他专业提出相关要求；

（2）对于有多个防护区的管网式气体灭火系统，需画出钢瓶间到防护区的气体管道，防护区内的喷头布置及管道由中标厂家二次深化设计；需画出系统示意图，并标注各防护区的容积，如图12.4.8-1、图12.4.8-2所示，并向其他专业提出相关要求。

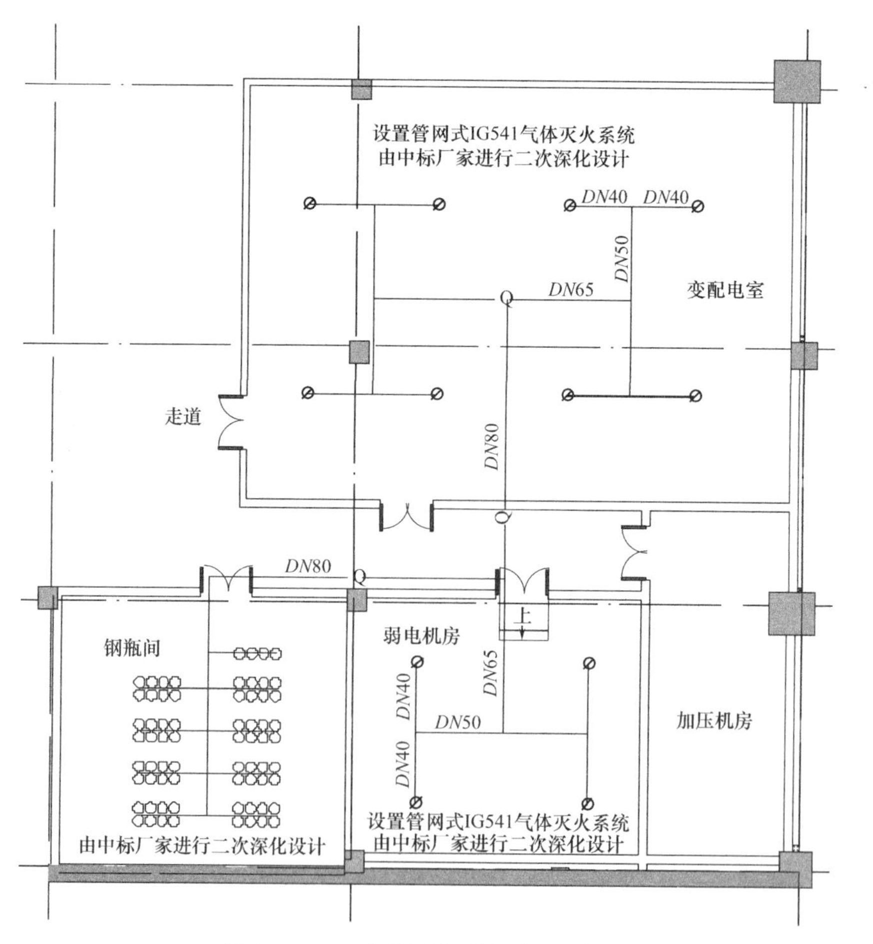

图12.4.8-1 气体灭火系统平面示意图

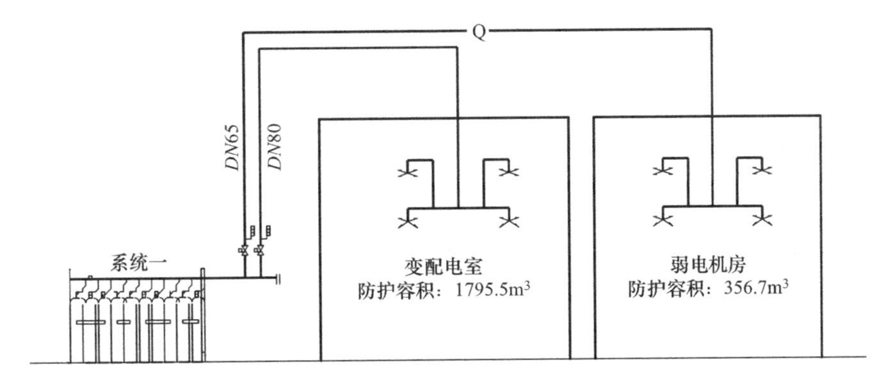

图 12.4.8-2 气体灭火系统示意图

12.4.9 **主体设计应对深化设计图纸进行审核，确认满足一次设计技术要求。**

【要点说明】

气体灭火系统属于二次深化设计内容，中标专业公司负责深化设计、提供设备和安装、调试、试运转、验收。“院公司”审定边界条件和技术条件。一次设计施工图中体现的相关内容，仅供设备招标投标使用。

【措施要求】

“院公司”在审核深化设计单位图纸时需审核如下内容：

1. 各防护区容积是否准确，与一次设计描述是否一致；
2. 各系统控制要求是否正确；
3. 泄压口定位是否完善（横向、竖向），大小是否与一次提资差异不大；
4. 防护区灭火设计浓度、喷放时间、浸渍时间是否与一次设计一致；
5. 钢瓶间的大小及位置是否与一次提资一致并满足要求；
6. 喷头的定位及安装高度是否描述表达完善。

12.5 灭火器设置

12.5.1 **屋面凸出场所，如电梯机房、空调机房、排烟机房等及人防出入口需设置灭火器。**

【要点说明】

“建火规”第 8.1.10 条规定：高层住宅建筑的公共部位和公共建筑内应设置灭火器，其他住宅建筑的公共部位宜设置灭火器；厂房、仓库、储罐（区）和堆场，应设置灭火器。“车火规”第 7.2.7 条规定：除室内无车道且无人员停留的机械式汽车库外，汽车库、修车库、停车场均应配置灭火器。上述两本规范对设置灭火器的场所有明确规定，设计中应严格按照规范要求设置，设计人往往容易遗漏在一些屋面凸出场所内设置，如电梯机房、空调机房、排烟机房、屋顶水箱间等。“人防火规”第7.2.6条规定：人防工程应配置灭火器，灭火器的配置设计应符合现行国家标准《建筑灭火器配置设计规范》GB 50140的有关规定。人防出入口属于人防工程的主要部分，也应设置灭火器，不可漏设。

【措施要求】

严格按照规范要求设置灭火器，在容易遗漏的设置场所，设计人应注意自行校对，提升意识，同时出图前校审人员应加强检查力度。

12.5.2 **选用灭火器时，应使灭火器使用温度与使用场所的温度相适应。**

【要点说明】

在选用灭火器时，应注意灭火器使用场所的温度，不能超出所选用灭火器的使用温度范围，在设计中往往容易忽视温度这个因素的影响，特别是我国冬季温度较低的地区（如东北地区），有些没有采暖的功能房间，环境温度可能会超出灭火器的使用温度范围。若环境温度过低则灭火器的喷射性能显著降低，若环境温度过高则灭火器的内压剧增，有爆炸伤人的危险。

【措施要求】

《建筑灭火器配置设计规范》GB 50140—2005（简称“灭火器规”）第4.1.1第5款、第5.1.5条及其条文说明都对灭火器的使用温度范围有相关叙述；对可能超出所选灭火器使用温度的场所，应要求暖通专业采取措施配合满足温度要求，同时建议在设计图纸中注明所选灭火器的使用温度范围。不同类型灭火器的使用温度范围见表12.5.2。

不同类型灭火器的使用温度范围 **表12.5.2**

灭火器类型		使用温度范围(℃)
水型灭火器	不加防冻剂	+5～+55
	添加防冻剂	−10～+55
干粉灭火器	二氧化碳驱动	−10～+55
	氮气驱动	−20～+55
二氧化碳灭火器		−10～+55
洁净气体(卤代烷)灭火器		−20～+55
机械泡沫灭火器	不加防冻剂	+5～+55
	添加防冻剂	−10～+55

12.5.3 **面积较大的E类火灾场所，布置灭火器时应使整个房间都处于保护距离内，且配电室等E类火灾场所的灭火器配置级别不应小于同一楼层火灾类别和危险等级。**

【要点说明】

E类火灾场所布置灭火器时，应注意同场所火灾的种类，并根据火灾种类确定最大保护半径；设计中一些面积较大的电气设备间，不能随意设置灭火器的布置点，还要通过确定同场所的火灾种类来确定保护半径，以达到整个电气设备间都处于灭火器的保护范围内，保护不到时应补充设置。

【措施要求】

面积较大的E类火灾场所，布置灭火器时应使整个房间都处于保护距离内，不能仅仅在门口就近设置。“灭火器规”第5.2.4条规定：E类火灾场所的灭火器，其最大保护距离不应低于该场所内A类或B类火灾的规定。电气设备间灭火器的布置应保证整个面积都在灭火器的保护半径内，如E类火灾同一楼层火灾类别为A类，则其最大保护半径按A类场所的灭火器最大保护半径取值，如办公楼、科研楼、学校、商场等；如同一楼层火灾类别为B类，则其最大保护半径按B类场所的灭火器最大保护半径取值，如车库、储油设施等；如同时有A、B、C类，则其最大保护半径按B类场所的灭火器最大保护半径取值；灭火器的最大保护距离按“灭火器规”中表5.2.1和表5.2.2选取。分布于严重危险级区域的配电室等E类火灾场所，即使是单独计算单元，也要按严重危险级配置。

12.5.4 灭火器的设置应在满足最低灭火级别的基础上按保护距离范围内面积计算实际所需数量和选择规格。

【要点说明】

根据灭火器配置场所的火灾危险等级确定灭火器的最低灭火级别，还应根据灭火器对应的最大保护半径范围内面积确定需要的最小需配灭火级别，进而确定灭火器的数量。

【措施要求】

在灭火器的设置过程中，不能简单地按最低灭火级别选择灭火器规格，应根据“灭火器规”式（7.3.1）计算配置。举例说明：某A类中危险级场所，最低灭火级别为2A，选用手提灭火器最大保护距离20m，则最小需配灭火级别（未考虑修正系数）为$Q=3.14\times20\times20/75=16.75$A，需要9具2A（3kg）磷酸铵盐干粉手提灭火器，因每个设置点的灭火器数量不宜多于5具，故可选用3具6A的磷酸铵盐干粉手提灭火器。

12.5.5 同一建筑的不同场所，尽量选用同类型同规格的灭火器。

【要点说明】

同一场所推荐采用类型相同和操作方法相同的灭火器，一是为培训灭火器使用人员提供方便；二是在灭火实战中灭火人员可方便地用同一种方法连续使用多具灭火器灭火；三是便于灭火器的维修和保养。“灭火器规”第4.1.2条及其条文说明中已经明确建议选用相同类型和操作方法的灭火器，但在实际设计中，设计人往往根据不同功能房间、不同火灾危险等级选用不同规格种类的灭火器。如某一建筑中，地上一般功能房间选用5kg磷酸铵盐手提式灭火器，地下车库选用20kg磷酸铵盐推车式灭火器，变配电机房等电气房间选用每处放置30kg推车式二氧化碳灭火器5具，可以说完全满足规范的要求，但多种类多规格的灭火器对于灭火器使用人员的培训、灭火实战中的便利性及灭火器的维修和保养是不利的，甚至有时候也是不经济的。灭火器的维修要求一次送修数量不得超过计算单元配置灭火器总数量的1/4，超出时，应当选择类型规格和操作方法均相同的备用灭火器来替代，替代灭火器的灭火级别不能小于原配置灭火器的灭火级别；在灭火器种类和规格较多的情况下，维修工作会繁重复杂，而且是不经济的；对于某些火灾危险等级较低且面积不大的场所选用建筑主体采用的灭火器规格更加有利，如建筑中某场所按规范要求选用两具3kg磷酸铵盐手提式灭火器即可满足要求，但建筑主体选用的是5kg磷酸铵盐手提式灭火器，此时该场所选用两具5kg磷酸铵盐手提式灭火器是更有利的。

【措施要求】

同一项目中尽量选用同一种类同一规格的灭火器，如本条【要点说明】示例中的灭火器可统一选用5kg磷酸铵盐手提式灭火器，这样既便于人员培训、灭火使用和维护保养，也是更加经济的。

12.5.6 **灭火器的选用需要考虑使用者的体能，妇老病幼为主体的场所应选用轻便规格的手提式灭火器。**

【要点说明】

灭火器是靠人来操作的，要为某建筑场所配置适用的灭火器，也应对该场所中人员的体能（包括年龄、性别、体质等）进行分析，然后正确地选择灭火器的类型、规格、形式。设计过程中设计人往往忽视这方面的因素，导致场所内的主体人员在发生火灾时使用灭火器困难，贻误灭火时机。

【措施要求】

在青年男性为主体的场所中配置大规格的手提式灭火器和推车式灭火器，在女护士较多的医院病房、女教师较多的小学校和幼儿园、老年人较多的养老院和敬老院以及老年人公共活动场所，选择配置轻便规格的手提式灭火器。

12.5.7 **适用于多种类型灭火器的场所，应首选质量轻、灭火速度快的灭火器。**

【要点说明】

在一种火灾类别几种灭火器都适用的情况下，应根据场所的实际情况选用最合理的灭火器。例如，对于同一等级为55B的标准油盘火灾，需用7kg的二氧化碳灭火器才能灭火，而且速度较慢；而改用4kg的干粉灭火器，不但也能灭火，而且其灭火时间较短，灭火速度也快得多。适用于扑救同一种类火灾的不同类型灭火器，在灭火剂用量和灭火速度上有较大的差异，即其灭火有效程度有较大差异。再如，在专用的电子计算机房内，要考虑被保护的对象是电子计算机等精密仪表设备，若使用干粉灭火器灭火，肯定能灭火，但其灭火后所残留的粉末状覆盖物对电子元器件有一定的腐蚀作用和粉尘污染，而且也难以清洁；水型灭火器和泡沫灭火器也有类同的污损作用；而选用气体灭火器，灭火后不仅没有任何残迹，而且对贵重、精密设备也没有污损、腐蚀作用。

【措施要求】

根据“灭火器规”第 4.1.1 条所列六个因素选择合适的灭火器，首先灭火器的灭火机理应满足场所的火灾类别，常用的干粉灭火器灭火机理为：1）使燃烧的链反应中断；2）窒息灭火；3）部分稀释和冷却作用。二氧化碳灭火器的灭火机理为窒息冷却。设计中可根据表 12.5.7 首先选择机理上适合的灭火器，再综合其他因素选择最优的灭火器。

灭火器类型适用性表 **表 12.5.7**

火灾场所	水型灭火器	干粉灭火器		二氧化碳灭火器	泡沫灭火器	
		磷酸铵盐（ABC）	碳酸氢钠（BC）		机械泡沫灭火器	抗溶泡沫灭火器
A 类场所	√	√	×	×	√	√
B 类场所	× 新型可以	√	√	√	√ 非极性溶剂和油品火灾	√ 极性溶剂火灾
C 类场所	×	√	√	√	×	×
D 类场所	扑灭金属火灾的专用灭火器					
E 类场所	×	√	√ 带电 B 类火灾	√ 带电 B 类火灾	×	×
F 类场所	√	×	√	×	√	√

12.5.8 **推车式灭火器应设置在平坦场地，不得设置在台阶等易造成灭火器损坏或伤人事故的地方。**

【要点说明】

在设计中，推车式灭火器不得设置在台阶上，当其设置在台阶上时，不便于移动和操作；设置在倾斜有坡度的地方，推车式灭火器容易自行滑动甚至倾覆，造成灭火器损坏或伤人事故，且火灾时通行不便，影响扑救效率。

【措施要求】

当设置在台阶上时，应选择手提式灭火器替代。

12.5.9 **常见场所灭火器快速配置参照表 12.5.9-1～表 12.5.9-3 进行。**

【要点说明】

不同种类不同火灾危险等级场所的灭火器配置，应根据“灭火器规”第 7.3 节的相关公式和要求计算配置。

【措施要求】

表12.5.9-1～表12.5.9-3，整合了规范的计算要求，设计中可直接查用设置点所需的最小灭火级别，再根据每具灭火器的充装量所对应的灭火级别，确定每点配置的灭火器数量。

轻危险级场所灭火器配置表（手提式磷酸铵盐干粉灭火器）　　表12.5.9-1

参数			轻危险级场所	
			A类	B、C类
保护距离(m)			25	15
计算保护半径(m)			15(放于消火栓处)	15(放于消火栓处)
计算单元面积(m^2)			706	706
计算单元的最小需配灭火级别及灭火器配置	没有消火栓系统和灭火系统	K=1.0	Q=706/100 =7.06A 3具3A(5kg)	Q=706/1.5 =470.7B 4具144B(8kg)
	歌舞娱乐放映游艺场所、网吧、商场、寺庙地下场所等	K=1.3	Q=1.3×7.06 =9.18A 3具3A(5kg)	Q=1.3×470.7 =611.9B 5具144B(8kg)
	有消火栓系统	K=0.9	Q=0.9×7.06 =6.35A 4具2A(3kg)	Q=0.9×470.7 =423.63B 4具144B(8kg)
	歌舞娱乐放映游艺场所、网吧、商场、寺庙地下场所等	K=1.3	Q=1.3×6.35 =8.26A 4具2A(3kg)	Q=1.3×423.63 =550.72B 4具144B(8kg)
	有消火栓系统和灭火系统	K=0.5	Q=0.5×7.06 =3.53A 2具2A(3kg)	Q=0.5×470.7 =235.35B 2具144B(8kg)或 3具89B(5kg)
	歌舞娱乐放映游艺场所、网吧、商场、寺庙地下场所等	K=1.3	Q=1.3×3.53 =4.59A 2具3A(5kg)或 3具2A(3kg)	Q=1.3×235.35 =305.96B 3具144B(8kg)或 4具89B(5kg)

注：表中（　）中对应的是磷酸铵盐干粉充装量。

中危险级场所灭火器配置表（手提式磷酸铵盐干粉灭火器）　　表12.5.9-2

参数	中危险级场所	
	A类	B、C类
保护距离(m)	20	12
计算保护半径(m)	15(放于消火栓内)	12
计算单元面积(m^2)	706	452

续表

<table>
<tr><td colspan="3" rowspan="2">参数</td><td colspan="2">中危险级场所</td></tr>
<tr><td>A类</td><td>B、C类</td></tr>
<tr><td rowspan="6">计算单元的最小需配灭火级别及灭火器配置</td><td>没有消火栓系统和灭火系统</td><td>$K=1.0$</td><td>$Q=706/75$
$=9.41$A
4具3A(5kg)</td><td>$Q=452/1.0$
$=452$B
4具144B(8kg)</td></tr>
<tr><td>歌舞娱乐放映游艺场所、网吧、商场、寺庙地下场所等</td><td>$K=1.3$</td><td>$Q=1.3\times9.41$
$=12.23$A
4具3A(5kg)</td><td>$Q=1.3\times452$
$=587.6$B
5具144B(8kg)</td></tr>
<tr><td>有消火栓系统</td><td>$K=0.9$</td><td>$Q=0.9\times9.41$
$=8.47$A
3具3A(5kg)</td><td>$Q=0.9\times452$
$=406.8$B
3具144B(8kg)</td></tr>
<tr><td>歌舞娱乐放映游艺场所、网吧、商场、寺庙地下场所等</td><td>$K=1.3$</td><td>$Q=1.3\times8.47$
$=11.01$A
4具3A(5kg)</td><td>$Q=1.3\times406.8$
$=528.84$B
4具144B(8kg)</td></tr>
<tr><td>有消火栓系统和灭火系统</td><td>$K=0.5$</td><td>$Q=0.5\times9.41$
$=4.71$A
3具2A(3kg)</td><td>$Q=0.5\times452$
$=226$B
3具89B(5kg)</td></tr>
<tr><td>歌舞娱乐放映游艺场所、网吧、商场、寺庙地下场所等</td><td>$K=1.3$</td><td>$Q=1.3\times4.71$
$=6.12$A
3具2A(3kg)</td><td>$Q=1.3\times226$
$=293.8$B
4具89B(5kg)</td></tr>
</table>

注：表中（ ）中对应的是磷酸铵盐干粉充装量。

严重危险级场所灭火器配置表（手提式磷酸铵盐干粉灭火器） 表 12.5.9-3

<table>
<tr><td colspan="3" rowspan="2">参数</td><td colspan="2">严重危险级场所</td></tr>
<tr><td>A类</td><td>B、C类</td></tr>
<tr><td colspan="3">保护距离(m)</td><td>15</td><td>9</td></tr>
<tr><td colspan="3">计算保护半径(m)</td><td>15</td><td>9</td></tr>
<tr><td colspan="3">计算单元面积(m^2)</td><td>706</td><td>254</td></tr>
<tr><td rowspan="3">计算单元的最小需配灭火级别及灭火器配置</td><td>没有消火栓系统和灭火系统</td><td>$K=1.0$</td><td>$Q=706/50$
$=14.12$A
4具4A(8kg)消火栓处</td><td>$Q=254/0.5$
$=508$B
4具144B(8kg)消火栓处和距消火栓18m处各4具</td></tr>
<tr><td>歌舞娱乐放映游艺场所、网吧、商场、寺庙地下场所等</td><td>$K=1.3$</td><td>$Q=1.3\times14.12$
$=18.36$A
5具4A(8kg)</td><td>$Q=1.3\times508$
$=660.4$B
5具144B(8kg)</td></tr>
<tr><td>有消火栓系统</td><td>$K=0.9$</td><td>$Q=0.9\times14.12$
$=12.71$A
4具4A(8kg)</td><td>$Q=0.9\times508$
$=457.2$B
4具144B(8kg)</td></tr>
</table>

续表

参数			严重危险级场所	
			A类	B、C类
计算单元的最小需配灭火级别及灭火器配置	歌舞娱乐放映游艺场所、网吧、商场、寺庙地下场所等	$K=1.3$	$Q=1.3\times12.71$ $=16.52$A 5具4A(8kg)	$Q=1.3\times457.2$ $=594.36$B 5具144B(8kg)
	有消火栓系统和灭火系统	$K=0.5$	$Q=0.5\times14.12$ $=7.06$A 3具3A(5kg)	$Q=0.5\times508$ $=254$B 3具89B(5kg)
	歌舞娱乐放映游艺场所、网吧、商场、寺庙地下场所等	$K=1.3$	$Q=1.3\times7.06$ $=9.18$A 3具3A(5kg)	$Q=1.3\times254$ $=330.2$B 4具89B(5kg)

注：表中（ ）中对应的是磷酸铵盐干粉充装量。

12.5.10 灭火器配置场所的火灾危险等级补充举例：

1 一类高层大型商业、地下大型商业按严重危险级配置灭火器；

2 车库按A、B类火灾，中危险级配置灭火器；

3 银行等金融办公场所的凭证库、档案库房按严重危险级配置灭火器；

4 数据中心按E类火灾，严重危险级配置灭火器。

【要点说明】

“灭火器规”附录D收录了部分民用建筑灭火器配置场所的火灾危险等级举例，但还有一些设计中经常遇到的场所火灾危险等级在举例中并未明确。参考建筑性质、功能及火灾种类的类似性，补充一些场所的火灾危险等级。

第 3 篇　特殊场所给水排水

13 人防给水排水

13.1 基 本 要 求

13.1.1 防空地下室上部应采取局部降板等措施避免上部管道（与人防无关管道）进入人防区。

【要点说明】

与人防无关管道是指防空地下室在战时和平时均不使用的管道。

人防规范的规定是防空地下室以外上部建筑的各类管道不得进入防空地下室，因此需要采取措施避免建筑物内其他区域使用的管道，特别是与人防无关的管道进入人防区域。

当防空地下室设于地下二层及更下方的楼层时，其上部建筑的给水排水管道可以利用地下一层的空间进行转换并出户。

当防空地下室设在地下一层时，建议建筑设计采用地下室顶板与主体建筑首层地面之间预留1.0～1.5m的管道层，或做不小于0.8m的覆土层，以满足上部建筑的给水排水管道在人防范围外实现转换的要求。

【措施要求】

对于防空地下室上部建筑的管道的处理方式，见图13.1.1-1～图13.1.1-3。

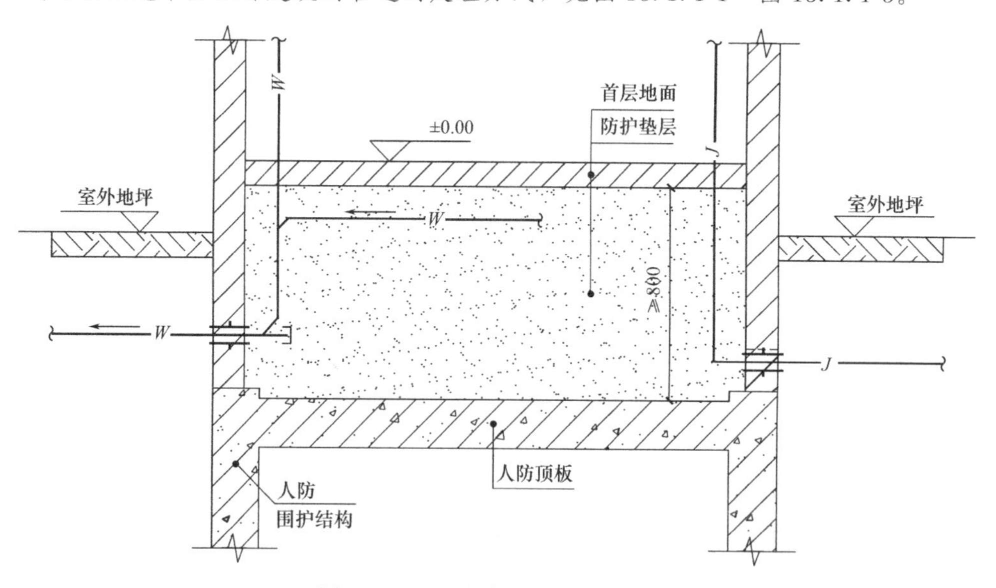

图13.1.1-1　人防顶板加覆土做法

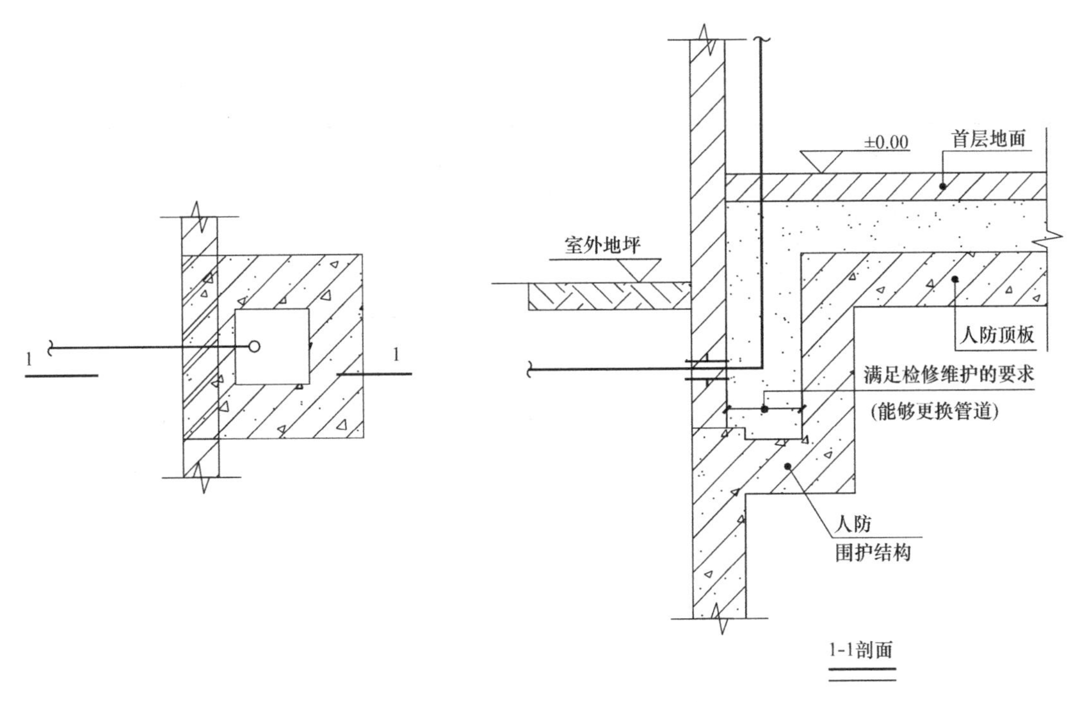

图 13.1.1-2　人防顶板无覆土或高于室外地坪做法

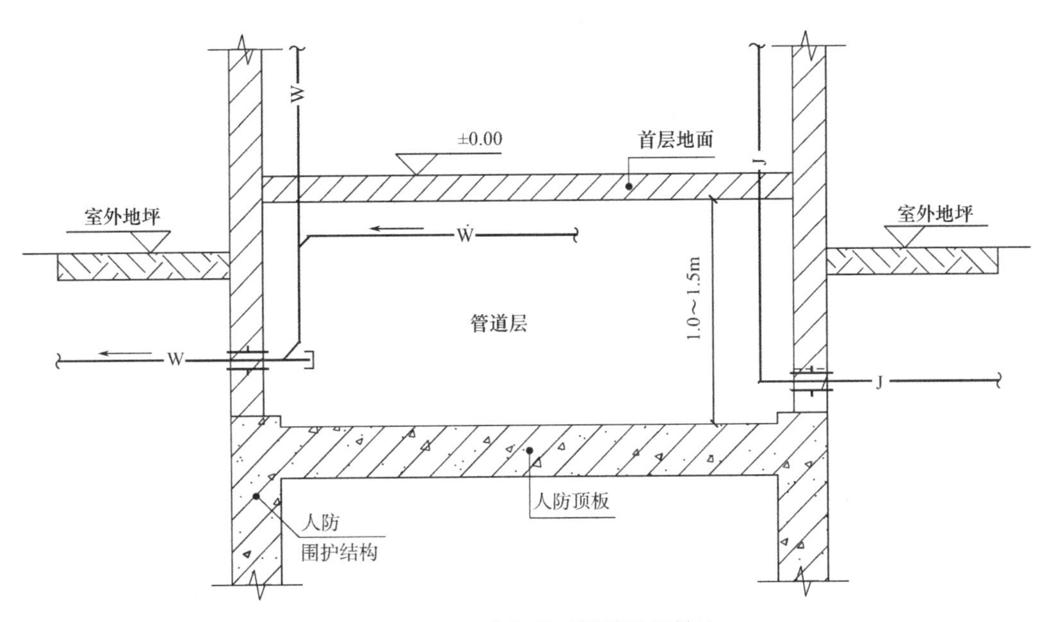

图 13.1.1-3　人防顶板设管道层做法

13.1.2　**穿过人防围护结构的给水引入管、污废水排出管、通气管、供油管的防护密闭措施应符合表 13.1.2。**

管道穿越人防围护结构采取的密闭措施 表13.1.2

穿管管径	刚性防水套管	
	无挡板设置要求	外侧加防护挡板
≤$DN150$	穿过防空地下室的顶板、外墙、密闭隔墙、防护单元之间的防护密闭隔墙，穿过乙类防空地下室临空墙或者穿过核5级、核6级和核6B级的甲类防空地下室临空墙	穿过核4级、核4B级的甲类防空地下室临空墙
>$DN150$		

【要点说明】

临空墙：一侧直接接受空气冲击波作用，另一侧为防空地下室内部的墙体。

防空地下室的外墙：防空地下室中一侧与室外岩土接触，直接承受土中压缩波作用的墙体。

人防围护结构：防空地下室中承受空气冲击波或土中压缩波直接作用的顶板、墙体和底板的总称。

表13.1.2给出了当防空地下室在战时和平时使用的管道必须穿过人防围护结构时，必须采取的措施。具体说明当管径不大于$DN150$和大于$DN150$时穿越相应部位，所应该采取的措施（根据管径大小，分别设置有无挡板要求的密闭套管）。

13.2 给 水

13.2.1 平战结合人防工程的给水水源，平时宜采用市政给水管网供给；战时有人员停留的工程，应在工程的清洁区设置贮水箱。人防水源设置要求见表13.2.1。

【要点说明】

人防水源设置要求 表13.2.1

人防内部无自备水源		人防内部有自备水源	
平时	战时	自备水源的要求	自备水源连接的要求
由市政给水管网供给	贮水用途 设置贮水箱：饮用水、生活用水、洗消用水	1. 人防工程有条件设置自备水源时，自备内水源取水构筑物应设于清洁区内，其取水构筑物宜采用管井； 2. 自备外水源取水构筑物的抗力级别应与其供水的人防工程中抗力级别最高的相一致	自备内水源与外部水源（如城市市政给水管网）应各自独立供水

【措施要求】

人防内部水源条件不同，结合平时与战时的不同要求，按各种情况，对水源做法提出明确的要求。

13.2.2 **防空地下室平时使用用水量定额按“建水标”的有关规定执行。防空地下室战时用水量包括人员生活用水量、饮用水量、洗消用水量、口部染毒区的墙面和地面冲洗用水量、设备用水量。其中洗消用水量、口部染毒区的墙面和地面冲洗用水量详见洗消用水量（本措施第 13.4.1 条），设备用水量（如有）详见柴油发电站给水量（本措施第 13.5.1 条）。**

【要点说明】

防空地下室战时人员生活用水、饮用水的用水量标准、贮水时间应按表 13.2.2 采用。

人防贮水量 **表 13.2.2**

水源条件	工程类别	饮用水			生活用水		
		用水量标准[L/(人·d)]	贮水时间(d)	贮水容积范围(L/人)	用水量标准[L/(人·d)]	贮水时间(d)	贮水容积范围(L/人)
有可靠内水源	专业队队员掩蔽部	5～6	2～3	10～18	9	4～8	36～72
	人员掩蔽工程	3～6		6～18	4	0	0
	人防物资库	3～6		6～18	4		0
无可靠内水源（有防护外水源）	专业队队员掩蔽部	5～6	15	75～90	9	3～7	21～63
	人员掩蔽工程	3～6		45～90	4		12～28
	人防物资库	3～6		45～90	4		12～28
无可靠内水源（无防护外水源）	专业队队员掩蔽部	5～6	15	75～90	9	7～14	63～126
	人员掩蔽工程	3～6		45～90	4		28～64
	人防物资库	3～6		45～90	4		28～64

注：贮水容积取值可根据人防所在区域对人防设置要求的严格程度来选取，一般地区可以取下限值，严格地区取中间值到上限值。

【措施要求】

综合项目平时使用性质和战时工程类别，结合建筑布置的实际情况，根据表 13.2.2 直接计算出防空地下室战时人员生活用水量、饮用水量贮水量标准，进而快速便捷地算出人防贮水量要求。

13.2.3 **人员生活用水、洗消用水、饮用水的贮水池（箱）设置要求见表 13.2.3。**

【要点说明】

此条说明了不同用途有不同的贮水方式，以及设置水龙头数量的标准。

【措施要求】

人防贮水池（箱）设置要求 表13.2.3

<table>
<tr><th>用水性质</th><th>贮水方式</th><th>安全措施</th><th>水龙头数量</th></tr>
<tr><td>人员生活用水</td><td rowspan="5">可共用</td><td rowspan="4"></td><td rowspan="4">1个/(150～200人)</td></tr>
<tr><td>人员洗消用水</td></tr>
<tr><td>墙面、地面冲洗用水</td></tr>
<tr><td>机械设备用水</td></tr>
<tr><td rowspan="2">人员饮用水</td><td>有不被挪用的措施</td><td rowspan="2">1个/(200～300人)</td></tr>
<tr><td>宜单独设置</td><td></td></tr>
</table>

13.2.4 管道穿越人防围护结构时应采取以下保护措施：

1 防空地下室的给水管道，当从出入口引入时，应在防护密闭门和密闭门之间的第一防毒通道内设置防护阀门；

2 若因平时使用要求不允许设置阀门时，可在该位置设置法兰短管，在15d转换时限内转换为防护阀门；

3 管道穿越普通地下室和防空地下室设有工程沉降缝时，应在普通地下室一侧设波纹管或橡胶柔性接头防止不同沉降或变形，而在防空地下室一侧设防护阀门，防止冲击波进入防空地下室。

【要点说明】

战时不允许断水的给水管道必须安装防护阀门。并要求安装在直线管段上，防护阀门的近端距墙面或人防围护结构内侧墙不宜大于200mm，其原因是防护阀门安装管道越长越不利于防止冲击波，200mm既不长，又能满足防护阀门的安装要求。防爆波阀门的工作原理：在正常情况下，阀门处于常开状态，系统介质（水或液体）正常流通。战时当冲击波传入该阀门时，主阀阀板在冲击波压力的作用下迅速关闭，将冲击波挡在阀板以外；而部分已进入阀门的冲击波和增压水冲开消波室装置进入排压室，由于扩散的作用，冲击波压力迅速降低，消除了冲击波的破坏力，起到了保护管道和维护作用。

【措施要求】

相应的管道敷设要求，特别是穿越防护单元（人防围护结构）的做法可参考相关国标图集。

13.3 排　　水

13.3.1 防空地下室的排水可采用自流排水方式和机械排水方式。

1　自流排水方式：防护区内部排水集中并汇合可采用自流方式，当条件允许时，防护区内部排水可采用重力自流方式排出。

2　机械排水方式：平原地区城市的防空地下室一般低于室外地面，应采用机械排水。人员生活污水经室内各种卫生器具排水管道汇集至污水集水池，由潜污泵或立式污水泵提升排出室外。如无可靠电源时，需增设手摇泵。

【要点说明】

防空地下室排水方式的不同之处在于需要满足防护隔绝的排水要求。

1. 防空地下室的自流排水系统，应符合下列规定：

1）排出围护结构前的管道上应设有公称压力≥1.0MPa的闸阀，在隔绝防护期间应将阀门关闭；核5级、核6级和核6B级的甲类防空地下室，对于非生活废水，在防空地下室外部的适当位置设置水封井，水封深度不应小于300mm；对于生活污水，在防空地下室外部的适当位置设置防爆化粪池。

2）乙类防空地下室，对于非生活废水，在防空地下室外部的适当位置设置水封井，水封深度不应小于300mm；对于生活污水，在防空地下室外部的适当位置设置化粪池。

3）一般防空地下室应设有在隔绝防护期间不向外部排水的措施。对于隔绝防护期间能连续均匀地向室内进水的防空地下室，方可连续向室外排水，但应设有使其排水量不大于进水量的措施。

2. 机械排水方式见《防空地下室给水排水设施安装》07FS02第45、46页。

【措施要求】

采取上述措施，在满足防护隔绝要求的前提下，实现人防排水。

13.3.2　**集水坑分别按照平时和战时的使用要求设置，尽量做到平战结合，并保证战前将污水抽空。**

【要点说明】

防空地下室在隔绝防护期间不允许向外排水，因此即便采用自流排水的防空地下室，一般也需要设集水池，临时贮存污废水。要解决如下问题：

1. 集水池的设置方式

清洁区生活污水集水池的设置要求：对于专业队队员掩蔽部和一等人员掩蔽所工程，平时设有生活污水集水池的可以结合设置，平时未设则宜设置战时生活污水集水池。对于二等人员掩蔽所、物资库工程，平时设有生活污水集水池的可以结合设置，平时未设则在干厕房间内设供战时使用的集水坑。

主要出入口和进风口部的集水坑设置方式见洗消废水排水部分。

2. 集水池的容积要求

污水集水池的贮备容积如平时使用，则应在临战前保证将污水抽空，不被其他用水占用；污水泵选用的是防堵塞的潜污泵或立式污水泵时，可不设格栅；污水集水池顶上应设有检修用的密闭型人孔、通气管、爬梯及水位指示器等措施。

3.污水排水泵的选择与控制要求

污水排水泵宜选择潜污泵、防堵塞的潜污泵；若采用卧式污水泵，应选择自灌式污水泵，便于自动启动；污水排水泵应有备用泵，启动方式应采用自动控制，在水位最低时停泵，当到最高水位时第一台泵启动。如流入水量超过排水泵的排水量，水位继续升高至超高水位时，第二台备用泵同时启动并发出报警，超高水位也应是报警水位。仅战时使用的排水泵可采用手动启动方式。防空地下室战时没有可靠的电源时，还应在泵房设人工操作的手摇泵作为紧急排水用。电泵与手摇泵的出水管应连通排出。平时没有用水也没有排水的工程，可以将泵放在仓库不安装。

4.污水泵房的设置要求

污水泵房应设通风排气装置和防潮、隔声设施；集水池房间及污水泵房应设有冲洗龙头和软管，便于冲洗地面。

【措施要求】

战时生活污水集水坑的有效容积应为调节容积和贮备容积之和。调节容积的计算与地面工程相同，可根据“建水标”的规定，按“调节容积不宜小于最大一台污水泵5min的出水量，且污水泵每小时启动次数不宜超过6次”确定。贮备容积可按下式计算：

$$V_Q = K\frac{(q_1+q_2)nt}{24\times1000} + KQ_2t$$

式中 V_Q——战时生活污水集水坑的贮备容积（m^3）；

q_1——掩蔽人员生活用水量标准［L/(人·d)］；

q_2——掩蔽人员饮用水量标准［L/(人·d)］；

n——防护单元内的掩蔽人数（人）；

t——隔绝防护时间（h），根据防空地下室的级别和用途，应与人防贮水所选取的人防级别和隔绝防护时间相一致；

Q_2——工艺设备的排水量（m^3/h）；

K——安全系数，一般取1.25左右。

13.3.3 **人防污水集水池（坑）的通气管，按平时和战时要求设置，通气管穿越防护单元或者人防围护结构时，应按人防要求设置密闭套管及阀门，并符合套管及阀门设置的要求。**

【要点说明】

集水坑通气管管径不宜小于污水泵出水管管径，并不得小于75mm。污废水管道上的通气管管径不宜小于相接的排水管管径的1/2，并不得小于50mm。

平时使用的集水坑通气管可接至室外、排风扩散室或排风竖井内，战时使用的集水坑应在临战时增设接至厕所排风口的通气管；污废水管道上的通气管可接至室外或者排风竖井内，通气管不得穿越其他防护单元。当穿越人防围护结构时，应按要求设置密闭套管及闸阀。

【措施要求】

上述下划线所标注的是不同于普通通气管设置的人防要求。

13.3.4 **在排水系统中防护区内部的地漏若通过管道与外部相通，则为防止冲击波进入防护区内部，应采用防爆地漏；在防护区内部如果排水管道穿越了密闭隔墙，则与该管道连接的地漏也应采用防爆地漏。**

【要点说明】

人防中的防爆地漏设置还需要根据各地对人防排水附件的要求确定，比如北京地区对防爆地漏的使用就有所限制，一般项目中当上下层分属不同的防护单元的，就不允许上层地面排水通过防爆地漏排至下层，因此位于北京的大多数人防项目不能通过防爆地漏排除上层人防区域的地面水，可采取将人防顶板局部下凹（下凹结构四周和底部满足人防围护结构要求，见图 13.3.4）的办法，排除人防区域上层的地面水。

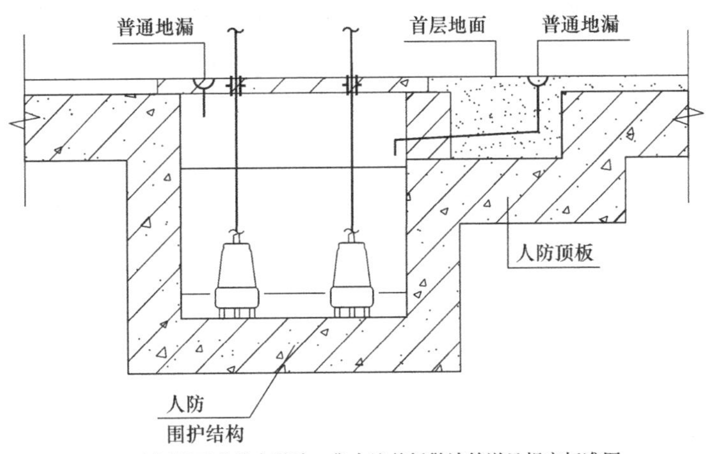

本图仅示意排水做法，集水坑盖板做法等详见相应标准图。

图 13.3.4 人防顶板局部下凹做法

13.4 洗 消

13.4.1 **淋浴器和洗脸盆数量、洗消用水量、热水供应量、温度及加热时间见表 13.4.1-1、表 13.4.1-2。**

洗消用水量标准和温度 表 13.4.1-1

洗消项目	用水量标准	温度	加热时间
人员淋浴洗消	40L/(人·次)	医疗救护人员:37～40℃ 其他人员:32～35℃	3h
人员局部洗消	5～10L/(人·次)		
口部墙面、地面冲洗	5～10L/(m^2·次)		

淋浴器和洗脸盆数量及最大热水供应量 表 13.4.1-2

工程类别	防护单元面积 F(m^2)	淋浴器和洗脸盆数量(套)	最大热水供应量(L)
专业队队员掩蔽部	$F\leqslant400$	2	640～800
	$400<F\leqslant600$	3	960～1200
	$F>600$	4	1280～1600
一等人员掩蔽所	$F\leqslant500$	1	320～400
	$500<F\leqslant1000$	2	640～800
	$F>1000$	3	960～1200

人员淋浴洗消用水贮水量宜按需洗消人员淋浴洗消一次的用水量计算，而每套淋浴器和洗脸盆的热水供应量按 320～400L 计算。出水压力满足 0.05MPa 即可。洗消淋浴器宜采用单管脚踏式淋浴器。

【要点说明】

洗消用水通常是在空袭中和空袭后使用，人员、墙面、地面等洗消供水一般采用贮水加压给水系统。而人员的简易洗消也可不设置系统性用水设备，仅设置贮水设备即可。洗消用水应贮存在战时清洁区内，可贮存在生活用水贮水池（箱）内或单独贮存。其中，口部染毒区的冲洗用水量贮存容积按计算确定时，不可超过 10m^3。简易洗消用水一般贮存在简易洗消间，总贮水量在 0.6～0.8m^3；洗消人员洗消方式为淋浴器热水全身洗消，医疗救护工程人员淋浴洗消用水温度宜按 37～40℃计算，其他工程洗消热水的水温可按 32～35℃计算，所选用的洗消热水加热设备应能在 3h 内将人员全部淋浴用水加热至规定的温度。1h 内完成全部需洗消人员的洗消。人员采用淋浴洗消的防空地下室，人员洗消用水量按应洗消人员洗消一次计算，计算公式为：

$$V_r=\frac{q_r np}{1000}$$

式中 V_r——人员洗消用水量（m^3）；

q_r——人员洗消用水量标准，按 40L/（人·次）采用；

n——防空地下室内掩蔽人数（人）；

p——洗消人员百分数。

热水的总耗热量可按下式计算：

$$Q=q\rho c(t_{\mathrm{r}}-t_{1})$$

式中 Q——热水总耗热量（kJ）；

q——人员洗消总用水量（L）；

ρ——热水的密度（kg/L）；

c——水的比热，c=4.187kJ/（kg·℃）；

t_{r}——热水温度（℃），按医疗救护工程人员为37～40℃，其他工程人员为32～35℃；

t_{1}——冷水温度（℃），按当地最冷月平均给水温度计。

当热水采用容积式电热水器进行加热时，可简单根据防护单元面积，直接按表13.4.1-3查出对应的电热水器功率及容积。

防护单元面积对应的电热水器功率及容积 **表13.4.1-3**

工程类别	防护单元面积 F（m^2）	供水温度（℃）	贮水量（L）	电热水器最小总功率（kW）	电热水器最大总功率（kW）	使用人员
专业队队员掩蔽部	$F\leqslant400$	37～40	640～800	8.6	11.8	医疗救护工程人员
	$400<F\leqslant600$	37～40	960～1200	12.9	17.6	
	$F>600$	37～40	1280～1600	17.2	23.5	非医疗救护工程人员
	$F\leqslant400$	32～35	640～800	7.3	10.1	
	$400<F\leqslant600$	32～35	960～1200	11.0	15.2	
	$F>600$	32～35	1280～1600	14.6	20.2	
一等人员掩蔽所	$F\leqslant500$	32～35	320～400	3.7	5.1	
	$500<F\leqslant1000$	32～35	640～800	7.3	10.1	
	$F>1000$	32～35	960～1200	11.0	15.2	

注：最冷月平均给水温度按4℃考虑，加热时间为3h，电热水器的热效率为95%。

墙面、地面冲洗用水量按需冲洗部位冲洗一次计算，防空地下室口部染毒区墙面、地面需要冲洗的部位包括进风竖井、进风扩散室、除尘室、滤毒室、与滤毒室相连的密闭通道、战时人员主要出入口的洗消间（或简易洗消间）、防毒通道及防护密闭门以外的通道，计算公式为：

$$V_{\mathrm{m}}=\frac{q_{\mathrm{m}}F}{1000}$$

式中 V_{m}——墙面、地面冲洗用水量（m^3）；

q_m——冲洗水量标准，按5～10L/（m^2·次）采用；

F——需冲洗墙面、地面面积（m^2）。

13.4.2 洗消废水排水包括集水池（坑）、地漏、防爆地漏等排水方式的选择，不同的人防部位（排水要求不同）可采用不同的排水方式。

【要点说明】

1.设简易洗消的排水方式

作为污染区，扩散室和排风竖井处（墙面、地面洗消）设置地漏，排水引至室外通道处设置的集水坑；作为染毒区，防毒通道和简易洗消间若按合用设置，统一设置集水坑，如果分开设置，则在简易洗消间内设置集水坑（收集简易洗消废水），用地漏收集防毒通道内的排水（墙面、地面洗消），排至简易洗消间内的集水坑。

2.洗消间的排水方式

在洗消间（如淋浴间）设置集水坑排除洗消废水，其余与洗消相关的附属房间（如洗消间前后防毒通道、脱衣室、检查穿衣室）设置地漏，排水至洗消间集水坑。

3.进风口部的排水方式

当利用进风竖井作为备用的出入口时，在进风竖井处设置集水坑，在其旁边的扩散室设置防爆地漏，排水至进风竖井处集水坑。后面的密闭通道设置集水坑，密闭通道旁的滤毒室设置地漏，排水至密闭通道集水坑。而当单独设置室外通道时，则在室外通道处设置集水坑，周边染毒部位均设置防爆地漏，排水至室外通道集水坑。

4.物资库出入口的排水方式

在室外通道处设置集水坑，密闭通道处设置防爆地漏，排水至室外通道集水坑。

5.物资库口部进风口部的排水方式

在进风竖井处设置集水坑，相邻的密闭通道内设置防爆地漏，排水至进风竖井处集水坑。

【措施要求】

洗消部位的排水是人防排水的一部分，设置原则是在满足人防使用的前提下，满足洗消的使用需求，结合不同的口部要求，采用上述方式进行排水。

13.5 柴油发电站给水排水及供油

13.5.1 柴油发电站冷却如不能通过风冷方式实现，则需要由给水排水专业设计通过水冷方式来实现。

【要点说明】

中心医院、急救医院和建筑面积之和大于5000m² 的救护站、防空专业队工程、人员掩蔽工程、配套工程的防空地下室内部应设置柴油发电站。

柴油发电站的位置应根据工程的用途和发电机组等综合条件确定，柴油发电站分为固定式电站和移动式电站（当发电机容量大于120kW时，宜设置固定式电站）。

防空地下室柴油发电站的冷却包括发电机组的冷却和机房空气的冷却，两者都可以采用水冷和风冷的冷却方式。柴油发电站的冷却方式应根据当地水源情况、气候条件、空调方式及柴油发电机组型号等因素确定。

风冷方式：柴油发电机的热量由风机把冷却水的热量吹到周围空气中，这时机房的空气温度逐渐上升，地下室机房的热空气无法直接排到室外，防空地下室可通过进风竖井，将室外的冷空气由通风机抽到室内降低室温。将热空气通过排风机经冷却水箱、排风竖井排到室外。这种方式适用于较小功率的柴油发电机组。柴油发电机冷却水箱的补水量按柴油发电机样本确定，并设置贮水箱贮存使用。冷却水可在机房内单独贮存，并设置取水龙头。贮水箱的容积应根据柴油发电机样本中的小时耗水量及要求的贮水时间（表13.5.1）计算确定。如无准确资料，贮水箱的有效容积可按2m³ 计算。

冷却水贮水时间 **表13.5.1**

水源条件	贮水时间	推荐值
无可靠内、外水源	2～3d	2d
有防护的外水源	12～24h	15h
有可靠的内水源	4～8h	4h

注：1. 贮水时间取值可根据人防所在区域对人防设置要求的严格程度来选取，一般地区可以取下限值，严格地区取中间值到上限值，应与前述给水贮水时间（隔绝防护期）一致；
2. 柴油发电机组冷却水水温为40～60℃，在水质未被污染的情况下，可用作淋浴洗消供应热水的水源。

水冷方式：大功率柴油发电机组采用水冷却系统。冷却水通过机组冷却水器和机房内冷却水池等进行降温处理。冷却水贮水池宜采用多格水池，其中一格为空格，空调冷却水首先回到空格，一方面避免和大水池的水混合后提高水温而影响空调冷却效果，另一方面也可利用水池的自然温降便于循环使用。分格数宜为3～5格。系统原理图见图13.5.1-1。冷却水水温可采用温度调节器或混合水池来调节。当采用温度调节器有管路调节时，应充分利用柴油发电机自带的恒温器；当采用混合水池调节时（见图13.5.1-2），混合水池的容积应按柴油发电机运行机组在额定功率下工作5～15min的冷却水量计算。柴油发电机进、出水管上宜设短路管、控制阀门和温度计。出水管上应设置观察水流通过的看水器，有存气可能的部位应设置排气阀。

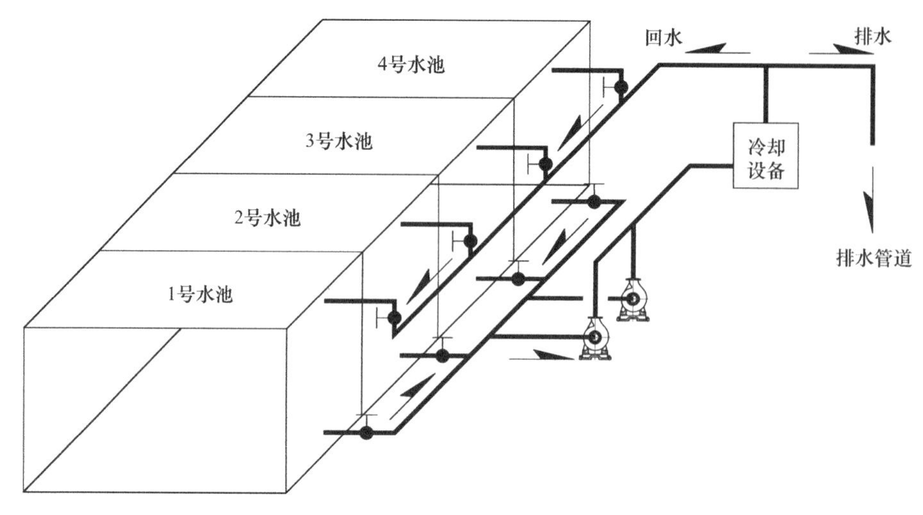

图 13.5.1-1 多格循环冷却水示意图

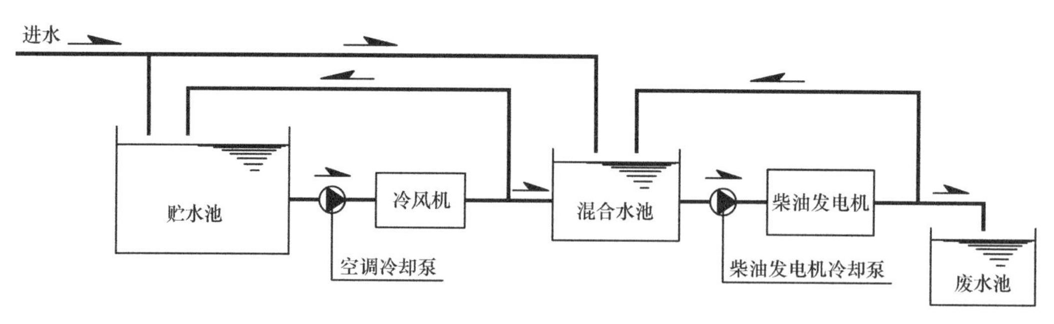

图 13.5.1-2 重复冷却水系统示意图

【措施要求】

柴油发电机循环冷却水量按下式计算：

$$Q=\frac{\varepsilon N m b k}{(t_2-t_1)C\rho}$$

式中 Q——柴油发电机额定功率时冷却水量（m^3/h）；

N——单台柴油发电机额定功率（kW）；

m——柴油发电机同时运行台数（台）；

ε——冷却水带走的热量占燃油燃烧放出热量的百分比，一般取 0.25～0.35；

b——燃料消耗率（kg/kWh），可按 0.2～0.24kg/kWh 选取，建议取 0.23kg/kWh；

k——燃料净热值（kJ/kg），可取 41870kJ/kg；

t_1——柴油发电机循环进水温度（℃），一般为 40～60℃；

t_2——柴油发电机循环出水温度（℃），一般为 55～85℃；

C——水的比热，C=4.187kJ/(kg·℃)；

ρ——水的密度（kg/m^3）。

柴油发电机组冷却水进水温度采用混合水池调节时，混合水池补充的低温水量按下式计算：

$$Q_h=\frac{(t_2-t_1)}{(t_2-t)}Q$$

式中 Q_h——补水量（m^3/h）；

t_1——柴油发电机循环进水温度（℃），一般为40～60℃；

t_2——柴油发电机循环出水温度（℃），一般为55～85℃；

t——补充新水水温（℃）；

Q——柴油发电机额定功率时冷却水量（m^3/h）。

冷却水贮水池容积应根据柴油发电机组在额定功率下冷却水的总耗水量和要求的贮水时间，由下式计算确定：

$$V=mqT$$

式中 V——贮水池容积（m^3）；

m——柴油发电机同时运行台数（台）；

q——单台柴油发电机冷却水消耗量（m^3/h），等于单台柴油发电机低温水补水量或高温水排水量；

T——贮水时间（h），见表13.5.1。

13.5.2 **柴油发电站根据需要应设置排水设施。按正常人防的排水要求设置，同时要考虑冷却用水的排水集水需求。**

【要点说明】

1.在柴油发电机房内的适当部位设拖布池及地漏，并设置收集冲洗废水的集水池（坑）；

2.当电站控制室与发电机房间设有防毒通道、简易洗消间时，应设收集污水的集水坑；

3.需要收集冷却用水的设集水池。

13.5.3 **柴油发电站贮油，要满足柴油发电机正常工作要求，其供油系统的设置需要保证柴油发电机使用的要求，即满足贮油、补油的要求。**

【要点说明】

柴油发电机供油系统由油管接头（设于井内）、输油管、贮油池（箱）、加压泵（带过滤器）、日用油箱等组成。日用油箱（高架装置）直接供油给柴油发电机使用（见图13.5.3）。

当贮油池（箱）设在室内时，应设置单独的贮油间。对于油管接头井的设置位置，需考虑大型油罐车靠近加油的方便性。

当贮油池（箱）不能向柴油发电机自流供油时，应设置日用油箱，日用油量宜按每台

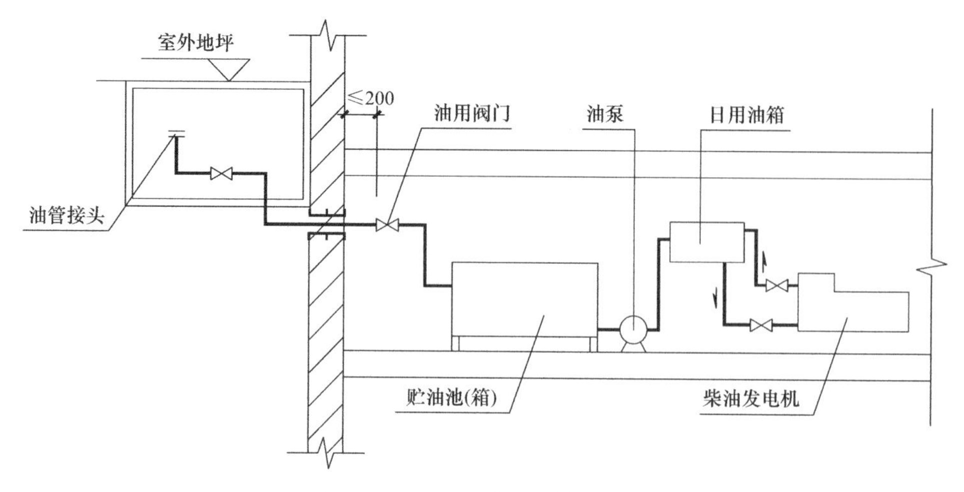

图 13.5.3 柴油发电机供油系统

工作柴油发电机设一个日用油箱，而备用柴油发电机可与工作机组共用一个日用油箱。日用油箱必须架高设置，便于自流到柴油发电机内部。日用油箱一般贮存柴油发电机工作8～12h的用油量。

柴油发电机工作所需的燃油可贮存于室外地下贮油池（箱）内，也可贮存于室内，贮油池（箱）不应少于2个（格）。其总容积可按下式计算：

$$V=\frac{24NbT}{1000R}m$$

式中 V——贮油池（箱）柴油贮存有效容积（m^3）；

N——同一型号柴油发电机的额定功率（kW）；

b——柴油发电机的燃油耗油量（kg/kWh）；

R——柴油的密度，一般常用的柴油密度为0.813～0.891kg/L，计算时可取$R=$0.85kg/L；

T——要求的贮油时间，一般取7～10d计算；

m——同一型号柴油发电机的台数（台）。

【措施要求】

在设计过程中，需要明确日用油箱的做法。日用油箱如果设置在柴油发电机房内，其容积不能大于$1m^3$；当在室内贮油间设置贮油池（箱）时，需要绘制贮油池（箱）的相关剖面图，以明确其设置位置和做法。

13.6 平 战 转 换

13.6.1 **平战转换总体要求：**

1 防空地下室给水排水设计应满足战时防护及平时使用功能的要求，平战结合的防空地下室工程设计也同时满足平时使用功能要求。但对于平战结合的核5级、核6级的甲类核一类防空地下室给水排水设计，当其平时使用要求与战时防护要求不一致时，设计中允许采取防护功能平战转换的措施。

2 平战转换设计应与工程设计同步完成。战时使用的给水引入管、排水出户管和防爆地漏等不得实施预留设计和二次施工。

【要点说明】

当防空地下室在战时和平时的使用功能不一致时，需要结合战时使用的要求，设置给水排水系统，当两种功能无法结合时（比如平时水厕、战时旱厕；口部平时无要求，战时需洗消等），可以结合两种功能的要求，通过设置阀门，关闭满足平时功能所使用的管道。排水则可通过设置密闭地漏方式，平时防止排水管堵塞，战时满足使用要求。

【措施要求】

尽量通过设计实现平时和战时所使用管道布置的一致性，既保证平时使用又满足战时要求。

13.6.2 位于人防区，供平时使用的设施及管道，可作为战时供水设施，应满足在3d内实现转换的条件。

【要点说明】

转换指贮水池（箱）配管及附件的安装、供水管道的供水范围应满足战时使用功能要求。

贮水池（箱）的贮水容积，平时使用小于战时使用要求的情况是不允许的，应按战时贮水容积设计，其进水管及水源应满足3d内充满贮水池（箱）。在战时，消防水池也不允许泄空，所以，消防泵房不允许位于人防区。

【措施要求】

平战结合的管道及阀门安装，战前按要求安装到位，临战前关闭并封堵；贮水池（箱）必须遵循各地方人防办的验收要求，在地方允许临战时安装的情况下，必须完成系统转换及充水的要求。

13.6.3 允许战前二次施工的相关设施，需要提前设计、预留相关条件，实现快速的平战转换。

【要点说明】

二等人员掩蔽所内的贮水池（箱）及增压设备，当平时不使用时，可在临战时构筑和安装。但必须一次完成施工图设计，施工图上应注明施工时应做的基础、预留孔洞、出水管、溢水管、防空管等管道接口，并要求施工后有明显标志，以便于临时查找。

临战时构筑的贮水池（箱）和安装的设备在施工图设计时必须有可靠的技术措施，能保证在临战前15d内施工完毕。钢筋混凝土水池可就地取材，建造方便，整体性强。装配式不锈钢板水箱和玻璃钢板水箱技术成熟可靠，构筑快捷，注意货源的贮备，保证临战时限的拼装要求。现场焊制的钢板水箱，需留出足够的焊接作业面积。

平时不使用的淋浴器和加热设备可暂不安装。但应预留管道接口和固定设备用的预埋件。

【措施要求】

设计中必须把上述问题提前考虑到位，并在说明中予以明确。

14 游泳池及休闲设施

14.1 设 计 总 述

（Ⅰ）池 水 循 环

14.1.1 水疗按摩池池水循环周期按照表 14.1.1 确定。

水疗按摩池池水循环周期　　表 14.1.1

序号	池水容积(m^3)	循环周期建议值(h)
1	≤6	0.3～0.5
2	7～10	0.5
3	11～15	1.0
4	16～50	1.5
5	51～100	2.0
6	101～200	2.5
7	＞200	3.0

【要点说明】

本条是对《游泳池给水排水工程技术规程》CJJ 122—2017（简称《泳池规程》）表 4.4.1 的补充。水疗按摩池池水循环周期应根据使用性质、人数负荷、池水容积、池水消毒方式、池水水质标准、池水循环净化处理系统过滤设备的除污效率、系统运行时间等因素综合确定；当无具体资料时，可依据池水容积来确定。

14.1.2 池水循环管道材质按照以下要求选取：

1 游泳池的池水水温不超过 30℃，宜选用给水塑料管，如硬聚氯乙烯塑料管（PVC-U）、氯化聚氯乙烯塑料管（PVC-C）、聚乙烯塑料管（PE）、聚丙烯塑料管（PP）及丙烯腈-丁二烯-苯乙烯塑料管（ABS）等；

2 热水水疗按摩池、温泉水浴池等的池水水温超过 40℃，宜选用耐高温给水塑料管，如氯化聚氯乙烯塑料管（PVC-C）、聚丙烯塑料管（PP）及聚丁烯塑料管（PB）等；

3 温泉水的 pH 值等于及小于 4.0 时，宜选用牌号不低于 S31603 的奥氏体不锈钢管、钛金属管；

4 游泳池、水疗（按摩）池的位置与为它服务的池水循环净化处理机房的位置标高差不超过4.0m时，管道的耐压等级不应低于1.0MPa级的要求。当两者的位置标高差超过4.0m时，应根据水力计算和池水循环水泵的扬程确定。

【要点说明】

池水循环管道材质应卫生、无毒、防腐蚀，根据池水水温、pH值、耐压等级等综合确定。

14.1.3 **游泳池及休闲设施采用逆流式或混流式池水循环净化供水方式时，应设置均衡水池。**

【要点说明】

均衡水池设计时主要关注其容积与设置高度问题。

1. 均衡水池容积简易计算的两种方法：

1）按游泳池及休闲设施循环水流量的10%～20%确定均衡水池的最小有效容积。池内水体容积与池内人数的比值越小，则取上限值；池内水体容积与池内人数的比值越大，则取下限值。

2）按游泳池及休闲设施的池水面积4～5$m^3/100m^2$。

2. 均衡水池设置高度：

游泳池及休闲设施的溢流回水管管底应高出均衡水池溢流水位不少于300mm。

（Ⅱ）池 水 过 滤

14.1.4 **毛发聚集器应设置在池水循环水泵的吸水管上。**

【要点说明】

1. 毛发聚集器的作用是防止池水中夹带的固体杂质损坏水泵叶轮及进入过滤器阻塞滤料层而影响过滤效果和出水水质；

2. 设置两台及以上循环水泵时，应交替运行；仅有一台循环水泵时，应备用毛发聚集器；

3. 毛发聚集器的形式分为独立设置型和循环水泵自带一体式泵组，见图14.1.4。

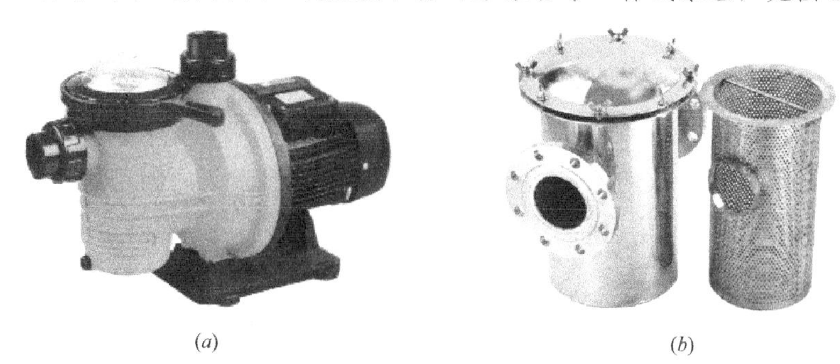

(a) (b)

图14.1.4 毛发聚集器示意图

(a) 一体式泵组；(b) 分体式泵组

14.1.5 重力式过滤器适用于私家游泳池及水景工程、水环境工程（人工河、景观河、雨水回收利用等）；压力式过滤器适用于公共游泳池；负压式过滤器适用于水上游乐池类型多且分散的情况。

【要点说明】

1. 池水过滤设备按照过滤器内水流状态分为重力式过滤器、压力式过滤器和负压式过滤器；按照过滤器形状分为立式过滤器和卧式过滤器。池水过滤常用过滤器包括颗粒式压力过滤器、硅藻土压力过滤器和负压过滤器。

2. 石英砂过滤器直径大于等于2.4m时，宜采用卧式过滤器。

（Ⅲ）池　水　消　毒

14.1.6 消毒剂的选用：

1 国家级和世界级竞赛游泳池、准备（热身）池、专用（运动员训练、文艺演出、航天员浮力训练）类游泳池，应采用臭氧或紫外线与长效消毒剂相结合的消毒工艺；

2 俱乐部专用游泳池宜采用羟基消毒工艺；

3 公共游泳池、水上游泳池、热水或冷水公共浴池，宜按下列原则确定：

1）室内池宜采用臭氧与长效消毒剂相结合的消毒工艺；

2）室外池宜采用单一长效消毒剂消毒工艺；

3）室内中心型游泳池亦可采用单一臭氧消毒工艺；

4）婴幼儿亲水游泳戏水池应采用单一紫外线消毒工艺；

5）私人游泳池宜采用单一长效消毒剂消毒工艺。

【要点说明】

常用池水消毒方式比较见表14.1.6。

池水消毒方式比较　　表14.1.6

项目	氯系消毒	臭氧消毒	紫外线消毒	羟基消毒
优点	1.杀菌消毒有效； 2.浓度易检测； 3.能实现在线监控，使余氯浓度处于可控范围； 4.设备及安装和运行成本低； 5.有持续消毒功能	1.杀菌速度快； 2.可兼备清洁空气； 3.无味	1.消毒过程不改变水质、不产生中间有害物质； 2.不对环境产生副作用； 3.易于安装和操作	1.杀菌消毒有效； 2.无刺激； 3.有持续消毒功能

续表

项目	氯系消毒	臭氧消毒	紫外线消毒	羟基消毒
缺点	1.对管道具有腐蚀性； 2.与有机物反应易产生三卤甲烷等消毒副产物； 3.有氯气刺激味； 4.消毒效果受池水pH高低影响较大； 5.易受水中有机物、矿物质影响	1.设备及配套设施多，成本高； 2.对设备、设施及管道等具有腐蚀性； 3.臭氧为有害气体，应精准控制使用量； 4.无持续消毒功能； 5.遇高温易扰动池水挥发快	1.无持续消毒功能； 2.消毒效果受池水浑浊度影响大； 3.只能适用于水温低于40℃的池水	1.成本较高； 2.操作、运行管理水平要求高； 3.受池水pH高低及水中杂质影响较大； 4.需定期检测水中离子浓度
适用范围	池水pH应保持在7.2～7.8，理想值为7.4～7.6	均适用，但要辅助长效消毒剂	采用中压和低压紫外线，适用于浑浊度不超过3NTU的池水，要辅助长效消毒剂	适用于pH为7.4左右、池水温度为28℃左右的池水消毒
投加量	采用单一氯消毒剂消毒时，宜按3mg/L（以有效氯计）计算确定；采用臭氧-氯或紫外线-氯组合消毒时，宜按满足池水余氯量为0.6mg/L计算确定	全流量半程式臭氧消毒系统臭氧投加量为0.8～1.2mg/L。 分流量全程式臭氧消毒系统臭氧投加量为0.4～0.6mg/L	室外池宜为40mJ/cm^2，室内池宜为60mJ/cm^2	过氧化氢消耗量宜按每50m^{3}池水每小时20～30g，且应按过氧化氢浓度不低于35%计算确定，并使池水中过氧化氢剩余浓度维持在60～150mg/L范围内。臭氧消耗量宜按每50m^{3}池水每小时1g计算确定，并使池水中剩余臭氧浓度不超过0.02mg/L
投加位置	池水过滤设备之后的循环水管内	池水过滤设备之前和之后的循环水管内均可	池水过滤设备之后的循环水管内	池水过滤设备之后的循环水管内
投加方法	隔膜式比例式自动计量加药泵	臭氧投加装置（包括增压水泵和臭氧注射器、在线管道混合器、反应罐）	紫外线消毒器	由过氧化氢与臭氧混合器、吸附装置、自动投加过氧化氢装置、检测装置、远程监控及报警系统等组成投加装置

（Ⅳ）池 水 加 热

14.1.7 池水的热耗主要由初次加热及换水后重新加热的需热量及正常对外开放使用过程中维持池水恒温所需的热量组成，其中正常对外开放使用过程中维持池水恒温所需的热量包括池水表面传导损失的热量、池壁和池底传导损失的热量、池水表面蒸发损失的热量和正常使用过程中补充水加热所需的热量。

【要点说明】

1. 简易计算时，池壁和池底传导损失的热量及补充水加热所需的热量之和可按池水表面蒸发损失热量的20%计算；

2. 估算时，池水的热耗可按表14.1.7确定。

每1.0m² 水表面积平均损失的热量　　表14.1.7

气温(℃)		8	10	15	20	25	26	27	28	29	30
露天游泳池	kJ/h	4514	4087	3855	3436	2933	2849	2722	2598	2472	2305
	kcal/h	1080	1000	920	820	700	680	650	620	590	550
室内游泳池	kJ/h	2346	2179	2011	1844	1508	1467	1388	1341	1257	1173
	kcal/h	560	520	480	440	360	350	330	320	300	280

注：估算表设计计算条件：池水设计温度 t_d=27℃，空气相对湿度为50%，池水表面风速 v_w=0.50m/s。

14.1.8 **换热设备的容量应按计算需热量的1.10～1.20倍确定，一般采用板式换热器。**

【要点说明】

每座水池应分别独立设置，以方便各池水温的控制和运行管理。每座水池应配置2台换热设备，每台换热设备的容量应按池水初次加热所需总热量的60%确定，以实现初次池水加热时2台设备同时运行就能满足池水的需热量并保证每座水池开放使用后可实现1用1备，互为备用，满足连续不间断供热的安全可靠、灵活性的要求。

14.1.9 **池水初次加热时间：**

1 **竞赛类游泳池及专用类游泳池，加热持续时间宜为24～48h；**

2 **公共类游泳池宜为48h；**

3 **多座水上游乐池应根据用途，分批进行加热，总体持续时间不宜超过72h。**

【要点说明】

池水初次加热持续时间应根据水池用途、热源丰沛条件、池体材质等因素确定。

14.2 施工图一次设计深度

14.2.1 **设备机房一次设计包括设备机房类型及组成、位置、空间、通道、环境条件、供电等方面；设备机房应初步布置以满足使用要求。**

【要点说明】

1. 不同用途的游泳池、水上游乐池、水疗（按摩）池的设备机房应分别设置并靠近相应水池周边。设备机房应尽量靠近建筑小区内给水、排水、热源管一侧。多个用水要求相同的小型水上游乐池允许共用一组池水循环净化处理设备时，设备机房宜靠近负荷中心。

2.设备机房应远离办公、病房、客房、居室、教学用房等对环境噪声有严格限制的房间，以防止机房内设备运行时产生的振动、噪声对其造成干扰。

3.公共水疗（按摩）池不同浴区的设备机房应各自独立设置，设备机房地面标高应保证水疗（按摩）池循环回水管安装高度高于机房内池水过滤设备顶部。

4.设备机房应有足够的面积、空间和不同功能设备分区。

5.设备机房内应有满足设备运输、巡视设备运行和更换设备的通道。

6.设备机房应有良好的环境条件。

7.竞赛类游泳池、专用类游泳池、水上游乐池、文艺表演水池等设备机房的电力供应应安全可靠、连续不可中断，以确保设备正常运行。供电的可靠性应符合现行国家标准《民用建筑电气设计标准》GB 51348 中一级负荷的供电要求。

8.臭氧发生器间、次氯酸钠发生器间和盐氯发生器间应有满足《泳池规程》第14.1.5条规定的安全装置。

【措施要求】

游泳池设备机房应按照规范要求，计算并初步布置机房内的设备，并在系统图中明确游泳池循环水处理工艺流程图，作为二次深化设计的基础条件。

14.2.2 泳池管道平面应明确泳池给水补水管、池水循环给水管、池水循环回水管布置及管径，泳池排水管布置及管径，给水口和回水口定位等。

【要点说明】

1.泳池管道主要包括补水管、排水管和循环水管，均应在设计图中明确规格及位置；

2.给水口和回水口是与循环水管紧密连接的附配件，应在设计图中布置并定位。

14.2.3 设备机房的设计需要给水排水、土建、结构、暖通、电气等专业共同完成。

【措施要求】

给水排水专业向各专业提供的资料包括：

1.向土建专业提供的资料：

1）池水循环净化处理机房的建筑面积和建筑高度。

2）机房平面图：图中应示出均（平）衡水池、所有设备、附属用房（如化验设备维修备件贮存室、值班室等）、地面排水沟、潜水排污泵坑和机房出入口等的具体平面布置及尺寸；其中加药间、消毒间、药品库和系统控制间等应设独立的隔间。

3）循环水泵间、过滤器间、换热器间及附属用房可采用水泥地面、墙面；加药间、消毒间及药品库则应采用耐腐蚀材料的地面和墙面。

4）机房门的宽度应满足最大设备的出入。机房位于地下层时，应尽量与空调专业共用设备吊装孔和运输通道。

5）如附近无公共卫生间可供机房工作人员使用时，应设置卫生间。

6）游泳池、水上游乐池、公共水疗池等水池平面图、剖面图：图中应示出平面尺寸、剖面尺寸、池底坡度、溢流回水沟或溢流排水沟规格尺寸、饰面材质要求、池岸冲洗排水沟规格尺寸与池壁的关系。

7）池底标高及穿管位置：示出池底架空相关尺寸、池内敷管垫层厚度、水池周围管廊或管沟规格尺寸。

2.向结构专业提供的资料和技术要求：

1）钢筋混凝土均（平）衡水池的平面图、剖面图。

2）钢筋混凝土均（平）衡水池内的交角处应做成圆弧形或45°倒角形，池内壁应衬贴或涂刷不污染池水水质的食品级材料或涂料。成品材质组合成型时，应提供支座材质要求。

3）均（平）衡水池人孔应高出池盖板顶表面不小于0.1m，以防池盖板外表面的尘埃、杂物进入池内，人孔尺寸不应小于0.70m×0.70m或直径不应小于0.70m。

4）如机房位于楼层时，应提供机房平面布置图及每台设备的空载重量和运载重量。

5）管道穿钢筋混凝土池壁、楼板或梁的留洞（或套管）位置、尺寸及标高。

6）还应向结构专业提供与土建专业第6）、7）款相同的配合资料。

3.向暖通专业提供的资料：

1）机房设备平面布置图，示出换热设备位置及热源接管要求。

2）游泳池、水上游乐池、公共水疗池及文艺表演水池等初次加热用热量和正常运行时的最大小时用热量。

3）机房的通风要求：（1）消毒设备间、化学药品贮存间可合用一个通风换气系统，换气次数不应少于$12h^{-1}$，通风换气设施应具有抗腐蚀功能；（2）现场制取消毒剂的设备房间和臭氧发生器间等应采用独立的通风换气系统，换气次数不应少于$12h^{-1}$；（3）其余工作区可以合用一个通风换气系统，换气次数不应少于$4h^{-1}$；（4）机房内各房间及工作区的通风换气系统应互相独立设置。

4）机房的环境温度：一般要求为5～16℃，最高不宜超过30℃。

4.向电气专业提供的资料：

1）机房设备、设施平面布置图，并分别示出各用电设备或预留电源接线位置、用电量及总用电量（由于游泳池池水循环净化处理系统的设备在工程招标投标后方能最后确定，中标供货商根据设计要求进行细化设计，所以电气专业一般将电源供应到供电箱处即可，相关设备的具体配电、控制等由中标供货商负责，设计对其细化设计进行审查认可）。

2）设备（循环水泵、加药泵、通风换气设施等）控制要求和游泳池补充水控制要求。

3）照明和报警要求：(1) 加氯间及氯瓶贮存间应设报警装置，通风照明开关设在室外；(2) 臭氧发生器房间及其用电设备均应为防爆型；(3) 管廊或管沟检修照明要求。

4）电源电压波动范围不应超过10%。

14.3 施工图二次深化设计要求

（Ⅰ）水质监测和系统控制

14.3.1 水质监测和系统应进行全自动实时监测与控制。水质及设备监测与控制系统所用的各种探测器、控制器、消毒剂及有关化学品溶液投加泵、配管等均要具有耐相关化学品腐蚀和高水温的功能。

【要点说明】

1. 水质监测和系统为二次深化设计内容，应对二次深化设计单位提出相关要求。

2. 池水水质以及循环净化处理系统的设备和装置应进行全自动实时监测与控制，且应具有查询数据和打印报表功能。游泳池和休闲设施的池水循环净化处理系统中受控对象参见《游泳及游乐休闲设施水环境技术手册》(简称“技术手册”) 第15.1.3节，池水监测项目参见“技术手册”第15.2节，监测和控制功能参见“技术手册”第15.3节。

3. 每种消毒剂、每种化学品溶液投加系统的监控系统均由探测传感器、在线仪表、控制器、计量泵、溶液桶和搅拌器、配管等组成。监测与控制装置精度及监测幅度应满足表14.3.1的要求。

监测与控制装置要求 **表14.3.1**

序号	项目	监测幅度	监测分辨率	测量精度/准确度
1	pH值	0～16	±0.1	0.5
2	余氯	0.1～5.0mg/L	±0.01～±0.10mg/L	±5%
3	臭氧	0.02～2.0mg/L	±0.02mg/L	≤0.05mg/L
4	氧化还原电位(ORP)	0～1000mV	1.0mV	≤5mV
5	温度	−5～100℃	±0.1℃	≤0.5℃
6	计量泵	0.1～10L/h	±0.1L/h	—

（Ⅱ）特殊设备和特殊设施

14.3.2 池水中的尿素含量需满足现行行业标准《游泳池水质标准》CJ/T 244中3.5mg/L的规定，如不满足需采取补水稀释或设置有机物尿素降解器等措施。

【要点说明】

有机物尿素降解器可以取代活性炭吸附罐和反应罐，但臭氧应投加在过滤器之前的循环水管内。有机物尿素降解器宜采用立式圆柱形状，壳体宜采用牌号为S31603或S31608的奥氏体不锈钢或抗臭氧腐蚀的玻璃纤维树脂型材料，壳体内部相关部件如布水器、集配水系统等，应与壳体材质相兼容，壳体耐压强度应不低于池水循环净化处理系统压力的1.5倍。

【措施要求】

有机物尿素降解器在游泳池等池水循环净化处理工艺中的位置见图14.3.2。

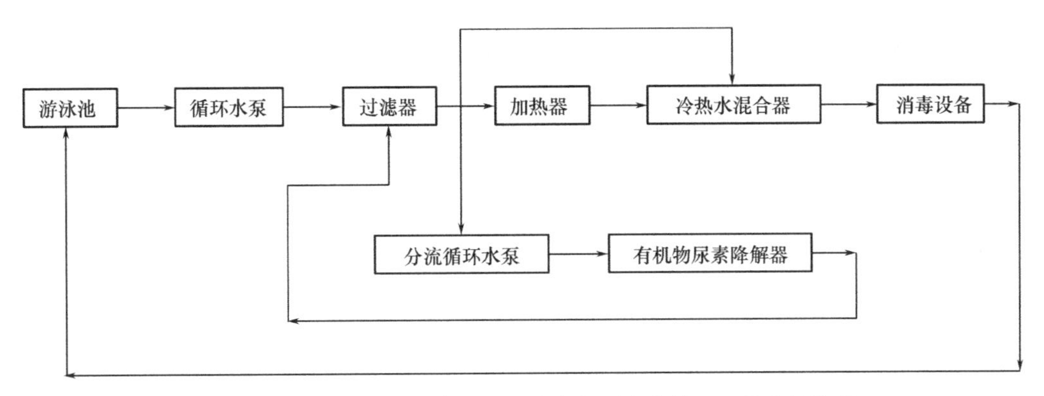

图14.3.2 有机物尿素降解器在池水循环净化处理工艺中的位置

14.3.3 为发挥游泳池和休闲设施的社会效益和经济效益，在有条件的情况下，可设置可移动池岸和可升降池底板。

【要点说明】

1. 可移动池岸是横穿游泳池，在两侧池岸边缘沿池子长轴方向移动，将池子分隔成两个水域。可移动池岸分为：1）浮筒充气式移动；2）轨道式移动。设有可移动池岸的游泳池，其土建长度应为50m+可移动池岸的宽度。可移动池岸本体宽度一般为1.2～1.5m，确保运动员的出入和游泳出发。应设材质耐腐蚀、结构安全稳定的起跳台、电动触板。过水孔尺寸不应给游泳者带来安全隐患，如卡住手指、脚趾等。

2. 可升降池底板宜与可移动池岸相结合，将游泳池灵活地分隔为不同水深、不同长度的两个游泳区域，以供不同人群使用。池底给水口、回水口和泄水口的布置不应与可升降池底板的池底支撑柱相垂叠。应设池水循环水流的过水孔或过水缝隙，过水孔或过水缝隙尺寸不应超过8.0mm，以保证不卡住游泳者手指和脚趾，并满足下列要求：1）过水孔或过水缝隙应均匀设在可升降池底板上；2）过水孔或过水缝隙的总面积应大于池水循环流量过水面积。可升降池底板、支撑件、升降装置等材质应坚固、耐腐蚀、不对池水产生二次污染、不产生对人体有害的物质，游道线应着色，板表面应具有防滑、抗紫外线等适应游泳池环境的功能。安装应表面平整，运行时不应损坏土建池体的任何部位。

3. 可升降池底板的荷载应满足下列要求：1）池底板工作荷载不应小于200kg/m²，空运行荷载不应小于60kg/m²，适应水下及水面上的活动；2）池底板升降速度应维持在0.6～10m/min范围内；3）池底板应设有检修人孔。

14.3.4 游泳池及休闲设施采用顺流式池水循环方式且池水循环水泵与池底回水口直接连接吸水时，应采取有效的安全措施保护使用者不受负压吸附带来的风险。

【要点说明】

防负压吸附的措施包括：

1）控制池底回水口的数量、最小流量和流速；

2）循环水泵吸水管安装真空泄压阀；

3）在游泳池及休闲设施明显位置安装紧急停止循环水泵的按钮，以便发生安全事故时，巡视工作人员能快速停止水泵运行；

4）池底回水口采用防负压吸附及防漩涡夹发型。

【措施要求】

二次深化设计应进行防负压吸附设计，参见“技术手册”第7.11节。

14.4 计算实例

北京市某室内公共游泳池，基本规格为50m×21m×（1.2～1.8m），池水设计温度T_d为27℃。室内气温为28℃，相对湿度为60%，游泳池初次充水和使用过程补充水水温T_f为12℃。热媒为高温热水，其供水温度为90℃，回水温度为70℃，计算池水补水、循环、过滤和消毒相关参数、池水加热及维持池水“恒温”所需热量及加热设备。

解：1. 计算游泳池的有效水容积

$$V_P = 50 \times 21 \times \frac{1.2 + 1.8}{2} = 1575\text{m}^3。$$

2. 计算池水循环流量

$$q_c = \frac{V_P \cdot \alpha_P}{T_P} = \frac{1575 \times 1.05}{4} = 413.4\text{m}^3/\text{h}。$$

注：式中循环周期T_P取4h。

3. 计算池水每日补水量

$$V_b = V_P\alpha = 1575 \times 5\% = 78.75\text{m}^3。$$

注：式中补水量百分比α取5%。

4. 计算均衡水池容积

$V_H = S_c \times 4.5\% = 50 \times 21 \times 4.5\% = 47.25\text{m}^3$，取 $V_H = 48\text{m}^3$。

注：均衡水池按照游泳池及休闲设施的池水面积 $4 \sim 5\text{m}^3/100\text{m}^2$ 计算，式中 S_c 为游泳池面积，4.5%为均衡水池的经验取值。

5. 计算补水及循环管道大小

总补水管大小为：$D_b = \sqrt{\dfrac{4v_P}{\pi v T}} = \sqrt{\dfrac{4 \times 1575}{3.14 \times 48 \times 3600 \times 1}} = 0.108\text{m}$，取 $DN150$ 管道。

总循环给水管大小为：$D_{xg} = \sqrt{\dfrac{4q_c}{\pi v}} = \sqrt{\dfrac{4 \times 413.4}{3.14 \times 2 \times 3600 \times 1}} = 0.270\text{m}$，取 $DN300$ 管道。

总循环回水管大小为：$D_{xh} = \sqrt{\dfrac{4q_c}{\pi v}} = \sqrt{\dfrac{4 \times 413.4}{3.14 \times 1 \times 3600 \times 1}} = 0.382\text{m}$，取 $DN400$ 管道。

注：初次补水应在 $T = 48\text{h}$ 内完成，总补水管道和总循环回水管道流速 v 取 1m/s，总循环给水管道流速 v 取 2m/s。

6. 过滤器计算

1）过滤面积：

$$S_z = \frac{q_c}{v} = \frac{413.4}{8} = 51.675\text{m}^2。$$

2）过滤器直径：

$$D = \sqrt{\frac{4S_z}{n\pi}} = \sqrt{\frac{4 \times 51.675}{4 \times 3.14}} = 4.06\text{m}，取 4.2\text{m}。$$

注：采用 4 台卧式硅藻土过滤器（$n=4$），式中过滤速度 $v = 8\text{m/h}$。

7. 消毒剂计算

1）计算每 1h 氯制品消毒剂用量：

消毒剂采用成品次氯酸溶液，有效氯含量 $C_1 = 10\%$；次氯酸钠投加量按单一氯制品消毒计，取 $\alpha = 3\text{g/m}^3$。

$$G_L = \frac{q_c \cdot \alpha}{C_1} = \frac{413.4 \times 3}{10\%} = 12402\text{g/h} = 12.4\text{kg/h}。$$

2）计算每日次氯酸钠溶液用量：

游泳池每日开放时间 $T = 14\text{h}$，即 8：00—22：00。

$G_d = G_L \cdot T = 12.4 \times 14 = 173.6\text{kg/d}$。

3）计算氯制品消毒剂溶液桶容积：

所需的氯制品消毒剂溶液配制次数 $n = 3$；次氯酸钠溶液的配制浓度 b 按规范要求不超过 5%，本工程取 $b = 5\%$。

$$V=\frac{G_{\mathrm{d}}}{nb}=\frac{173.6}{3\times5\%}=1157\mathrm{L}。$$

考虑到成品次氯酸钠溶液所含杂质所需容积，设计取消毒剂溶液桶容积为1200L。

8. 池水加热及维持池水“恒温”所需热量及加热设备计算

1）池水初次加热所需热量：

$Q_{\mathrm{c}}=V_{\mathrm{c}}\cdot\rho\cdot C\ (T_{\mathrm{d}}-T_{\mathrm{f}})\ =1575000\times0.9995\times4.187\times\ (27-12)\ =98868416\mathrm{kJ}$。

其中：游泳池的池水容积 $V_{\mathrm{c}}=1575\mathrm{m}^3=1575000\mathrm{L}$，水的比热 $C=4.187\mathrm{kJ}/$（℃·kg），池水设计温度 T_{d} 为27℃，池水初次充水及换水后新水的原水水温 $T_{\mathrm{f}}=12$℃，水的密度 $\rho=0.9995\mathrm{kg/L}$。

初次加热时间按48h计，则：小时需热量为 $Q'_{\mathrm{c}}=\frac{98868416}{48}=2059759\mathrm{kJ/h}$。

2）维持池水“恒温”所需热量：

$$Q_{\mathrm{z}}=\frac{1}{\beta}\cdot\rho\cdot\gamma(0.0174v_{\mathrm{w}}+0.0229)(P_{\mathrm{b}}-P_{\mathrm{q}})\frac{B}{B'}\cdot A$$

式中 Q_{z}——游泳池池水表面蒸发损失的热量（kJ/h）；

β——压力换算系数，取 $\beta=133.32\mathrm{Pa}$；

ρ——水的密度（kg/L），水温27℃时，$\rho=0.9965\mathrm{kg/L}$；

γ——与池水温度相等的饱和蒸汽的蒸发汽化潜热（kJ/kg），按“技术手册”表13.2.3-1选用，水温27℃时，$\gamma=2438\mathrm{kJ/kg}$；

v_{w}——池水表面上的风速（m/s），室内池取 $v_{\mathrm{w}}=0.2\sim0.5\mathrm{m/s}$，室外露天池取 $v_{\mathrm{w}}=2.0\sim3.0\mathrm{m/s}$，本项目取 $v_{\mathrm{w}}=0.2\mathrm{m/s}$；

P_{b}——与池水温度相等的饱和空气的水蒸气分压（Pa），按“技术手册”表13.2.3-1选用，水温27℃时，$P_{\mathrm{b}}=3559.7\mathrm{Pa}$；

P_{q}——游泳池环境空气的水蒸气分压（Pa），按“技术手册”表13.2.3-2选用，气温28℃、相对湿度60%时，$P_{\mathrm{q}}=2266.8\mathrm{Pa}$；

A——游泳池的水面面积（m^2）；

B——标准大气压力（kPa）；

B'——当地的大气压力（kPa），取值参见《民用建筑供暖通风与空气调节设计规范》GB 50736—2012，北京市夏季 $B'=100.02\mathrm{kPa}$。

（1）游泳池池水表面蒸发损失的热量：

$$Q_{\mathrm{z}}=\frac{1}{133.32}\times2438\times0.9965(0.0174\times0.2+0.0229)(3559.7-2266.8)\times1050\times\frac{100}{100.02}$$

$$=\frac{1}{133.32}\times2429\times0.0264\times1292.9\times1050\times0.9998=652835\mathrm{kJ/h}。$$

（2）池水表面、池壁、池底传导热损失和管道热损失，取池水表面蒸发热损失的

20%，则：

$Q_{cr}=Q_z\times0.2=652835\times0.2=130567$kJ/h。

（3）补充水加热所需的热量：

$$Q_b=\frac{\rho\cdot C\cdot V_b(t_d-t_f)}{T}$$

式中 Q_b——加热游泳池补充水所需的热量（kJ/h）；

V_b——补充水水量（L/d），池水补水量按池水容积的5%计，为78.75m^3/d；

T——所需要加热的时间（h），按池水循环净化处理系统实际运行时间确定，按游泳池每日自8：00开放至22：00闭馆，$T=14$h。

其余各项参数同前，则：

$$Q_b=\frac{0.9965\times4.187(78.75\times1000)(27-12)}{14}=352042\text{kJ/h}。$$

（4）维持池水“恒温”所需总热量：

$Q_{vz}=1.2Q_z+Q_b=1.2\times652835+352042=1135444$kJ/h。

设计以维持池水“恒温”所需总热量选配加热设备，加热设备选用板式换热器。待正式确定了产品供应厂家后，由该生产厂家再进行仔细计算后，最后确定加热器的规格型号。

3）校核池水初次加热所需时间：

$$T_j=\frac{Q_c}{Q_{vz}}=\frac{98868416}{1135444}=87\text{h}>48\text{h}。$$

从计算可知，仅按维持池水“恒温”配置的加热设备的容量对池水进行加热所需的时间超出现行行业标准《泳池规程》规定时间48h近一倍。因此，在实际工程中宜按游泳池维持“恒温”所需加热设备容量配置2套，以满足游泳池池水初次加热2台同时运行的需要。正常使用过程中2套设备可交替使用，互为备用。如校核所需时间不超过72h，则可按游泳池维持总热量配置2套加热设备同时使用确定。

15 水景、厨房、洗衣房

15.1 水 景

15.1.1 水景工程的补水和充水，应满足以下要求：

1 采用中水或回用雨水补水时须采取措施保证市政自来水不进入补水系统；

2 人工充水时，充水管口不得置于水景池底。

【要点说明】

1. 如采用小区自建中水处理站生产的中水作为水景的补水，其水质应符合现行国家标准《城市污水再生利用 景观环境用水水质》GB/T 18921 的要求（建议水质指标）；为满足《民用建筑节水设计标准》GB 50555—2010 第 4.1.5 条“景观用水水源不得采用市政自来水和地下井水”的规定，中水处理站内需为水景补水单设清水池及供水设备，不得与其他中水供水设施合用。

2. 设计说明中对人工充水提出要求。

15.1.2 水体与人体直接接触的水景池，采用置于水景池底的潜水泵作为循环加压设备时，禁止直接使用交流电压超过 12V 的潜水泵或采取安全防护措施。

【要点说明】

人体与水景按接触程度分为：非直接接触和直接接触，直接接触包括非全身接触和全身接触，也称亲水性。“非直接接触”是指游人仅在水景外观赏；“非全身接触”是指游人参与水上娱乐，仅有部分身体可能与水接触，如允许游人划船的水面、流渠；“全身接触”是指游人可能全身浸入水中进行戏水活动，如旱喷泉、戏水喷泉等。水景喷泉加压设备的选择需考虑是否会与人接触，不与人接触的水景喷泉可以选择电压 380V 潜水泵，对于城市绿地设计项目中与人接触的旱喷泉等水景应执行《城市绿地设计规范》GB 50420—2007（2016 年版）第 8.3.5 条规定：旱喷泉内禁止直接使用电压超过 12V 的潜水泵。对于城镇、公共建筑、住宅小区等新建、扩建及改建的室内外喷泉水景工程应执行《喷泉水景工程技术规程》CJJ/T 222—2015 第 4.3.5 条第 4 款规定：允许人进入的喷水池，应采用安全特低电压供电，交流电压不应大于 12V；不允许人进入的喷水池，但人与水间接接触时，应采用交流电压不大于 50V 的安全特低电压。此要求虽然由电气专业落实，但给水排水设计师应给电气专业提资，配合到位。

15.1.3 **人工造雾系统给水排水条件及系统设计应满足以下要求：**

1 人工造雾系统水源应接自给水管网，机组内补水系统应自带水位控制器，雾喷主机位置附近宜预留排水条件；

2 人工造雾系统应根据场地情况及使用需求设置降温型及景观型雾喷设备，管道及喷头布置以及控制系统需要根据场地情况进行分区设计。

【要点说明】

1. 造雾机组需要预留 *DN*25 自来水补水管道，并设置真空破坏器；且系统应自带水位控制器，机组内水箱满水后自动停止补水，水箱液位下降后自动开启补水阀门。造雾机组附近建议预留雨水口或其他排水设施以满足机组水箱泄水需要，也可以根据现场情况就近排入绿化种植区域。

2. 人工造雾系统采用高压泵将自来水经过二次过滤软化系统的处理及高压机组加压后，通过高压管线及专业雾喷喷头喷出，使水形成 1～10μm 左右的自然颗粒，雾化至整个空间，这些微小的人造雾颗粒能长时间漂浮、悬浮在空气中。室外雾景易受风和阳光温度的影响，喷头间距控制在 30～50cm 之间，不宜过大，可将 20～50 个喷头设置为一组分段控制。

15.1.4 **水景喷泉工程深化设计图复核要点：补水量、补水管设置及防污染措施、溢流放空管设置、管材选用等。**

【要点说明】

水景喷泉工程属于二次深化设计内容，除工艺要求外，和给水排水专业相关的主要内容主要有如下几项：补水量、补水管设置、溢流放空管设置、管材选用等。补水水质应根据水景的不同使用功能予以确认，按《喷泉水景工程技术规程》CJJ/T 222 的相关规定执行；人工水景池注满水所需时间按 24h 计算，水池容积小于 $500m^3$ 的，按 12h 计算；当水景兼作体育活动场所时，可采用城镇自来水作为补水，其补水管须采取防回流污染措施；水景溢流放空排水应就近排至雨水管网，放空管管径不应小于 *DN*100。

15.2 厨　　房

15.2.1 **厨房用水量应根据餐饮使用人数和餐饮业态对应的每顾客每次用水定额计算，其中餐饮使用人数的确定要根据建筑的规模、使用性质决定。无详细资料时，可按餐厅面积确定就餐人数：餐馆 1.3m^2/座，快餐馆 1.0m^2/座，饮品店餐馆 1.5m^2/座，食堂 1.0m^2/座。**

【要点说明】

1. 食堂的用餐形式、饮食制作、服务特点与餐馆不同，食堂用餐时间短，每餐时间段可以多人次使用同一张餐桌，因此利用服务人数划分更直接。食堂服务的人数指就餐时间段内食堂供餐的全部就餐者人数，包括食堂的座位数和在其他区域就餐的人数，以及就餐时间段在食堂就餐的周转人数。

2. 厨房用水定额：中餐酒楼：40～60L/(人·次)；快餐店、职工及学生食堂：20～25L/每顾客每次；酒吧、咖啡厅、茶座及卡拉OK房：5～15L/每顾客每次。其中热水量：中餐酒楼：15～20L/每顾客每次；快餐店、职工及学生食堂：7～10L/每顾客每次；酒吧、咖啡厅、茶座及卡拉OK房：3～8L/每顾客每次。

15.2.2 厨房排水按以下要求设计：

1 餐饮厨房排水沟的纵向坡度不宜小于1.5%，排水流向应由高清洁区流向低清洁区；清洁操作区内采用带水封的地漏暗式排泄污水，防止废弃物流入和浊气逸出；排水沟的深度为0.15～0.30m，宽度为0.30～0.38m，厨房内排水要确保排水通畅；

2 排水沟盖板宜采用不锈钢材质；

3 厨房排水口必须有水封及防鼠装置，如安装金属网罩、防鼠围栏等，防止啮齿动物进入；

4 管道排水时管径要比计算管径大一级，且干管管径不得小于100mm，支管管径不得小于75mm。

【要点说明】

1. 厨房排水宜采用排水沟方式，一般情况下不使用地漏。

2. 厨房为了设置排水沟应考虑采用局部楼板降板的措施。小型、中型厨房降板不小于300mm，大型、特大型厨房降板不小于400mm。

3. 排水沟内阴角宜采用圆弧形（曲率半径不小于3cm），排水沟与排水管道连接处应设置格栅或带网框地漏，并应设置水封装置。

4. 排水沟采用不锈钢盖板是因为不锈钢材质的盖板有耐酸、耐碱、耐有机溶剂及盐类等腐蚀的性能。

15.2.3 厨房含油废水应进行隔油处理，隔油处理设施宜采用成品隔油装置。厨房洗肉池、炒锅灶台、洗碗机（池）等排水均应设器具隔油器，厨房污水采用明沟收集，明沟设在楼板上的垫层内，厨房设施排水管均敷设在垫层内接入排水沟，通过厨房专用排水管道排到成品隔油装置。

【要点说明】

1. 厨房排水中含有很多油污，为避免油污堵塞管道，宜在油污较集中的地方设置一次除油器防止更多的油污进入排水管，一次除油器可设在洗碗机（池）处、排水沟的排水口处，不可设在有卫生要求的食品区；

2. 二次隔油器应设置超越管，超越管管径与进水管管径应相同；

3. 密闭式隔油器应设置通气管，通气管应单独接至室外。

【措施要求】

1. 在排水沟中设置除油器时，排水沟深度不应小于400mm。

2. 在地上设置的成品隔油器的超越管尽量重力排至室外；在地下需要提升的成品隔油器的超越管可以排至隔油器后的污水坑。

15.2.4　隔油设备间，应按以下要求设置：

1　不可设在有卫生要求的食品区；

2　隔油器一般设在厨房下一层或地下室，距离给水泵房和食品库的水平距离应大于10m；距离厨房排水立管的水平距离不宜超过20～25m；

3　当厨房设置在最底层时，将隔油器设置在排水管末端局部降板区域内，餐饮废水重力排入隔油器中；

4　隔油设备间应设置在便于运输废油、废渣的地方，且靠近楼梯、货梯等，尺寸应考虑便于维护、操作等；

5　室外隔油设备宜设置在相对隐蔽的位置，室内隔油设备宜设置在单独的设备间内；

6　隔油设备周围预留至少500mm的操作维护空间；

7　隔油器间单位面积荷载：1500kg/m^2。

【要点说明】

隔油设备间内宜设洗手盆、冲洗水嘴和地面排水设施，如有中水，冲洗水嘴和地面排水设施应采用中水；如采用生活给水，需要采取防污染回流措施。隔油设备间应有通风排气装置，换气次数不宜少于8h^{-1}。

15.2.5　根据“建火规”需要设置厨房自动灭火装置的排油烟罩及烹饪部位，应预留冷却用给水点。

【要点说明】

1. 根据现行行业标准《饮食建筑设计规范》JGJ 64—2017的规定，餐厅为餐馆、食堂中的就餐部分，“建筑面积大于1000m^2”为餐厅总的营业面积。

2. 烹饪操作间的排油烟罩及烹饪部位一般是指深炸锅、炒菜锅、排油烟罩及排烟管道。

3. 厨房设备灭火装置属于厨房二次深化设计内容，但一次设计中应在厨房设备灭火装置附近预留用水点，以备装置启动灭火剂完全喷射后，水流阀能立即开启喷水（具有水冷却功能的装置)。

厨房自动灭火系统如图15.2.5所示。

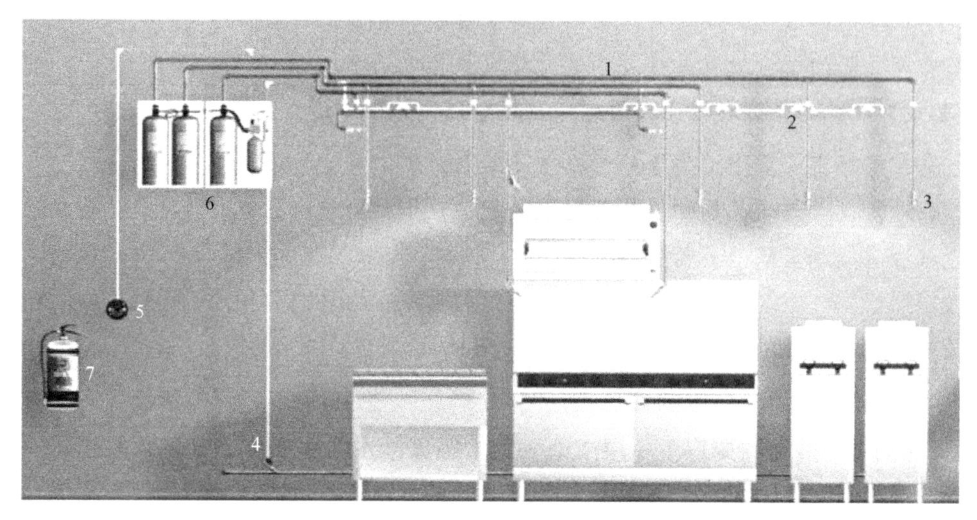

图15.2.5 典型的厨房自动灭火系统示意图

1—药剂释放管路；2—感温探测元件；3—药剂释放喷嘴；4—燃气关断阀；5—远程手拉启动器；
6—控制释放箱（含启动装置、药剂罐、驱动瓶、阀门、软管等）；7—手提式灭火器

【措施要求】

冷却水的进水端应设置检修阀和过滤器。厨房设备灭火装置处于正常工作状态时，检修阀应处于开启状态。冷却水管可与生活用水或消防用水管道连接，但不得直接接在生活用水设施管道阀门的后面。

15.3 洗 衣 房

本节所述洗衣房为宾馆、公寓、医院、疗养院、养老设施、工矿企业等公共建筑内配套设置的洗衣房和面向社会提供服务的营业性专业洗衣房。洗衣房一般由专业洗衣设备公司进行二次专项设计，给水排水专业配合设计预留条件。

15.3.1 **洗衣房所采用的水源应符合现行国家标准《生活饮用水卫生标准》GB 5749的规定，同时应满足洗衣工艺对水质的要求。**

【要点说明】

相关资料显示，水的硬度对洗衣效果、洗衣成本以及洗衣设备的寿命有很大的影响。水的硬度过大，会使织物纤维板结、织物颜色变暗、手感粗糙，加速织物的磨损；水中的钙、镁离子会与洗涤剂中的表面活性剂反应生成沉淀物，降低单位用量洗涤剂的洗涤效

率，增大洗涤剂的消耗量；容易在洗涤、熨烫设备中结垢，影响设备使用，缩短设备使用寿命。

【措施要求】

关于水质软化处理，建设方或运营管理方有要求时，应满足其要求。建设方或运营管理方没有要求的，则应根据项目水源的水质条件、用水量等实际情况采取必要的水质软化处理措施。经软化处理后水的总硬度（以碳酸钙计）在50～100mg/L。

水质软化处理应包括为洗衣房提供的冷、热水，水质软化采取离子交换工艺，有效去除水中的钙、镁离子。不应采用设置电子水质处理器、添加归丽晶等水质稳定措施替代。

15.3.2 **为洗衣房供水的给水系统工作压力应满足洗衣房内各用水设备所需的最低压力。**

【要点说明】

洗衣房内主要用水设备为洗衣机、洗衣脱水机。适当的供水压力是洗衣设备正常工作和延长使用寿命的重要保障。

【措施要求】

洗衣房供水压力应满足洗衣房内用水设备对供水压力的要求。如无特殊要求，洗衣房供水压力应控制在0.2（含）～0.4（含）MPa之间。

15.3.3 **洗衣房的设计用水（含热水）量应根据水洗干织物总重量、水洗单位重量干织物的用水定额、洗衣房工作时间、小时变化系数通过计算确定。**

【要点说明】

在洗衣房的设计中，设计用水量包括：最大日用水量、最大时用水量、平均时用水量。

【措施要求】

1. 水洗干织物总重量计算

1）面对不同性质的服务对象，洗衣房水洗干织物的重量需由建设方或运营管理方提供。当建设方或运营管理方提供有困难时，可根据服务对象的性质，从以下（1）～（3）条中选取。

（1）不同性质服务对象的水洗干织物重量见表15.3.3。

不同性质服务对象的水洗干织物重量　　表15.3.3

序号	建筑物名称		计算单位	干织物重量（kg）	备注
1	旅馆、招待所	一、二级	每床位每月	15～30	旅馆等级见《旅馆建筑设计规范》JGJ 62
		三级	每床位每月	45～75	
		四、五级	每床位每月	120～180	

续表

序号	建筑物名称		计算单位	干织物重量(kg)	备注
2	集体宿舍		每床位每月	8.0	参考值
3	公共食堂、饭馆		每100席位每日	15～20	
4	公共浴室		每100床位每日	7.5～15	
5	医院	内科和神经科	每床位每月(每日)	40(1.6)	括号内为每日数量
		外科、妇科、儿科	每床位每月(每日)	60(2.4)	
		妇产科	每床位每月(每日)	80(3.2)	
		100病床以下的综合医院	每床位每月	50	
6	疗养院		每人每月(每日)	30(1.2)	括号内为每日数量
7	休养所		每人每月(每日)	20(0.8)	括号内为每日数量
8	托儿所		每小孩每月	40	
9	幼儿园		每小孩每月	30	
10	理发室		每技师每月	40	
11	居民		每人每月	6.0	

注：1.表中干织物重量为综合指标，包括各类工作人员和公用设施的衣物数量在内；
2.大、中型综合医院可按分科数量累计计算；
3.宾馆的客房水洗织品重量可按一、二级旅馆4.5～5.5kg/(d·间)计算。

(2) 公寓式旅馆等建筑的干洗织品重量可按0.25kg/(d·床)计算。

(3) 国际标准旅馆洗涤量

① 一流高标准旅馆，每间客房洗涤量为5.44kg/d。

② 中上等标准旅馆，每间客房洗涤量为4.5kg/d。

③ 一般标准旅馆，每间客房洗涤量为3.6kg/d。

2) 每日水洗干织物总重量计算

$$G_r = \Sigma(G_{yi} \cdot m_i)/d_y$$

式中 G_r——每日水洗干织物总重量(kg/d)；

G_{yi}——每个计算单位每月洗涤量[kg/(人·月)或kg/(床·月)]；

m_i——计算单位，人数或床位数；

d_y——洗衣房每月工作日数，一般可按25d计。

2.设计用水量

1) 最高日水洗干织物用水量计算

$$Q_d = G_r \cdot q$$

式中 Q_d——最高日水洗干织物用水量(L/d)；

G_r——每日水洗干织物总重量(kg/d)；

q——水洗干织物用水定额（L/kg），一般取40～80L/kg干织物（医院洗衣房取60～80L/kg干织物）。

2）最大时水洗干织物用水量计算

$$Q_h = k\frac{Q_d}{T}$$

式中 Q_h——最大时水洗干织物用水量（L/h）；

T——洗衣房每日工作时间（h），一般取8h，大型洗衣房可按2班16h计；

k——最高日小时变化系数，一般取1.5～1.2（医院洗衣房取1.5～1.0）。

15.3.4 洗衣房的设计热水用水量（60℃）、设计小时耗热量应根据水洗干织物总重量、水洗单位重量干织物的热水用水定额、洗衣房工作时间、小时变化系数、冷水计算温度等通过计算确定。

【要点说明】

设计热水用水量计算同设计用水量计算。

【措施要求】

1. 最高日水洗干织物热水用水量计算

$$Q_{dr} = G_r \cdot q_r$$

式中 Q_{dr}——最高日水洗干织物热水用水量（L/d）；

G_r——每日水洗干织物总重量（kg/d）；

q_r——水洗干织物热水用水定额（L/kg），一般取15～30L/kg干织物。

2. 最大时水洗干织物热水用水量计算

$$Q_{hr} = k_r\frac{Q_{dr}}{T}$$

式中 Q_{hr}——最大时水洗干织物热水用水量（L/h）；

T——洗衣房每日工作时间（h），一般取8h，大型洗衣房可按2班16h计；

k_r——最高日小时变化系数，一般取1.5～1.2（医院洗衣房取1.5～1.0）。

3. 设计小时耗热量

$$Q_w = C_\gamma \cdot Q_{hr} \cdot C \cdot (t_r - t_l) \cdot \rho_r (kJ/h)$$

$$Q_w = C_\gamma \cdot \frac{Q_{hr} \cdot C \cdot (t_r - t_l) \cdot \rho_r}{3600} (kW)$$

式中 Q_w——水洗干织物设计小时耗热量（kJ/h，kWh）；

C_γ——热水供应系统的热损失系数，C_γ=1.10～1.15；

C——水的比热，C=4.187kJ/(kg·℃)；

t_r——热水温度（℃），t_r=60℃；

t_1——冷水温度（℃），根据“建水标”表 6.2.5 取用；

ρ_r——热水密度（kg/L），ρ_r=0.9832kg/L。

15.3.5 为洗衣房供水的冷、热水管道的管径应根据洗衣房内用水设备的实际需要确定。为洗衣房供水的冷、热水管道应采取必要的防止倒流污染的措施。

【要点说明】

为洗衣房供水的冷、热水管道应满足水在一定时间内充满洗衣机内容积槽体积的需要。由于洗衣房内的主要用水设备洗衣机、洗衣脱水机中为洗涤剂混合液，为防止混合液回流污染，接至洗衣机、洗衣脱水机的冷、热水管道应采取防止倒流污染的措施。

【措施要求】

1. 为洗衣房供水的冷、热水管道应满足水在1min内充满洗衣机内容积槽体积的需要。当无洗衣机内容积槽体积的资料时，可按同时水洗干织物总重量以6L/（min·kg干织物）的流量计算管径。冷、热水同时供水时，可按冷水60%、热水40%的流量比例分别计算冷、热水管管径。计算所得冷、热水管管径如小于洗衣设备进水管管径，则应以洗衣设备进水管管径为准。

2. 为洗衣房供水的冷、热水管道上应设置倒流防止器。

15.3.6 洗衣房内洗衣设备排水时间相对集中，设计排水流量不应小于设计给水流量的2倍。洗衣房排水水质应满足相应排放标准的要求。

【要点说明】

洗衣房最大小时排水定额和小时变化系数应与其相应生活给水用水定额和小时变化系数相同。

【措施要求】

1. 计算洗衣房最大小时排水量时，所采用的最大小时排水定额和小时变化系数应与其相应生活给水用水定额和小时变化系数相同。

2. 通常洗衣机放水阀打开后，洗衣机内的污水在30s内全部泄出，约等于给水量的2倍，即每千克干织物排水量为12L/min。一般在洗衣机放水阀的下端均设有带格栅铸铁盖板的排水沟，排水沟宜布置在设备操作面的相反方向，其尺寸为600mm×400mm。排水管管径不应小于100mm。

3. 洗衣房排水水质应满足相应排放标准的要求。医院洗衣房的排水应经消毒处理后排放。

15.3.7 施工图设计阶段洗衣房一次设计和二次深化设计的界面如下：

一次设计方接收二次深化设计方提出的需求资料并完成相应设计，为洗衣房预留给水排水接口；二次深化设计方负责完成洗衣房内的给水排水管道设计。

1 给水、热水系统

一次设计方负责将符合水质、水温要求的冷、热水通过管道接至洗衣房内适当的部位预留接口，并根据管理的需要在合适的位置设置洗衣房专用水表。二次深化设计方负责预留接口至洗衣房内各用水设备之间的管道设计。

2 排水系统

1）当洗衣房排水重力排出时，一次设计方负责在洗衣房排水沟内设置地漏，并通过管道将洗衣房排水排至洗衣房外的排水管网。二次深化设计方负责洗衣房内排水沟及各排水设备排至排水沟的管道设计。

2）当洗衣房需采用潜水泵提升排水时，一次设计方负责洗衣房内集水坑、潜水泵以及压力排水排至洗衣房外的管道设计，二次深化设计方负责洗衣房内排水沟及各排水设备排至排水沟的管道设计（排水沟应接入集水坑）。

【要点说明】

为保证图纸设计完整，做到一次设计和二次深化设计无缝对接，应明确一次设计和二次深化设计工作界面。工作界面不仅为设计制图的界面，还应包括互提资料、落实设计条件的工作。

【措施要求】

洗衣房一次设计施工图表达深度见图15.3.7。

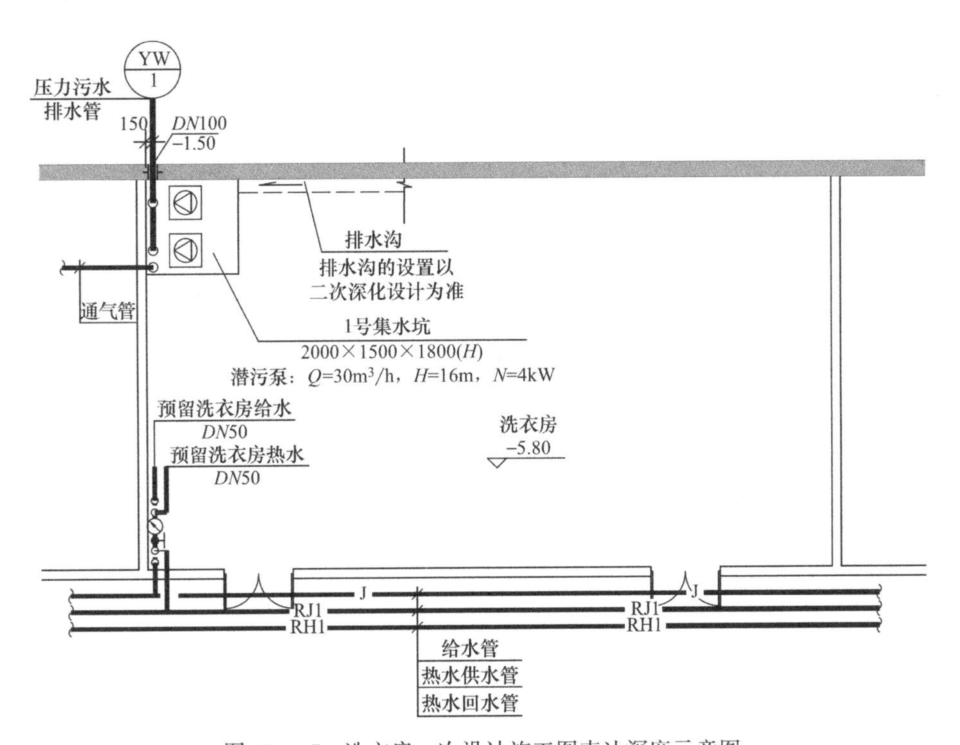

图15.3.7 洗衣房一次设计施工图表达深度示意图

附　录

附录A 给水排水专业互提资料统一规定

A.0 基 本 规 定

A.0.1 本规定内容适用于民用建筑工程的设计，包括方案设计、初步设计、施工图设计三个设计阶段。

A.0.2 各阶段互提资料均应留痕。

A.0.3 互提资料可根据工程和设计周期分阶段提供，提供日期和分阶段的内容应在设总召开的工种负责人会议上讨论确定。

A.0.4 各阶段划分原则

1 初步设计按五个阶段进行。第一阶段（26%P）——初步设计前期阶段，第二阶段（27%～55%P）——第一版作业图阶段，第三阶段（56%～67%P）——第二版作业图阶段，第四阶段（68%～87%P）——管道综合及对图阶段，第五阶段——会审、会签阶段。

2 施工图设计按七个阶段进行。第一阶段（15%W）——施工图设计前期阶段，第二阶段（16%～50%W）——第一版作业图阶段，第三阶段（51%～65%W）——第二版作业图阶段，第四阶段（66%～75%W）——管道综合及对图阶段，第五阶段（76%～85%W）——提清资料阶段，第六阶段（86%W）——建筑作业底图阶段，第七阶段——会审、会签阶段。

3 “P”为合同规定的初步设计周期，“W”为合同规定的施工图设计周期。计量单位均为“天”。

A.1 方案设计阶段的互提资料内容

A.1.1 方案设计阶段给水排水专业接收资料见表A.1.1。

方案设计阶段给水排水专业接收资料 **表A.1.1**

提出专业	内容	深度要求	提资阶段
建筑	设计依据	政府有关主管部门对项目设计提出的要求，人防平战设置要求，防护等级等	
		设计任务书，市政外网条件	
	简要设计说明	工程规模（如总建筑面积、总投资、容纳人数等）	
		主要技术经济指标以及主要建筑或核心建筑的层数、层高和总高度等指标，功能布局	

续表

提出专业	内容	深度要求	提资阶段
建筑	总平面图	场地的区域位置、用地的范围	
		标注场地内原有建筑物及规划的城市道路和建筑物，并注明需保留的建筑物、古树名木、历史文化遗产	
		场地内拟建道路、停车场、广场、绿地及建筑物的布置，标出主要建筑物与用地界线（或道路红线、建筑红线）及相邻建筑物之间的距离，场地竖向控制设想	
	各层平面图	总尺寸、柱网尺寸	
		平面功能布局、各房间使用名称、主要房间面积	
	立剖面图	选择一二个有代表性的立面	
		标出各层标高及室外地面标高	

A.1.2　方案设计阶段给水排水专业提出资料见表A.1.2。

方案设计阶段给水排水专业提出资料　　表A.1.2

接收专业	内容	深度要求	提资形式
建筑	机房需求	各类水专业用房（泵房、水处理机房、热交换站、水池、水箱等）的面积和净高需求	表格形式

A.2　初步设计阶段的互提资料内容

A.2.1　初步设计阶段给水排水专业接收资料见表A.2.1。

初步设计阶段给水排水专业接收资料　　表A.2.1

提出专业	内容	深度要求	提资阶段
建筑	文本	方案说明	第一阶段
		政府、业主对方案提出的修改或审批意见	
	图纸	根据审批意见修改后的方案设计全套图纸	
	设计依据	设计任务书	第二阶段
	简要说明	主要技术经济指标、建筑规模（面积、高度）	
		不同功能区域的建筑面积和设计使用人数	
		人防等级、掩蔽人数、平战结合的要求等	
	各层平面图	初步防火分区示意，每个防火分区的面积、防火门及防火卷帘的位置、种类	
		初步人防分区图，防护门、防护密闭门、口部、通风竖井等	
		各专业机房、管井、窗井、通风道、阳台、厨房及卫生间（布置器具）、开水间	
		注明各房间名称、房间地面的设计标高、消防电梯，车库布置车位（含立体停车）；内排水雨水斗位置、分水线	
		轴线尺寸、轴线编号、室内外标高、楼层标高、指北针	
		其他有特殊用途或用水要求的房间应特别注明	

续表

提出专业	内容	深度要求	提资阶段
建筑	立剖面图	剖面位置应选择在层高不同、层数不同、内外空间比较复杂的部位，剖面图应准确、清晰地标示出剖切时所能看到的相关内容；注明层高、地面标高、走道及房间的吊顶高度、地下室最底层覆土深度等	第二阶段
		室内、外地面设计标高以及各层主要的地面标高；屋顶及屋顶高耸物，室外地面至建筑檐口或女儿墙顶的总高度	
总图	设计依据	周边市政条件	第一阶段
		主要技术经济指标(容积率、绿化率等)	
	图纸	注明建筑单体的相对定位尺寸以及±0.000标高与绝对标高的关系，高程和坐标体系	
		建筑红线、红线内建筑、构筑物、道路、绿化、景观水池、喷泉等的布置情况及其名称	
	图纸	含规划用地坐标图在内的各建筑单体轴线、首层外墙或地下室外墙的定位图、竖向标高	第三阶段
		红线内已有建筑、构筑物、道路、绿化等的布置情况及其名称	
		其他可能影响本项目设计的资料，如排洪沟、保留市政管线和树木等	
结构	计算简图	梁板计算布置简图(含梁高、梁宽)	第二阶段
	基础形式	独立基础、条形基础、筏基、箱基、桩基等	
	平面图	主要层梁板布置图，特殊梁板布置图(大跨度、大空间)	第三阶段
	基础图	基础顶面标高，基础尺寸	
		特殊结构形式应注明，如钢结构、无梁楼盖等	
暖通	文本(配必要附图)	不供暖房间名称	第二阶段
		主要用水点的房间名称和估算的用水量，特殊水压要求	
		主要排水点的房间名称和排水性质(是否需要进行水处理等)	
		冷却水总流量、进出水温度、湿球温度、拟定的冷水机组台数及各机组对应要求的冷却水量	
电气	文本(配必要附图)	电气用房的给水排水及消防要求，柴油发电机房的用水要求等	第二阶段
		消防泵房配电室面积要求	

A. 2. 2　初步设计阶段给水排水专业提出资料见表 A. 2. 2。

初步设计阶段给水排水专业提出资料　　表 A. 2. 2

接收专业	内容	深度要求	提资阶段
总图	电子版图	提供给水、排水、中水与市政接口方向、控制高程；水专业总平面图，包括主要管道布置路由、化粪池、隔油池、水表井、水泵接合器井等构筑物	第三阶段
建筑	文本+附图	本专业所需设备机房的大致面积、位置需求	第一阶段
		主要管道竖井的大小、位置需求	

续表

接收专业	内容	深度要求	提资阶段
建筑	文本+附图	补充、完善和确认第一阶段所提泵房(包括生活、消防、排水等泵房)、水处理机房、热交换站、热水机房、水箱间、报警阀间等的面积、平面尺寸、净高要求	第二阶段
		补充、完善和确认集中管道井的尺寸和位置要求	
		特殊管道密集层的高度要求	
		影响建筑外立面的设备初步拟定位置	
		建筑最底层的垫层厚度要求	
		屋面排水系统方案及雨水斗位置的初步确定	
结构	文本+附图	位于楼板上的机房设备和冷却塔的平面位置及运行荷载	第二阶段
		地下室集水坑的位置和尺寸(配合结构先出基础图时)	
		最大长边尺寸或直径≥1000mm的承重结构墙和楼板预留洞的初步位置	
暖通	文本+附图	特殊房间的温度、湿度和通风要求	第二阶段
		估算的总热负荷	
		气体灭火的区域及相关要求	
		冷却塔位置及塔体扬程要求	
电气	文本+附图	各强电设备的位置及其电气安装容量	第二阶段
		气体灭火的区域及相关要求	
		各系统控制要求	
	电子版图	预作用自动喷水灭火系统、水喷雾系统、雨淋系统、水幕系统、大空间系统、水炮系统等需火灾探测器启动系统的消防部位	第三阶段
		消火栓、报警阀、水流指示器、信号阀的平面位置等(根据需要)	
经济		全套图纸及设备材料表、设计说明等文件	第三阶段

A.3 施工图设计阶段的互提资料内容

A.3.1 施工图设计阶段给水排水专业接收资料见表A.3.1。

施工图设计阶段给水排水专业接收资料 **表A.3.1**

提出专业	内容	深度要求	提资阶段
建筑	文本	经主管部门批准的初步设计审批意见	第一阶段
		业主对初步设计提出的修改意见	
		不同功能区域的建筑面积和设计使用人数	
	图纸	审批意见落实后的全套初步设计建筑图,包括:建筑各层平面图、立剖面图	
	做法表	楼面、地面、墙体、屋面构造做法表,墙体材料	第二阶段
	各层平面图	防火分区示意,每个防火分区的面积、防火门及防火卷帘的位置、种类	
		人防平面图,防护门、防护密闭门、口部、通风竖井等。掩蔽人数、人防平战结合的使用要求	

续表

提出专业	内容	深度要求	提资阶段
建筑	各层平面图	标明承重结构的轴线、轴线编号、定位尺寸和总尺寸；绘出主要结构和建筑构配件，如非承重墙、壁柱、门窗（包括幕墙）、天窗、楼梯、电梯、自动扶梯、中庭（及其上空）、夹层、平台、阳台、雨篷、台阶、坡道等的位置；表示与建筑专业设计相关的主要建筑设备（如水池、卫生器具等）和固定家具的位置	第二阶段
		注明各房间名称、房间地面的设计标高、消防电梯，车库布置车位（含立体停车）和行车路线	
		各专业机房、管井、窗井、通风道、阳台、厨房及卫生间（布置器具）、开水间	
		绿化屋面的位置；屋面分水线及坡向，建议雨水口位置	
		标注室内、外地面设计标高以及各层主要的地面标高	
		注明各层图纸的名称、图纸比例，指北针	
		主要定位尺寸（轴线总尺寸、轴线间尺寸、门窗洞口尺寸、墙体分隔尺寸）、轴线编号	
		反映出剪力墙、玻璃墙体等特殊墙体	
		不吊顶和做通透性吊顶的房间、位置；要求二次装修设计的区域和范围示意及主要房间拟控制的吊顶净高	
		其他有特殊要求、噪声要求的房间位置	
	立剖面图	剖面位置应选择在层高不同、层数不同、内外空间比较复杂的部位，剖面图应准确、清晰地标示出剖切时所能看到的相关内容；注明层高、地面标高、走道及房间的吊顶高度、电梯坑深度、地下室最底层覆土深度，卫生间、厨房、设备间降板等	
		室内、外地面设计标高以及各层主要的地面标高；屋顶及屋顶高耸物，室外地面至建筑檐口或女儿墙顶的总高度	
	详图	必要的详图（楼梯、坡道、核心筒等）	第三阶段
		卫生间放大详图（注：所有用水器具应避开其板下的结构梁），客房、住宅单元放大图，注明洁具定位尺寸、卫生间编号	
总图	总平面图	含规划用地坐标图在内的各建筑单体轴线和外墙定位图	第二阶段
		各单体建筑±0.000标高与绝对标高的关系，高程和坐标体系	
		建筑红线、红线内已有建筑、构筑物、道路、绿化等的布置情况及其名称、控制标高和坐标，建筑轮廓内标出部分轴线	
		竖向等高线；道路宽度等平面尺寸；地下室外墙位置；各种花池、花坛、景观水池及出地面通风口、楼梯间、地下通风道	
		其他可能影响本项目设计的资料，如排洪沟、保留市政管线和树木等	
		完善和补充第一版作业图的内容	第三阶段
	管道综合图	全面、完整反映第二阶段各专业返提资料、管线及协调配合的成果	

续表

提出专业	内容	深度要求	提资阶段
结构	梁板简图	屋面、楼面结构梁板平面图(含梁高、梁宽)	第二阶段
	基础简图	基础做法、尺寸、标高	
	平面图	每层结构梁板布置图,含主、次梁位置、高度,楼板厚度,板面标高,柱子断面尺寸,剪力墙位置和墙厚,剪力墙开洞平面尺寸及洞顶标高、洞高,暗柱的尺寸,沉降缝、伸缩缝位置	第三阶段
	基础图	基础顶面标高,基础尺寸	
		特殊结构形式应注明,如钢结构、无梁楼盖等	
暖通	文本(配必要附图)	不供暖房间名称	第二阶段
		主要用水点的房间名称和估算的用水量,特殊水压要求	
		主要排水点的房间名称和排水性质(是否需要进行水处理等)	
		冷却水总流量、进出水温度、湿球温度、拟定的冷水机组台数及各机组对应要求的冷却水量	
	电子版图	宽度超过 1.2m 的风管位置、高度	第三阶段
电气	文本(配必要附图)	电气用房的给水排水及消防要求,柴油发电机房的用水要求等	第二阶段
		消防泵房配电室面积要求	

A. 3. 2 施工图设计阶段给水排水专业提出资料见表 A. 3. 2。

施工图设计阶段给水排水专业提出资料 **表 A. 3. 2**

接收专业	内容	深度要求	提资阶段
总图	电子版图	提供给水、排水、中水与市政接口的方向、位置;水专业总平面图,包括主要管道布置路由、化粪池、隔油池、水表井、水泵接合器井等构筑物的大致位置	第二阶段
		提供水专业各种管道定位尺寸、竖向标高、管径;化粪池、隔油池、水表井、水泵接合器井、阀门井、检查井、雨水口等构筑物的定位尺寸、标高及构筑物尺寸等	第三阶段
建筑	文本+附图	本专业所需设备机房的大致面积、位置需求	第一阶段
		主要管道竖井的大小、位置需求	
		大型设备的吊装孔位置和尺寸要求及对运输通道的要求	
		对建筑方案修改的其他建议	
		对建筑做法和机房需求的其他要求(见附录 B)	
		补充、完善和确认第一阶段所提泵房(包括生活、消防、排水等泵房)、水处理机房、热交换站、热水机房、水箱间、报警阀间等的面积、平面尺寸、净高要求	第二阶段
		补充、完善和确认集中管道井的尺寸和位置要求	
		水池、水箱位置,地下室集水坑位置及尺寸	
		影响建筑外立面的设备(冷却塔、太阳能集热器)及建筑室内布置(消火栓)初步拟定位置	
		建筑最底层及有排水沟设置要求的楼层垫层厚度要求	
		屋面排水雨水斗位置的初步确定	

续表

接收专业	内容	深度要求	提资阶段
建筑	电子版图	补齐全部管道井的尺寸、位置及开门方向要求	第三阶段
		机房内设备基础尺寸、高度要求及排水沟位置、尺寸、坡度要求	
		建筑墙上的洞口尺寸、高度(消火栓箱)	
		屋面排水雨水斗及排水地漏等需建筑地面找坡的排水点位置;虹吸雨水屋面的溢流口要求	第五阶段
		所有消火栓位置	
		建筑墙上预留洞(根据需要提出)	
结构	文本+附图	位于楼板上的机房设备和冷却塔的平面位置和运行荷载	第二阶段
		地下室集水坑的位置和尺寸	
		最大长边尺寸或直径≥1000mm 的承重结构墙和楼板预留洞的初步位置	
		吊挂楼板的大型设备和集中管束的荷载	第三阶段
		需结构专业加固的管道固定支架的位置和推力	
		≥800mm 的承重结构墙和楼板预留洞的位置和尺寸、洞口标高	
		需结构专业配合设计的水池、集水坑详图	
	电子版图	提清全部承重结构墙、楼板及梁上预留洞的准确位置和尺寸;非预应力楼板 300mm 尺寸以内可不提	第五阶段
暖通	文本+附图	特殊房间的温度、湿度和通风要求(见附录 D)	第二阶段
		由动力专业提供热源时,提出估算的总热负荷和二次水的温度参数;如热媒为蒸汽,需提出凝结水的回收方式	
		气体灭火的区域	
		冷却塔位置及塔体扬程要求	
电气	文本+附图	各强电设备的位置、电压等级及其电气安装容量	第二阶段
		气体灭火的区域,穿过有爆炸危险和变、配电间的气体灭火管道以及预制式气体灭火装置的金属箱体应设防静电接地	
		各系统控制要求(见附录 C)	
	电子版图	预作用自动喷水灭火系统、水喷雾系统、雨淋系统、水幕系统、大空间系统、水炮系统等需火灾探测器启动系统的消防部位	第三阶段
		消火栓、报警阀、水流指示器、信号阀、自动末端试水装置、电磁阀等的平面位置	
		水池(箱)液位计、温度传感器、远传水表、需交流供电的卫生洁具感应冲洗阀和感应水嘴、启泵压力开关、电动阀等有关自动控制仪器、仪表;完善、补充第三阶段内容	第五阶段

附录B 给水排水专业向建筑专业提要求统一内容

B.1 设 备 机 房

B.1.1 水机房地面做防水。

B.1.2 所有机房的门均为甲级防火门，并向外开启。

B.1.3 所有泵房、屋顶水箱间内墙、楼板做隔声降噪处理。顶部及墙面做完隔声处理后，涂刷白色防水防霉涂料。直饮水机房墙面贴瓷砖。

B.1.4 居住建筑的中间层设备间的上下做架空层或浮筑楼板。

B.1.5 生活饮用水机房（含直饮水机房）不应设置于与厕所、垃圾间、污（废）水泵房、污（废）水处理机房及其他污染源毗邻的房间内；其上层不应有上述用房及浴室、盥洗室、厨房、洗衣房和其他产生污染源的房间。机房地面铺设防滑瓷砖，且有0.5%的坡度坡向排水沟。

B.1.6 避难层水泵间、屋顶水箱间外墙应做保温。

B.1.7 游泳池设备间内墙、楼板做隔声降噪处理，游泳池加药消毒间的地面、墙面应涂刷耐腐蚀涂料，门窗应采用耐腐蚀材料。地面垫层厚度不小于300mm，以满足排水沟1%的坡度要求。

B.1.8 燃气热水机房：

1 机房应布置在地下一层靠外墙部位，并应设置对外的安全出口。顶部及墙面应做隔声处理。房顶应有不小于机房面积10%的轻质屋盖，在轻质屋盖部位的上方应设置宽度不小于1.0m的不燃烧体防火挑檐。

2 燃气供气管道应有专用竖井，井壁上的检修门应为丙级防火门。

3 烟囱竖井平面尺寸为1.8m×1.0m，烟囱高出屋面1.0m。

4 地面垫层厚度不小于300mm，地面应有0.5%的坡度坡向排水沟。

B.2 水池、集水坑

B.2.1 所有混凝土水池内、外壁做防水，内壁做完基面处理后，用四油（玻璃胶）三粘（玻璃布）或内衬零铬13铝不锈钢1.5mm厚/环氧树脂/瓷釉喷涂/做防腐层。

B.2.2 所有集水坑内壁和排水沟内壁做防水处理。

B.3 气体灭火系统的钢瓶间和防护区

B.3.1 围护结构及门窗的耐火极限不低于0.5h，吊顶的耐火极限不低于0.25h。

B.3.2 围护结构及门窗的允许压强不小于1.2kPa。

B.3.3 门窗应能自动关闭，并向外开启。

B.4 其 他

B.4.1 冷却塔位于开敞的空间，四周和顶部不能有遮挡或遮挡物的孔隙率不小于60%。

B.4.2 管道间的门为丙级防火门，并向外开启。每层封楼板。

B.4.3 除卫生间、厨房和机房外，其他有地漏的地方可在以地漏为圆心的500mm半径范围内做防水。

B.4.4 厨房内需设垫层，垫层厚度应满足排水沟2%的坡度要求。

B.4.5 建议防火分隔部位采用耐火极限（包括耐火完整性和耐火隔热性）不低于设置部位墙体耐火极限要求的防火玻璃或防火卷帘。

B.4.6 卫生间、水暖机房不能设在餐厅、厨房、电气用房的直接上层。

附录C　给水排水专业向电气专业提要求统一内容

C.1　生活给水（中水）系统设备运行控制信号及要求

C.1.1　变频供水泵组（叠压供水设备）：双电源或双回路供电（可靠供电电源，满足连续、安全运行），供电电源只需送到变频控制柜。其自动控制由厂家负责编程调试。生活给水（中水）水箱水位信号接入控制柜，水箱水位至超低水位时，供水装置停止工作并报警；水位升高恢复正常工作。

C.1.2　生活给水（中水）转输泵：工频运行，1用1备，交替运行。由各转输泵供水的避难层生活给水（中水）转输水箱水位控制，低水位时启泵，最高水位时停泵。同时转输泵吸水的生活给水（中水）水箱水位至超低水位时，转输泵停止运行并报警。各转输泵与其供水和吸水的水箱的关系见表C.1.2。

各转输泵与其供水和吸水的水箱的关系　　表C.1.2

转输泵位置/设备名称	供水转输水箱位置	吸水(转输)水箱位置	备注
地下二层/一级转输泵	××层	地下二层	
××层/二级转输泵	××层	××层	
××层/三级转输泵	××层	××层	

（转输泵同时负担向2个水箱转输供水时可选——转输泵负担向__________水箱和__________水箱供水，2个水箱进水管上装设电动阀，电动阀和转输泵受2个水箱水位控制，2个水箱中的任一水箱水位到启泵水位时，转输泵启动；接收到2个水箱均到最高水位信号时，转输泵才停止；进水管上的电动阀受本水箱水位控制，高水位时关闭，低水位时开启。）

C.1.3　各区水箱水位达到溢流水位和超低水位时，应向中控室发出声光警报。水箱液位计点位图一并提出。

C.1.4　水箱周围设灯光插座数个，以便池内清洁照明。

C.2　生活热水系统设备运行控制信号及要求

C.2.1　生活热水循环泵：各区均为2台（局部热水供应系统可设1台），1用1备，轮换工作；由热水循环泵进水管上的温度传感器控制，当水温低于$T-10$℃时，热水循环泵启

动，等于 $T-5$℃时停泵。（注：T 为热交换器出口温度）

C.2.2　热媒系统循环泵：

1　热媒系统的一次水循环泵由能源站设计单位负责。

2　热媒系统的二次水循环泵（板式换热器循环泵）由生活热水系统各热交换器的水温来控制，各热交换器水温均达到 T 时，循环泵停止，任一热交换器水温降到 $T-5$℃时，循环泵启动。二次水循环泵 2 用 1 备（1 用 1 备），互相切换。

3　二次水侧的定压装置由压力传感器控制，$P-0.15$MPa 时启动，达到 P 时停止。（注：P 为定压泵所在位置所需系统压力）

C.2.3　定时热水供应系统循环泵为手动控制。

C.3　太阳能集热和空气源热泵制热热水系统运行控制信号

C.3.1　太阳能集热循环泵由温差控制。

1　间接加热时，温差为集热器出口水温和换热罐出水管处水温之差。温差大于 10℃时启泵，小于 5℃时停泵。换热罐罐内水温达到 60℃时强制停止循环泵。

2　直接加热时，温差为集热器出口水温和水箱（罐）底部吸水口处水温之差。温差大于 7℃时启泵，小于 3℃时停泵。水箱内水温达到 60℃时强制停止循环泵。

C.3.2　空气源热泵循环泵由贮热水箱（罐）温度判定，水箱（罐）温度低于热泵启动水温时，热泵运行，循环泵启动；达到热泵设定温度时，循环泵停止。

C.4　潜水泵运行控制信号及要求

C.4.1　双泵或多泵配置：潜水泵由集水坑水位自动控制，高水位时，一台潜水泵工作；低水位时，此台潜水泵停止工作；报警水位时，两台潜水泵同时启动，并向中控室发出声光报警。多泵配置可并联或分段投入运行。

C.4.2　单泵配置：高水位时，潜水泵工作；低水位时，潜水泵停止；报警水位时，向中控室发出声光报警。

C.4.3　潜水泵均可就地手动启动。

C.4.4　中控室对所有潜水泵只监不控。

C.4.5　消防电梯、消防泵房、人防工程内的潜水泵要求按消防电源供电；其他承担消防排水的地下室和仓库内的潜水泵，应采用相对独立的供电回路，在火灾延续时间内不能切断电源。其他潜水泵均按平时电源重要负荷供电。雨水泵应有不间断供电。能关闭集水坑的进水管时，按三级负荷配电。

【要点说明】

排水泵是否需要不间断供电，视能否切断排水来源而定。雨水坑是不能人为控制切断来水的，其他污水坑可以控制临时关闭卫生间的使用切断来水。

C.5 给水排水系统其他要求

C.5.1 电热水器位置预留专用插座，具体位置由设计人提图。办公、商业公共卫生间的洗手盆台面下预留电热器专用插座，具体位置由设计人提图。

C.5.2 公共卫生间小便器、蹲便器的自动感应冲洗阀，洗手盆的自动感应式龙头，提供交流电源，具体位置由设计人提图。

C.5.3 远传水表具体位置由设计人提图。

C.5.4 上人屋顶的金属通气管应设防雷装置。

C.5.5 人防内战时使用的排水泵（生活水箱附近泵坑、洗消排水坑）、电热水器、加压供水设备由战时电站供电。

C.5.6 水处理站、游泳池机房等供电电源送到机房控制柜。

C.5.7 热水机组和软水器自带电脑全自动运行机构，只需引入总电源。

C.6 消防系统设备运行控制信号及要求

C.6.1 统一要求

1 消防水泵控制柜在平时应使消防水泵处于自动启泵状态；消防水泵不应设置自动停泵的控制功能，应能手动启停和自动启动。

2 消防水泵应确保从接收到启泵信号到水泵正常运转的自动启动时间在2min内。

3 消防控制中心或值班室应设置下列控制和显示功能：

1）控制柜或控制盘应设置硬拉线的专用线路连接的手动直接启泵的按钮；

2）控制柜或控制盘应能显示消防水泵和稳压泵的运行状态；

3）控制柜或控制盘应能显示消防水池、高位消防水箱等水源的高水位、低水位报警信号，以及正常水位。

4 消防水泵、稳压泵应设置就地强制启停按钮，并应有保护装置。

5 消防水泵控制柜设置在独立的控制室时，其防护等级不应低于IP30；与消防水泵设置在同一空间时，其防护等级不应低于IP55。

6 消防水泵控制柜应设置机械应急启泵功能，并应保证在控制柜内的控制线路发生故障时由有管理权限的人员在紧急时启动消防水泵，并在报警5min内正常工作。

7 消防水泵控制柜内应设置自动防潮除湿的装置。

8　火灾时消防水泵应工频运行，消防水泵应工频直接启动，当功率较大时宜采用星三角和自耦降压变压器启动，不宜采用有源器件启动。工频启动消防水泵时，从接通电路到水泵达到额定转速的时间不宜大于表 C. 6. 1 的规定值。

消防水泵启动时间　　表 C. 6. 1

配用电机功率(kW)	≤132	>132
消防水泵直接启动时间(s)	<30	<55

9　所有消防水泵均要求有自动巡检功能，消防水泵准工作状态自动巡检时应采用变频运行，定期人工巡检时应工频满负荷运行。电动驱动消防水泵自动巡检时，巡检功能应符合下列规定：

1）巡检周期不宜大于 7d，且应能按需要任意设定；

2）以低频交流电源逐台驱动消防水泵，使每台消防水泵低速转动的时间不少于 2min；

3）对消防水泵控制柜一次回路中的主要低压器件宜有巡检功能，并应检查器件的动作状态；

4）当有启泵信号时应立即退出巡检，进入工作状态；

5）发现故障时应有声光报警，并应有记录和储存功能；

6）自动巡检时应设置电源自动切换功能的检查。

10　消防水泵双电源切换时应符合下列规定：

1）双电源自动切换时间不应大于 2s；

2）当一路电源与内燃机动力切换时，切换时间不应大于 15s。

11　消防水泵控制柜应有显示消防水泵工作状态和故障状态的输出端子及远程控制消防水泵启动的输入端子。控制柜应具有自动巡检可调、显示巡检状态和信号等功能，且对话界面应为汉语，图标应便于识别和操作。

12　低区自动喷水灭火系统加压泵、消防转输泵为 2 用 1 备运行，其他消防加压泵为 1 用 1 备运行，互备自投；稳压泵为 1 用 1 备运行，交替运行。

13　消防泵房内应设有检修用电源，并设有对外联络的通信设备。

C. 6. 2　消火栓系统控制和信号

1　室外消火栓加压泵和稳压泵

1）（高位消防水箱稳压时）由高位消防水箱稳压管上的水流开关直接启动室外消火栓加压泵。

2）（合用加压泵时）由加压泵出水干管上的一块压力开关启动一台工作泵，另一块压力开关启动另一台工作泵。压力设定值见消火栓系统图。

3）（设有稳压泵时）稳压装置的压力开关控制稳压泵的启、停，加压泵出水干管上的压力开关启动室外消火栓加压泵，加压泵启动后，稳压泵自动停泵。稳压泵启、停及加压泵启动的压力值见消火栓系统图。

2 室内消火栓加压泵和稳压泵

1）屋顶消防水箱间稳压泵由气压水罐上的压力开关或压力变送器控制启、停，启、停压力值见消火栓系统图。

2）（由稳压泵稳压时）地下________层加压泵由其出水干管上的压力开关和屋顶消防水箱出水管上的流量开关直接自动启动，且压力开关宜引入消防水泵控制柜内。启泵压力值见消火栓系统图。加压泵启动后，稳压泵停止。

3）（由高位消防水箱重力稳压时）地下________层低区加压泵由屋顶消防水箱出水管上的流量开关直接自动启动。

3 消防转输泵

1）（设高位消防水池和中间转输水箱的常高压系统）地下________层的一级转输泵和________层的二级转输泵由屋顶消防水池水位控制：下降 1/3 水位时，一台转输泵启动，下降 1/2 水位时，两台转输泵启动；依次启动关系为：先启动二级转输泵，一级转输泵滞后启动。

2）（有中间转输水箱的临时高压系统）地下________层的一级转输泵同时与________层消防水箱间的加压泵（消火栓和自动喷水灭火系统）具有联动启动关系：消火栓系统加压泵启动后，滞后启动第一台转输泵，自动喷水灭火系统加压泵启动后，启动第二台转输泵。

3）（消防水泵直接串联的临时高压系统）地下________层的（消火栓或自动喷水灭火系统）一级转输泵与________层的加压泵（消火栓或自动喷水灭火系统）具有对应联动启动关系，启动顺序为：当接到启泵信号后一级转输泵先启动，高区消火栓或自动喷水灭火系统加压泵滞后启动。

4）通过消防水泵接合器向转输水箱供水时，手动停止一级转输泵。

4 消火栓按钮

1）消火栓箱内的按钮可向消防控制中心发出报警信号。

2）干式消火栓系统的消火栓按钮可打开管道上的电动阀，并向消防控制中心发出报警信号。

C.6.3 湿式自动喷水灭火系统控制和信号

1 自动喷水灭火系统加压泵和稳压泵

1）稳压泵由气压水罐上的压力开关或压力变送器控制启、停，启、停压力值见自动喷水灭火系统图。

2）（1 用 1 备泵组）各区加压泵由各区任一报警阀（对应位置见表 C.6.3）上的压力开关、加压泵出水干管上的压力开关、高位消防水箱出水管上的流量开关直接自动启动。

加压泵启动后，稳压泵停止。

各区加压泵与各区报警阀的对应关系　　表 C.6.3

加压泵位置/设备名称	报警阀位置	报警阀间编号	备注
地下二层/低区加压泵	××层	1号报警阀间	
××层/高区加压泵	××层	2号报警阀间	

3）（2用1备泵组）低区加压泵由低区任一报警阀（位于××层）上的压力开关直接自动启动第一台工作泵运行，由加压泵出水干管上的压力控制器（压力值见自动喷水灭火系统图）启动第二台工作泵运行。

2　消防转输泵

超高层建筑设有自动喷水灭火系统独立转输泵时，参照第 C.6.2 条第 3 款的有关要求。

3　其他信号

报警阀组、信号阀和各层水流指示器动作信号显示于消防控制中心。

C.6.4　预作用自动喷水灭火系统控制和信号

1　系统部位：地下________层汽车库；预作用报警阀设在________。

2　预作用自动喷水灭火系统与湿式自动喷水灭火系统合用泵组。

3　阀后空管预作用系统

两路火灾探测器都发出信号后自动开启预作用报警阀上的电磁阀，阀上的压力开关动作自动启动自动喷水灭火系统加压泵。系统转为湿式系统。在喷头动作之前，如消防控制中心确认是误报警，则手动停止加压泵，恢复预作用状态。

4　阀后充有压气体的预作用系统

预作用报警阀后管网平时充满 0.03～0.05MPa 低压气体，空压机维持压力。充气管道上设置的压力开关仅控制空压机的启停，启动压力 0.03MPa，停机压力 0.05MPa。当加压泵启动时空压机停机，同时管网末端快速排气阀前的电动阀自动开启。

5　消防控制中心远程控制开启预作用报警阀上的电磁阀。

6　现场手动应急操作预作用装置。

7　其他动作信号均同湿式自动喷水灭火系统。

【要点说明】

预作用自动喷水灭火系统的动作是由火灾报警系统控制的，水专业给出设置部位，使电专业在预作用自动喷水灭火系统保护区域设置火灾探测器报警系统，并明晰火灾探测器与报警阀的对应关系。

C.6.5　干式自动喷水灭火系统控制和信号

1　干式自动喷水灭火系统与湿式自动喷水灭火系统合用泵组。干式报警阀和空压机设在________。

2 系统动作和信号：报警阀下游管网内充装压缩空气，使报警阀阀瓣处于关闭状态。平时气压由空压机自动维持，压力值根据阀前水压和报警阀的技术性能确定。喷头开启后，管内气压下降，使报警阀阀瓣上游的压力增大，干式报警阀开启，阀组上的压力开关自动启动自动喷水灭火系统加压泵和电动快速排气阀，同时空压机停止。其他动作信号均同湿式自动喷水灭火系统。

【要点说明】

干式自动喷水灭火系统的动作不受火灾报警系统控制，所以其设置部位与电气专业无关。干式报警阀的压力开关与联动控制有关。空压机提供消防供电。

C.6.6 闭式自动喷水-泡沫联用系统控制和信号

1 系统部位：地下________层汽车库；报警阀和泡沫罐设在________。

2 自动喷水-泡沫联用系统与湿式自动喷水灭火系统合用泵组。

3 系统动作和信号：火灾报警控制器接到火灾信号后，打开泡沫罐供水管路上的电磁阀，向管网系统提供水和泡沫混合液。其他动作信号均同湿式自动喷水灭火系统。

C.6.7 开式自动喷水灭火（雨淋）系统控制和信号

1 保护部位：________；雨淋阀设在________。

2 独立加压泵组，2用1备。

3 现场自动：由保护区内的________火灾探测器探测到火灾后发出信号，打开相对应的两个雨淋阀处的电磁阀，雨淋阀开启，压力开关动作自动启动两台雨淋系统加压泵；雨淋系统加压泵出水干管上的压力开关、高位消防水箱出水管上的流量开关也可启动加压泵。

4 远程自动：消防控制中心接收到雨淋系统的综合信号反馈，消防控制中心判定确认后，开启雨淋阀上的电磁阀，同时启动两台雨淋系统加压泵。

5 现场手动：每个雨淋阀控制的区域明示于雨淋阀上，由专门值班人员根据确认后的火灾区域，紧急开启相应的雨淋阀处的手动快开阀，雨淋阀开启，压力开关动作，启动两台雨淋喷水泵。

6 如设有独立的稳压泵设备，稳压泵的启停控制见第C.6.3条第1款1)。

C.6.8 防护冷却水幕（开式）系统控制和信号

1 保护部位：________；雨淋阀设在________。

2 独立加压泵组，1用1备。

3 现场自动：保护部位的火灾报警系统或防火卷帘自动下降时联动自动开启雨淋阀组处的电磁阀，雨淋阀启动，压力开关动作自动启动水幕系统加压泵；加压泵出水干管上的压力开关、高位消防水箱出水管上的流量开关也可启动加压泵。

4 远程自动：发生火灾时，消防控制中心接收到水幕系统的综合信号反馈，消防控制中心判定确认后，开启雨淋阀上的电磁阀，同时启动1台水幕系统加压泵。

5 现场手动：值班人员紧急开启雨淋阀处的手动快开阀，雨淋阀开启，压力开关动作启动水幕系统加压泵。

6 如设有独立的稳压泵设备，稳压泵的启停控制见第C.6.3条第1款1)。

【要点说明】

“喷规”并未明确要求水幕系统必须设置独立的加压泵，仅要求设置独立的报警阀组（“喷规”第6.2.1条）。除有特殊困难的情况外，推荐设置独立的加压泵。

C.6.9 防护冷却（闭式）系统控制和信号

1 保护部位：________。

2 独立加压泵组，1用1备。

3 系统报警阀上的压力开关直接自动启动防护冷却系统加压泵，屋顶消防水箱出水管上的流量开关也可自动启动加压泵。

4 报警阀组、信号阀和各层水流指示器动作信号显示于消防控制中心。

C.6.10 水喷雾灭火系统控制和信号

同C.6.7开式自动喷水灭火（雨淋）系统控制和信号。

C.6.11 大空间智能型主动喷水灭火系统动作和信号

1 设置部位：________。

2 与自动喷水灭火系统合用泵组或设置独立泵组。

3 大空间智能型主动喷水灭火系统与火灾自动报警系统及联动控制系统综合配置，火灾探测组件探测到火灾后，启动相关灭火装置自动扫描，打开装置上的电磁阀，同时自动启动相对应的加压泵。

4 装置上的电磁阀同时具有消防控制中心手动强制控制和现场手动控制。

5 消防控制中心能显示红外探测组件的报警信号，以及信号阀、水流指示器、电磁阀的状态和信号。

C.6.12 固定自动消防炮灭火系统动作和信号

1 保护部位：________。

2 独立加压泵组，1用1备。

3 自动控制：由提供火灾现场实时图像信号的火焰探测器和消防控制中心相关设备联动共同实现。自动控制消防炮的仰俯、水平回转和相关阀门的动作；自动控制多台消防炮进行组网工作；自动启动加压泵。

4 消防控制中心手动控制：值班人员远程手动操作消防炮。

5 现场手动控制：每门消防炮下方距地面1.5m高度处配置一个现场手动控制盘，现场人员通过控制盘上的按钮操作消防炮。

6 稳压泵由气压水罐上的压力开关或压力变送器控制启、停，启、停压力值见固定自动消防炮灭火系统图。

C.6.13 气体灭火系统动作和信号

1 设置部位：另附图________。

2 控制要求：设有自动控制、手动控制、应急操作（预制式无此项操作）三（两）种控制方式。有人工作或值班时，打在手动挡；无人值班时，打在自动挡。

1）防护区设两路火灾探测器进行火灾探测，无论手动还是自动状态下，任一火灾探测器动作都会在防护区内外发出声光报警，以通知人员疏散撤离，只有在两路火灾探测器同时报警时，系统才能自动动作。系统的火灾报警及联动灭火控制器向消防控制中心反馈信号。

2）自动控制具有灭火时自动关闭门窗、关断空调管道等联动功能。

3）各防护区灭火控制系统的有关信息，应传送给消防控制中心。

4）在气体喷射前，切断防护区内一切与消防电源无关的设备。

5）穿过有爆炸危险和变、配电间的气体灭火管道以及预制式气体灭火装置的金属箱体，应设防静电接地。

C.6.14 厨房设备灭火装置

厨房设备灭火装置能够自动探测火灾并实施灭火，自带自动控制装置，但需提供消防电源及备用电源，且备用电源延续工作时间不应小于12h。其所有信号均反馈到消防控制中心。

C.6.15 消防水池（箱）报警信号

消防水池（箱）的溢流水位、最低报警水位、超低报警水位信号均反馈到消防控制中心。液位计点位图一并提出。

C.7 供电等级的要求

C.7.1 由电气专业按照现行国家标准《民用建筑电气设计标准》GB 51348确定电力负荷级别。特殊需求时应提出。

【要点说明】

一、二、三级供电负荷是由建筑物的性质决定的。不管什么级别的供电负荷都有消防电源，消防电源是消防时保证供电的独立电源，非消防电源在消防时可以根据情况人为判定断电，这只是具备可断电的条件，并不是说不具备连续供电的条件。

变频供水设备、雨水泵的供电属于本建筑供电级别下的重要供电负荷，不间断供电。

C.8 用电设备和控制仪表

C.8.1 施工图设计阶段应将用电设备和控制仪表点位图提给电气专业，并附一览表（见表C.8.1）。

给水排水设备用电量一览表 表 C.8.1

序号	名称	数量（台）	运行状况	功率（kW/台）	设置位置
1	低区消火栓加压泵	2	1用1备	75	
2	消防转输泵	2	1用1备	75	
3	高区消火栓加压泵	2	1用1备	90	
4	消火栓系统稳压装置	2	1用1备	2.2	
5	高区自动喷水灭火系统加压泵	2	1用1备	75	
6	消防水泵接合器转输泵	2	1用1备	75	
7	自动喷水灭火系统稳压装置	2	1用1备	2.2	
8	冷却塔变频补水泵	2	1用1备	45	
9	冷却塔	4	同时用	22	
10	………				
	………				
	………				

附录D　给水排水专业向暖通专业提要求统一内容

D.1　机房温度及通风要求

D.1.1　生活和消防地下水泵房、避难层水泵房、屋顶水箱间最低温度5℃，机房内值班室供暖温度不低于10℃；通风换气次数不少于$6h^{-1}$。

D.1.2　污水处理站、中水处理站换气次数不少于$8h^{-1}$（处理构筑物为敞开式，不少于$12h^{-1}$；处理构筑物为有盖板式，不少于$8h^{-1}$）；处理间温度不低于5℃，值班化验室、加药间温度不低于18℃。

D.1.3　污水泵间要求机械通风换气，换气次数不少于$8h^{-1}$。

D.1.4　隔油器间要求机械通风换气，换气次数不少于$8h^{-1}$；室内温度不低于5℃。

D.1.5　报警阀间换气次数不少于$4h^{-1}$；室内温度不低于5℃。

D.1.6　热交换间要求通风换气，换气次数不少于$6h^{-1}$。

D.1.7　游泳池设备间换气次数不少于$6h^{-1}$，加药间和消毒间应设独立的通风排风管道，换气次数不少于$8h^{-1}$，排风口设在外墙下部。

D.1.8　冷却塔放置在________（m）屋顶，塔体扬程6m。冷却水的水质稳定设备设在冷冻机房内，由暖通专业负责。

D.1.9　燃气热水机房的事故排风量不少于$12h^{-1}$；平时的换气量不少于$3h^{-1}$。

D.2　供热量需求

D.2.1　生活热水需热量：________kJ/h（考虑了不同时使用系数），请以此核对热力管引入管管径，热力管需引至________，地下一层燃气热水机房（如有，可选），并为燃气热水机组提供天然气管道，天然气耗量为________Nm^3/h。（如热力管需引入多个换热间，应分别提出热负荷，见表D.2.1）

各站点热量分布　　表D.2.1

热交换站/位置	服务区域	耗热量(kJ/h)	备注
___号换热站/___层			

续表

热交换站/位置	服务区域	耗热量(kJ/h)	备注
___号换热站/___层			
合计			

D. 2. 2 游泳池需热量：________kJ/h，热力管道接入游泳池循环水处理机房。

D. 3 气体灭火系统防护区

D. 3. 1 防护区名称：________，各为独立的防护区。

D. 3. 2 气体钢瓶间平时应设独立的机械排风装置，排风口设置在下部并直接通向室外，换气次数在 $4h^{-1}$ 以上。

D. 3. 3 地下防护区和无窗或固定窗的地上防护区设灭火后的机械排风系统，排风口设在防护区下部，并应直通室外，排风量为每个防护区换气次数在 $5h^{-1}$ 以上。

D. 3. 4 空调系统的排烟机和空调机在灭火前应自动关闭，所有保护区域中设置的送排风管道上的防火阀应自动关闭。

参考文献

[1] 华东建筑集团股份有限公司. 建筑给水排水设计标准. GB 50015—2019[S]. 北京：中国计划出版社，2019.

[2] 中国建筑设计院有限公司，深圳市深水海纳水务集团有限公司，北京爱生科技发展有限公司. 建筑与小区管道直饮水系统技术规程. CJJ/T 110—2017[S]. 北京：中国建筑工业出版社，2017.

[3] 中国人民解放军军事科学院国防工程研究院. 建筑中水设计标准. GB 50336—2018[S]. 北京：中国建筑工业出版社，2018.

[4] 中国建筑标准设计研究院有限公司. 民用建筑太阳能热水系统应用技术标准 GB 50364—2018. [S]. 北京：中国建筑工业出版社，2018.

[5] 中国建筑设计研究院有限公司，江苏金羊慧家管道系统有限公司. 集中生活热水水质安全技术规程. T/CECS 510—2018[S]. 北京：中国计划出版社，2018.

[6] 中国建筑设计研究院有限公司，北京索乐阳光能源科技有限公司. 无动力集热循环太阳能热水系统应用技术规程. T/CECS 489—2017[S]. 北京：中国计划出版社，2018.

[7] 中国建筑设计研究院，深圳市建工集团股份有限公司. 建筑屋面雨水排水系统技术规程. CJJ 142—2014[S]. 北京：中国建筑工业出版社，2014.

[8] 中华人民共和国住房和城乡建设部. 种植屋面工程技术规程. JGJ 155—2013[S]. 北京：中国建筑工业出版社，2013.

[9] 同济大学建筑设计研究院(集团)有限公司，上海吉博力房屋卫生设备工程技术有限公司. 虹吸式屋面雨水排水系统技术规程. CECS 183：2015[S]. 北京：中国计划出版社，2015.

[10] 北京市建筑设计研究院有限公司，北京市市政工程设计研究总院，北京市水科学技术研究院. 雨水控制与利用工程设计规范. DB11/685—2013[S]. 北京：北京市规划委员会，2014.

[11] 中国建筑设计院有限公司，江苏扬安集团有限公司. 建筑与小区雨水控制及利用工程技术规范. GB 50400—2016[S]. 北京：中国建筑工业出版社，2017.

[12] 北京市政建设集团有限责任公司. 给水排水构筑物工程施工及验收规范. GB 50141—2008[S]. 北京：中国建筑工业出版社，2008.

[13] 沈阳市城乡建设委员会. 建筑给水排水及采暖工程施工质量验收规范. GB 50242—2002[S]. 北京：中国建筑工业出版社，2002.

[14] 公安部天津消防研究所，公安部四川消防研究所. 建筑设计防火规范. GB 50016—2014(2018 年版)[S]. 北京：中国计划出版社，2018.

[15] 中国中元国际工程公司. 消防给水及消火栓系统技术规范. GB 50974—2014[S]. 北京：中国计划出版社，2014.

[16] 公安部天津消防研究所. 自动喷水灭火系统设计规范. GB 50084—2017[S]. 北京：中国计划出版社，2017.

[17] 上海市公安消防总队.汽车库、修车库、停车场设计防火规范.GB 50067—2014[S].北京：中国计划出版社，2014.

[18] 应急管理部天津消防研究所，上海金盾消防安全设备有限公司，浙江瑞城消防设备有限公司.自动喷水灭火系统 第1部分：洒水喷头.GB 5135.1—2019[S].北京：中国标准出版社，2019.

[19] 应急管理部天津消防研究所，上海金盾消防安全设备有限公司，杭州建安消防设备有限公司.自动喷水灭火系统 第22部分：特殊应用喷头.GB 5135.22—2019[S].北京：中国标准出版社，2019.

[20] 美国消防协会.自动喷水灭火系统安装标准.NFPA 13—2016[S].

[21] 公安部天津消防研究所.细水雾灭火系统技术规范.GB 50898—2013[S].北京：中国计划出版社，2013.

[22] 公安部天津消防研究所.水喷雾灭火系统技术规范.GB 50219—2014[S].北京：中国计划出版社，2015.

[23] 重庆市公安局消防局，上海同泰火安科技有限公司.重庆市细水雾灭火系统技术规范.DBJ50-208—2014[S].重庆：重庆市城乡建设委员会，2014.

[24] 福建省公安消防总队，福建省建筑设计研究院.细水雾灭火系统技术规程.DBJ/T13-145—2011[S].福建：福建科学技术出版社，2011.

[25] 公安部上海消防研究所.固定消防炮灭火系统设计规范.GB 50338—2003[S].北京：中国计划出版社，2003.

[26] 中华人民共和国公安部.固定消防炮灭火系统施工与验收规范.GB 50498—2009[S].北京：中国计划出版社，2009.

[27] 公安部四川消防研究所，中国科技大学火灾科学国家重点实验室.自动消防炮灭火系统技术规程.CECS 245：2008[S].北京：中国计划出版社，2008.

[28] 广州市设计院，佛山市南海天雨智能灭火装置有限公司.大空间智能型主动喷水灭火系统技术规程.CECS 263：2009[S].北京：中国计划出版社，2010.

[29] 公安部天津消防研究所.泡沫灭火系统设计规范.GB 50151—2010[S].北京：中国计划出版社，2011.

[30] 公安部天津消防研究所.泡沫灭火系统施工及验收规范.GB 50281—2006[S].北京：中国计划出版社，2006.

[31] 公安部天津消防研究所，美国安素公司，宁波能林消防器材有限公司等.泡沫灭火剂.GB 15308—2006[S].北京：中国标准出版社，2007.

[32] 公安部天津消防研究所.A类泡沫灭火剂.GB 27897—2011[S].北京：中国标准出版社，2012.

[33] 中国石油化工股份有限公司.石油库设计规范.GB 50074—2014[S].北京：中国计划出版社，2015.

[34] 中国石化工程建设公司.石油储备库设计规范.GB 50737—2011[S].北京：中国建筑工业出版社，2012.

[35] 中国石油天然气股份有限公司规划总院.石油天然气工程设计防火规范.GB 50183—2004[S].北京：中国计划出版社，2005.

[36] 中国航空工业规划设计研究院.飞机库设计防火规范.GB 50284—2008[S].北京：中国计划出版

社，2009.

[37] 上海民航新时代机场设计研究院有限公司.民用直升机场飞行场地技术标准.MH 5013—2014[S].北京：中国民航出版社，2014.

[38] 公安部天津消防研究所.气体灭火系统设计规范.GB 50370—2005[S].北京：中国标准出版社，2005.

[39] 公安部上海消防研究所.建筑灭火器配置设计规范.GB 50140—2005[S].北京：中国计划出版社，2005.

[40] 中国建筑设计研究院.人民防空地下室设计规范.GB 50038—2005[S].北京：国标图集出版社，2005.

[41] 总参工程兵第四设计研究院.人民防空工程设计防火规范.GB 50098—2009[S].北京：中国计划出版社，2012.

[42] 辽宁省人防建筑设计研究院.人民防空工程施工及验收规范.GB 50134—2004[S].北京：中国标准出版社，2004.

[43] 中国建筑设计院有限公司，贵州建工集团第一建筑工程有限责任公司.游泳池给水排水工程技术规程.CJJ 122—2017[S].北京：中国建筑工业出版社，2017.

[44] 中国建筑设计研究院，杭州萧宏建设集团有限公司.公共浴场给水排水工程技术规程.CJJ 160—2011[S].北京：中国建筑工业出版社，2012.

[45] 中国建筑金属结构协会，浙江鸿翔建设集团有限公司.喷泉水景工程技术规程.CJJ/T 222—2015[S].北京：中国建筑工业出版社，2015.

[46] 中国建筑标准设计研究院.全国民用建筑工程设计技术措施——给水排水[M].北京：中国计划出版社，2009.

[47] 中国建筑标准设计研究院.全国民用建筑工程设计技术措施节能专篇——给水排水[M].北京：中国计划出版社，2009.

[48] 北京建筑大学.海绵城市建设技术指南——低影响开发雨水系统构建(试行)[M].北京：中国建筑工业出版社，2015.

[49] 中国建筑设计研究院有限公司.建筑给水排水设计手册[M].第三版.北京：中国建筑工业出版社，2018.

[50] 《〈建筑给水排水设计标准〉GB 50015—2019 实施指南》编制组.《建筑给水排水设计标准》GB 50015—2019 实施指南[M].北京：中国建筑工业出版社，2020.

[51] 中国建筑学会建筑给水排水研究分会.消防给水及消火栓系统技术规范 GB 50974—2014 实施指南[M].北京：中国建筑工业出版社，2016.

[52] 中国建筑标准设计研究院.建筑中水处理工程(一).O3SS703-1[S].北京：中国计划出版社，2004.

[53] 中国建筑标准设计研究院.建筑中水处理工程(二).08SS703-2[S].北京：中国计划出版社，2008.

[54] 中国建筑标准设计研究院.《消防给水及消火栓系统技术规范》图示.15S909[S].北京：中国计划出版社，2015.

[55] 黄晓家，姜文源.自动喷水灭火系统设计手册[M].北京：中国建筑工业出版社，2002.

[56] 王学谦.建筑防火设计手册[M].北京：中国建筑工业出版社，2008.

[57] 中国建筑标准设计研究院. 室内固定消防炮选用及安装. 08S208[S]. 北京：中国计划出版社，2009.

[58] 中国建筑标准设计研究院. 防空地下室施工图设计深度要求及图样. 08FJ06[S]. 北京：中国计划出版社，2008.

[59] 中国建筑标准设计研究院. 防空地下室移动柴油电站. 07FJ05[S]. 北京：中国计划出版社，2007.

[60] 中国建筑标准设计研究院. 防空地下室固定柴油电站. 08FJ04[S]. 北京：中国计划出版社，2008.

[61] 中国建筑标准设计研究院. 防空地下室给水排水设计示例. 09FS01[S]. 北京：中国计划出版社，2009.

[62] 中国建筑标准设计研究院. 全国民用建筑工程设计技术措施——防空地下室[M]. 北京：中国计划出版社，2009.

[63] 中国建筑标准设计研究院. 防空地下室设计手册——暖通、给水排水、电气分册[M]. 北京：中国计划出版社，2006.

[64] 赵昕，杨世兴. 游泳及游乐休闲设施水环境技术手册[M]. 北京：中国建筑工业出版社，2019.

[65] 刘文镔. 给水排水工程实用设计手册——建筑给水排水工程[M]. 北京：中国建筑工业出版社，2012.